大数据技术与应用

气象大数据

徐继业　朱洁华　王海彬
主编

上海科学技术出版社

图书在版编目(CIP)数据

气象大数据 / 徐继业,朱洁华,王海彬主编. —上海:上海科学技术出版社,2018.10
(大数据技术与应用)
ISBN 978-7-5478-4087-0

Ⅰ.①气… Ⅱ.①徐… ②朱… ③王… Ⅲ.①气象数据—数据处理 Ⅳ.①P416

中国版本图书馆 CIP 数据核字(2018)第 151212 号

气象大数据
徐继业　朱洁华　王海彬　主编

上海世纪出版(集团)有限公司
上 海 科 学 技 术 出 版 社　出版、发行
(上海钦州南路 71 号　邮政编码 200235　www.sstp.cn)
苏州望电印刷有限公司印刷
开本 787×1092　1/16　印张 14.25
字数 300 千字
2018 年 10 月第 1 版　2018 年 10 月第 1 次印刷
ISBN 978-7-5478-4087-0/P·32
定价:80.00 元

内容提要

《气象大数据》着眼于气象与大数据技术发展的最新动向，结合大数据技术在气象的应用现状和未来趋势，通过充分调查和研究，全面、深入地分析了气象大数据的理论、支撑技术，并对气象大数据在典型行业的应用做了分析。

《气象大数据》一书分为9章。第1章介绍气象大数据时代的机遇和挑战；第2章介绍气象的数据资源；第3章介绍气象大数据技术；第4章介绍气象大数据安全；第5章介绍气象大数据在电力能源领域的应用；第6章介绍气象大数据在公路交通中的应用；第7章介绍气象大数据在航空工业中的应用；第8章介绍气象大数据在人体健康和保险领域的应用；第9章介绍气象大数据的发展趋势。书末还附有气象数据核心元数据字典和代码表资料。

本书基于气象应用业务的实践，围绕气象大数据的概念、技术和应用，注重实用，不仅可为大气科学、气象应用、计算机等相关领域高校学生和科研人员提供理论指导和借鉴，同样可为气象业务和管理人员提供工作指导和参考。

大数据技术与应用

学术顾问

本书编委会

上海中心气象台　徐继业
上海市公共气象服务中心　朱洁华
南京信息工程大学　王海彬
上海中心气象台　邹兰军
上海中心气象台　李佰平
上海台风研究所　徐　明
南京信息工程大学　刘文杰
南京信息工程大学　郑　玉
南京信息工程大学　瞿治国
上海市气象信息支持中心　胡　平
上海市气象信息支持中心　秦　虹
上海中心气象台　陈　磊

丛书序

我国各级政府非常重视大数据的科研和产业发展，2014 年国务院政府工作报告中明确指出要“以创新支撑和引领经济结构优化升级”，并提出“设立新兴产业创业创新平台，在新一代移动通信、集成电路、大数据、先进制造、新能源、新材料等方面赶超先进，引领未来产业发展”。2015 年 8 月 31 日，国务院印发了《促进大数据发展行动纲要》，明确提出将全面推进我国大数据发展和应用，加快建设数据强国。前不久，党的十八届五中全会公报提出要实施“国家大数据战略”，这是大数据第一次写入党的全会决议，标志着大数据战略正式上升为国家战略。

上海的大数据研究与发展在国内起步较早。上海市科学技术委员会于 2012 年开始布局，并组织力量开展大数据三年行动计划的调研和编制工作，于 2013 年 7 月 12 日率先发布了《上海推进大数据研究与发展三年行动计划（2013—2015 年）》，又称“汇计划”，寓意“汇数据、汇技术、汇人才”和“数据‘汇’聚、百川入‘海’”的文化内涵。

“汇计划”围绕“发展数据产业，服务智慧城市”的指导思想，对上海大数据研究与发展做了顶层设计，包括大数据理论研究、关键技术突破、重要产品开发、公共服务平台建设、行业应用、产业模式和模式创新等大数据研究与发展的各个方面。近两年来，“汇计划”针对城市交通、医疗健康、食品安全、公共安全等大型城市中的重大民生问题，逐步建立了大数据公共服务平台，惠及民生。一批新型大数据算法，特别是实时数据库、内存计算平台在国内独树一帜，有企业因此获得了数百万美元的投资。

为确保行动计划的实施，着力营造大数据创新生态，“上海大数据产业技术创新战略联盟”（以下简称“联盟”）于 2013 年 7 月成立。截至 2015 年 8 月底，联盟共有 108 家成员单位，既有从事各类数据应用与服务的企业，也有行业协会和专业学会、高校和研究院所、大数据技术和产品装备研发企业，更有大数据领域投资机构、产业园区、非 IT

领域的数据资源拥有单位，显现出强大的吸引力，勾勒出上海数据产业的良好生态。同时，依托复旦大学筹建成立了“上海市数据科学重点实验室”，开展数据科学和大数据理论基础研究、建设数据科学学科和开展人才培养、解决大数据发展中的基础科学问题和技术问题、开展大数据发展战略咨询等工作。

在“汇计划”引领下，由联盟、上海市数据科学重点实验室、上海产业技术研究院和上海科学技术出版社于2014年初共同策划了《大数据技术与应用》丛书。本丛书第一批已于2015年初上市，包括了《汇计划在行动》《大数据评测》《数据密集型计算和模型》《城市发展的数据逻辑》《智慧城市大数据》《金融大数据》《城市交通大数据》《医疗大数据》共八册，在业界取得了广泛的好评。今年进一步联合北京中关村大数据产业联盟共同策划本丛书第二批，包括《大数据挖掘》《制造业大数据》《航运大数据》《海洋大数据》《能源大数据》《大数据治理与服务》等。从大数据的共性技术概念、主要前沿技术研究和当前的成功应用领域等方面向读者做了阐述，作者希望把上海在大数据领域技术研究的成果和应用成功案例分享给大家，希望读者能从中获得有益启示并共同探讨。第三批的书目也已在策划、编写中，作者将与大家分享更多的技术与应用。

大数据对科学研究、经济建设、社会发展和文化生活等各个领域正在产生革命性的影响。上海希望通过“汇计划”的实施，同时也是本丛书希望带给大家一个理念：大数据所带来的变革，让公众能享受到更个性化的医疗服务、更便利的出行、更放心的食品，以及在互联网、金融等领域创造新型商业模式，让老百姓享受到科技带来的美好生活，促进经济结构调整和产业转型。

干频

上海市科学技术委员会副主任

2015年11月

前言

我们生活在一个充满大气的地球上，离不开空气、阳光和水，气象就是人们每时每刻都看得见、离不开、感受到的大气自然现象。今天的我们可以用晴天、下雨、刮风、电闪、飘雪、结冰来话说气象，也可以用客观的大气观测数据分分秒秒地记录着气象，当然我们还有具体的图像直接、真切地描述着气象，这些数据的最直接作用就是快速传递大气的信息。

有人说，在“大数据时代”这个概念出现前，最名副其实的大数据应该数气象数据。但无论气象数据多么复杂，总体可以分为两类：一类数据被称为“观测数据”，一类被称为“预报数据”。气象数据在气象领域存在已有时日，近年来互联网和信息行业的发展以及大数据时代的兴起而引发大家对气象数据的关注。海量气象数据怎么用？这是大数据时代亟待考虑的问题。就现有情况看，数据在气象预报、气候预测诊断方面运用得比较充分，而在气象服务领域，大量的实况观测数据和模式预报数据往往被搁置。2015年9月5日，《国务院关于印发促进大数据发展行动纲要的通知》正式发布，在全社会引起广泛影响，气象部门也未能例外。如何看待气象大数据，对气象大数据的管理、高可靠存储、分析、处理以及检索等技术进行挑战。如何认识大数据，大数据是否适用于气象部门，以及适用于哪些领域，是气象部门需要思考的问题。

本书作者从事气象应用业务工作多年，近年来围绕气象大数据的概念、技术和应用，进行了深入思考、研究和实践，对气象大数据的基本概念和资源进行了梳理，对气象大数据的采集、存储、处理和分析应用开展了研究和总结，对气象大数据在典型行业的应用做了实践。本书对这些成果进行了全面系统的总结，希望为读者提供借鉴和参考。

本书由徐继业、朱洁华负责统稿和定稿工作。具体编写分工如下：第1、2章由徐继业组织编写，第3章由徐继业、胡平、秦虹、徐明组织编写，第4、5章由王海彬、刘文杰、郑玉、瞿治国组织编写，第 6 章由邹兰军组织编写，第 7 章由朱洁华组织编写，第 8 章由李佰平组织编写，第 9 章由徐明组织编写，第 10 章由徐继业、朱洁华组织编写。

由于作者水平和能力有限，书中的错误和缺点在所难免，在此欢迎广大读者批评指正。我们在完成本书的编写过程中，学习参考了大量的文献，并尽可能予以标注，如有疏忽未标注的，敬请谅解。

气象大数据正在记录着我们地球大气变化的历史，也许往前追溯 1 000 年，我们并不十分了解地球大气发生了什么，但是现在之后的 1 000 年，我们的后人看我们的今天，可以重现今日的气象万千。

作 者

目 录

第1章

气象的大数据时代

"一场生活、工作与思维的大变革。大数据开启了一次重大的时代转型。就像望远镜让我们能够感受宇宙,显微镜让我们能够观测微生物一样,大数据正在改变我们的生活以及理解世界的方式,成为新发明和新服务的源泉。"

当今世界已经进入一个数据爆炸性增长的"大数据(big data)"时代。大数据无处不在,它正在对人类社会的发展造成深刻影响。进入2012年,大数据一词越来越多地被提及,人们用它来描述和定义信息爆炸时代产生的海量数据,并命名与之相关的技术发展与创新。数据正在迅速膨胀并变大,它决定着社会的未来发展,随着时间的推移,人们将越来越多地意识到数据对社会的重要性。正如《纽约时报》2012年2月的一篇专栏中所称:"大数据"时代已经降临,在商业、经济及其他领域中,决策将日益依赖于数据和分析而做出,而并非基于经验和直觉。哈佛大学社会学教授加里·金说:这是一场革命,庞大的数据资源使得各个领域开始了量化进程,无论学术界、商界还是政府,所有领域都将开始这种进程。

1.1 大数据概述

大数据不是突然产生的。互联网的迅速发展使网页数量爆发式增长,为了帮助用户快速找到所需信息,有必要提供精确的搜索服务,这是大数据的应用起点。随着互联网的迅速发展,越来越多的数据组成一个巨大的数据网,开始有了更多的应用和服务。政府、电子商务、金融等行业不断收集不同来源的数据,这些数据如何存储、挖掘和利用成为一个必须考虑的问题。大数据正是在这种背景中产生的。

1.1.1 大数据的概念

大数据的概念是由美国硅图公司(SGI)的首席科学家John R. Masey于1998年提出的:大数据是一个数据集,是指在无法容许的时间范围内用常规软件工具对其内容进行捕捉、管理和处理的数据集合。

1.1.2 大数据的特点

1) 大数据的数据特点

业界将大数据的特征归纳为四个"V"。① 数据规模大(Volume):具有海量的数据规模，大数据的起始计量单位至少是P(1 000 个 T)、E(100 万个 T)或Z(10 亿个 T)，数量巨大是大数据最显著的特征，并且大数据的数据量还在以前所未有的速度持续增长；② 数据类型多样(Variety)：多样的数据类型是大数据非常突出的数据特点，各种新型应用的出现，例如网络日志、视频、图片、地理位置信息等，产生了大量非结构化数据，这些数据在编码方式、数据格式、应用特点等方面存在很多差异；③ 数据处理速度快(Velocity)：在大数据背景下、对数据的获取、创建、传输、分析和处理的速度要求不断加快，甚至要做到数据随时产生，随时处理，而通过传统数据库查询模式得到的"当前结果"很可能已没有价值了；④ 数据价值密度低(Value)：大数据目前还处在数据价值密度低的阶段。

2) 大数据的技术特点

从技术角度看，大数据对传统数据存储和管理平台提出了挑战，为了满足大数据低耗能存储和高效率计算的要求，需要分布式云存储技术、高性能并行计算技术、多源数据整合技术、提供大数据存储索引查询等活动的云计算平台、解决海量数据结构复杂问题的分布式文件系统和分布式并行数据库、可视化高维展示技术等。大数据技术的战略意义不在于掌握庞大的数据信息，而在于对这些含有意义的数据进行专业化处理。换而言之，如果把大数据比作一种产业，那么这种产业实现盈利的关键，在于提高对数据的"加工能力"，通过"加工"实现数据的"增值"。

1.1.3 大数据的分析理念

大数据的分析理念有三个特性。① 倾向于全体数据而不是抽样数据：在大数据时代，我们可以分析更多的数据，有时候甚至可以处理和某个特别现象相关的所有数据，而不再依赖于随机采样(以前我们通常把这看成是理所应当的限制，但高性能的数字技术让我们意识到，这其实是一种人为限制)；② 追求效率而不追求精确度：研究数据如此之多，以至于我们不再热衷于追求精确度，之前需要分析的数据很少，所以我们必须尽可能精确地量化我们的记录，随着规模的扩大，对精确度的痴迷将减弱，拥有了大数据，我们不再需要对一个现象刨根问底，只要掌握其大体的发展方向即可，适当忽略微观层面上的精确度，会让我们在宏观层面拥有更好的洞察力；③ 注重相关性分析而不是因果分析：我们不再热衷于人类长久以来所习惯的寻找因果关系，而注重寻找事物之间的相关关系，相关关系也许不能准确地告诉我们某件事情为何会发生，但是它会提醒我们这件事情正在发生。

1.1.4 大数据时代

最先提出"大数据时代"到来的是全球领先的咨询公司麦肯锡，麦肯锡给出的"大数据"定义是：一种规模大到在获取、存储、管理、分析方面大大超出了传统数据库软件工具能力范围的数据集合。

“大数据”在互联网行业指的是这样一种现象：互联网公司在日常运营中生成、累积的用户网络行为数据，这些数据的规模是如此庞大，以至于不能用G或T来衡量。我们现在还处于所谓“物联网”的最初级阶段，随着技术成熟，我们的设备、交通工具和迅速发展的“可穿戴”科技将互相连接与沟通，新的海量数据会在电子商务、社交网络等各个方面得到广泛应用，并取得巨大的成功。“数据，已经渗透到当今每一个行业和业务职能领域，成为重要的生产因素。人们对于海量数据的挖掘和运用，预示着新一波生产率增长和消费者盈余浪潮的到来。”大数据时代的到来，对人们的生活、思维及工作方式产生了巨大影响，把信息化社会推进到了一个新阶段。

1）大数据为世界发展带来新动力

随着云时代的来临，大数据吸引了越来越多的关注。大数据分析常和云计算联系到一起，因为实时的大型数据集分析需要像MapReduce一样的框架来向数十、数百或甚至数千的电脑分配工作。大数据加上云计算被认为是继信息化和互联网后的第三次信息产业革命，大数据和云计算引领以数据为材料、计算为能源的又一次生产力的解放，数据成为了具有战略价值的资源。在现今的社会，大数据的应用越来越彰显优势，它占领的领域也越来越大，电子商务、O2O、物流配送等，各种利用大数据进行发展的领域正在协助企业不断地发展新业务，创新运营模式。有了大数据这个概念，对于消费者行为的判断，产品销售量的预测、精确的营销范围以及存货的补给已经得到全面的改善与优化。社会对大数据的应用进入了一个新时代。

2）大数据为政府决策带来科学依据

利用大数据技术，通过汇聚各类政务信息（公安、民政、卫生、教育、财税、气象、水文、环境、农业等各个部门的数据），建立大数据决策分析模型，可以明显增强对重大突发事件、自然灾害、重要舆情和重大政策的研判、监测、预警和处置能力，提高政府决策的有效性和科学性。

3）大数据为智慧城市建设带来支撑

智慧城市是建立在数字城市基础框架上，通过自动传感、物联网、云计算等信息技术将构成城市的基础设施、自然环境与人文社会进行有效融合，实现互联、协同和智能管理，为城市管理和公众服务提供支持。大数据技术遍布智慧城市的方方面面，是智慧城市的智慧之本。有了大数据的支撑，城市地理、气象、水文等自然信息和经济、文化、人口等人文社会资源相结合，可以为城市规划和管理提供强大的决策支撑，为人民的健康、安全和便利生活提供更好的保障。

4）大数据在行动

信息技术与经济社会的交汇融合引发了数据迅猛增长，数据已成为国家基础性战略资源。坚持创新驱动发展、加快大数据部署、深化大数据应用，已成为稳增长、促改革、调结构、惠民生和推动政府治理能力现代化的内在需要和必然选择。

2012年美国政府发布了“大数据研究和发展倡议”，正式启动“大数据发展计划”。

2015年中国国务院印发了《促进大数据发展行动纲要》，系统部署大数据发展工作。《促进大数据发展行动纲要》提出：要加强顶层设计和统筹协调，大力推动政府信息系统和公共数据互联开放共享，加快政府信息平台整合，消除信息孤岛，推进数据资源向社会开放，增强政府公信力，引导社会发展，服务公众企业；以企业为主体，营造宽松公平环境，加大大数据关键技术研发、产业发展和人才培养力度，着力推进数据汇集和发掘，深化大数据在各行业创新应用，促进大数据产业健康发展；完善法规制度和标准体系，科学规范利用大数据，切实保障数据安全。《促进大数据发展行动纲要》明确：推动大数据发展和应用，在未来5～10年打造精准治理、多方协作的社会治理新模式，建立运行平稳、安全高效的经济运行新机制，构建以人为本、惠及全民的民生服务新体系，开启大众创业、万众创新的创新驱动新格局，培育高端智能、新兴繁荣的产业发展新生态。

1.2 气象现代化

1.2.1 气象学定义

气象是指发生在天空中的风、云、雨、雪、霜、露、虹、晕、闪电、打雷等大气的物理现象，气象的观测项目有：气温、湿度、地温、风向、风速、降水、日照、气压、天气现象等。气象学研究的对象是大气层内各层大气运动的规律、对流层内发生的天气现象和地面上旱涝冷暖的分布等。气象的研究范围是地球表面的大气层，厚约3 000 km，按热力结构分层，自下而上可分为对流层、平流层、中间层、暖层和散逸层；按电磁特性分层，可分为中性层、电离层和磁层；按化学成分分层，可分为均质层或湍流层、非均质层。地球上，气象的变化历史记录在气象资料之中，成千上万的气象观测站不停地进行长年累月的气象观测，积累了多种多样、极为丰富的气象数据。

1.2.2 气象部门的现状

改革开放以来，我国气象事业发展取得了巨大成就，业务服务水平不断提升，应对复杂天气气候的能力明显提高，综合实力显著增强。中国气象局明确提出“大力推进气象信息化”，把信息化作为“做强气象和改造气象的主要途径之一”。全面推进气象现代化对气象信息化提出了十分迫切的需求，而目前的气象信息化水平不能满足气象现代化的发展要求。加快推进气象信息化是当前和未来气象现代化建设中重要与迫切的核心任务。

目前，我国已初步形成了天基、空基和地基相结合，门类比较齐全、布局基本合理的现代化大气综合观测系统；基本组成了由天气预报、气候预测、人工影响天气、干旱监测与预报、雷电防御、农业气象与生态、气候资源开发利用等构成的气象服务体系，气象服务领域涉及工业、农业、渔业、商业、能源、交通、运输、建筑、林业、水利、国土资源、海洋、盐业、环保、旅游、航空、邮电、保险、消防等多个行业和部门。近年来，随着科学技术和经济社会的发展，大气成分分析与预警预报、空间天气预警、沙尘暴天气监测与预报、防雷装置检测和工程专业设计、健康和医疗气象、突发公共事件紧急响应等气象保障业务和服务也迅速发展。目前，气象服务已基本覆盖了国民经济建设和社会发展与国家安全各个领域。

1.2.3 气象现代化发展战略

为了推进我国从气象大国走向气象强国，2015年9月，中国气象局正式印发《全国气象现代化发展纲要(2015—2030年)》，明确了2020年基本实现气象现代化的奋斗目标，展望了2030年全面实现气象现代化发展目标，成为我国未来气象事业发展的蓝图。《全国气象现代化发展纲要(2015—2030年)》提出了以信息化作为发展理念与方式的指导思想，将“着力推进气象信息化”作为六大任务之一，突出了气象信息化在全面推进气象现代化建设中的重要地位，凸显了气象信息化对气象现代化的驱动作用。内容上，该发展纲要紧紧把握气象信息化的关键薄弱环节，从业务流程和功能布局的优化、数据资源的集约共享以及信息安全等角度提出了气象信息化建设的着力点。

到2020年，我国将基本建成适应需求、世界先进的现代气象业务体系、中国特色现代气象服务体系和气象法治体系，形成体系完备、科学规范、运行有效的体制机制。关键领域气象核心技术实现重点突破，气象信息化水平不断提高，气象整体实力接近同期世界先进水平，全面建成小康社会的气象保障能力显著提升，气象事业发展基本适应国民经济和社会发展的需求。格点化实况融合数据空间分辨率达到1 km，格点化气象服务准确率和可信度满足服务需求。数值天气预报能力接近同期世界先进水平，全球数值天气预报模式水平分辨率达到10 km，可用预报时效接近8.5天，区域数值天气预报模式水平分辨率达到3～5 km。气候预测模式水平分辨率达到30 km，气候模式对东亚区域预测性能达到同期世界先进水平；气候系统模式总体性能达到同期世界先进水平；暴雨预报准确率接近同期世界先进水平；台风预报能力达到国际先进水平；气象业务系统整体效能明显提升；建成基本满足需求的综合气象观测系统与观测资料质量控制体系；实现对灾害性天气的全天候、高时空分辨率和高精度连续监测。

到2030年，我国将全面建成世界一流的气象现代化体系，实现气象全球监测、全球预报、全球服务，建立天气和气候服务的全球伙伴关系，开展全球范围合作。气象信息化处于国内行业先进水平。营造出科技创新争先、优秀人才辈出、气象法治完善的良好发展环境，气象服务经济、社会和生态效益明显提升。主导完善世界气象组织全球观测系统，建成以卫星观测等先进手段为主的地球系统立体化综合观测，海洋观测、船舶观测、飞机观测等形成规模并纳入综合观测体系，实时获取全球一体化综合观测信息。实现面向南极、北极等重点区域及海域的观测。数值天气预报模式与资料同化、气候预测和气候系统模式、资料质量控制及再分析等三大核心技术水平进入世界前列。实现天气-气候模式系统一体化。天气预报准确率和精细化程度等关键领域瞄准世界先进水平。建成世界气象组织亚洲区域气象灾害预警中心、气候中心、航空气象服务中心、气象卫星中心等若干区域专业中心。在全球气候服务框架中发挥核心作用，形成覆盖全行业、全地区避免气候风险和应对气候变化的服务能力。气象灾害预警信息实现服务手段、传播渠道及影响区域全覆盖。气象服务产业具备较大规模，气象服务市场体系基本建成。

1.3 气象大数据的基本概念

互联网是大数据的基本背景。随着互联网的迅速发展，超大规模的行为、状态和现象的信息被实时采集和开放，海量数据的处理、分析和挖掘方法得到广泛应用，全社会开始对数据的巨大价值有了重新认识。

1.3.1 气象大数据的定义

大数据，从字面上理解就是大量的数据、海量的数据，这些数据可以是所有格式的东西，比如日志、音频、视频、文件等。值得指出的是，绝不是拥有很多数据就叫大数据，大数据是一种数据分析方式，与传统数据分析方式有着本质上的不同，是互联网发展到现今阶段的一种特征，在以云计算为代表的技术支撑下，原本很难收集和使用的数据开始容易被利用起来了。

面对大数据，不光是数据量很大，而且数据的维度也很多，人工不可能去处理这样海量的数据，甚至如何处理都不知道，这时必须用电脑来自动处理，挖掘出数据中的规律。目前电脑还不能进行复杂的逻辑思维，只能进行简单的统计运算，找出其中的规律，统计出在什么情况会出什么样的结果，然后当类似的情况再出现时，电脑就会告诉我们可能会出现某种结果。这就是大数据的核心，也就是说，大数据主要是进行预测，告诉你未来将会出现什么样的结果，而不是只分析出过去的走势和现状，由人来判断未来。因为数据量非常大，所以大数据预测出来的结果就往往是正确的，大数据自动挖掘就是依据这一原理。

这里没有严密的因果分析，不是通过数据分析出原因再推导出结果，而是通过统计而知道有这样的情况，一般就会有这样的结果，也即现象与结果的相关性。所以大数据就有另一个显著的特点：只关心相关性，不关心因果。

气象数据集中于观测、计算数据以及交换数据，具有极强的实时性，是具有海量、高增长特征的信息资源，广泛存在于各级气象部门的业务系统中。气象数据大多是气象业务数据,从一开始,其采集生成的直接目标就是满足对天气系统的分析和预报,研究构成气候的大气长期统计特性,故专业性强、技术标准明确。

天气系统是典型的非线性系统,无法运用简单的统计分析方法来对其进行准确预报。人们常说的南美丛林里一只蝴蝶扇动几下翅膀,会在几周后引发北美的一场暴风雪这一现象,形象地描绘了气象科学的复杂性。因此,大数据并不适用于天气预报业务。但是,这并不意味,为气象业务而生的气象数据没有更大的作用。气象数据是一种数据资源,与科学研究、政府管理、行业生产和社会生活有着密不可分的关系,气象数据已经成为新时代的一种战略优势。如何构建气象的大数据、存储与管理、分析与挖掘气象数据的更广泛的科学价值和社会价值将成为气象行业的一个新领域。

总之,大数据是具有体量大、结构多样、时效性强等特征的数据,处理大数据需要采用新型计算架构和智能算法等技术,大数据应用注重相关分析而不是因果分析。

气象数据具备大数据的特征。当气象数据为应用气象的开展提供新的思路时,换句话说,当气象数据采用新型计算架构和智能算法进行挖掘应用,用来满足社会需求时,它就被称为气象大数据。

综合以上分析,本书对气象大数据的定义如下:气象大数据是指采用新型计算架构和智能算法进行社会化挖掘应用的,从气象观测采集到所有气象业务生成、交换、集成、计算和制作的数据,包含了所有与气象相关的业务数据及衍生数据。

气象大数据的意义不在于掌握庞大的数据信息,而在于对这些含有意义的气象数据进行社会化挖掘应用。换而言之,如果把气象大数据比作一种产业,那么这种产业实现盈利的关键,在于提高对气象数据的"加工能力",通过"加工"实现气象数据的"增值"。

1.3.2 气象大数据的特征

气象大数据除了具备大数据的"四V"特征之外,还具备气象行业所特有的特征。

1) 气象大数据具备大数据的"四V"特征

(1) 海量的数据规模(Volume)。数量巨大是大数据最显著的特征。截至2015年,中国气象局每天处理的数据达到6.54 TB;而预计到2020年,这一数值将升至近63 TB。目前,我国气象行业保存的气象数据总量达到PB级,每年新增加的数据量也接近PB级,且数据量仍以前所未有的速度持续增加。如何处理超大规模的气象数据已经成为气象部门亟待解决的问题,也是气象大数据要解决的核心问题。

(2) 多样的数据类型(Variety)。数据来源广泛、类型多样、结构各异是大数据的重要特点。随着互联网的飞速发展,目前,气象行业不仅具有传统的结构化数据,而且具有以文本、图形、语音、视频等非结构化数据,且非结构化数据的增长速度越来越快。

(3) 快速的数据流转(Velocity)。数据的创建、分析和处理的速度快是气象数据的业务要求。气象数据的采集、传输和处理原本就是实时的。

(4) 价值密度低(Value)。气象数据的专业特性,使得数据的价值利用密度并不高。

2) 气象大数据具备气象行业所特有的特征

(1) 时序特性。气象行业产生的大量数据来自自动气象站、卫星和雷达等探测设备对大气状况的不断观测,这些采集到的数据通常都是时间序列,具有时序特性。

(2) 多尺度特性。气象观测设备存在不同的数据采集周期,这就造就存在不同的时间尺度。

(3) 多维特性。对大气的描述需要不同维度的观测,如空间分布、物理化学特性等。

1.3.3 气象大数据的分类

气象数据是兼具时间和空间特性的描述地球大气状况的科学数据。气象数据一般分为观测数据和预报数据。采集观测数据的气象站点遍布全球,观测范围从几千米的高空到地面。预报数据大多是数值预报模式数据,计算出的天气预报结果通常以规则的等经纬度网格来表示,网格上的每一个点代表这个经纬度上未来某时刻某个物理量(比如温度)的数值。

按照《气象资料分类及编码》(QX/T 102—2009),气象数据主要包括:地面气象数据、高空气象数据、海洋气象数据、气象辐射数据、农业气象和生态气象数据、数值预报数据、大气成分数据、历史气候代用数据、雷达气象数据、卫星气象数据、气象服务数据、其他数据,如表 1-1 所示。

表 1-1 气象数据分类

种类	名　称	定　　义	数据类型
观测数据	地面气象	各种观测手段获得的近地面气象观测资料及其综合分析衍生资料	数字、符号、文字、图像
	高空气象	各种观测手段获得的高空气象观测资料及其综合分析衍生资料	数字、符号、文字、图像
	海洋气象	各种观测手段获得的海洋大气资料及其综合分析衍生资料	数字、符号、文字、图像
	气象辐射	各种观测手段获得的辐射资料及其综合分析衍生资料	数字、符号、文字、图像
	农业气象和生态气象	各种观测手段获得的农作物、牧草、物候、农业气象灾害、植被物理化学特性、土壤物理化学特性资料	数字、符号、文字、图像
	大气成分	各类大气成分观测站获取的大气物理、大气化学、大气光学资料	数字、符号、文字、图像

（续表）

种类	名　称	定　　义	数据类型
观测数据	雷达气象	通过雷达探测获得的气象资料和产品	数字、符号、文字、图像、视频
	卫星气象	通过卫星探测获得的气象资料和产品	数字、符号、文字、图像、视频
预报数据	历史气候代用数据	反映历史气候条件的各种非器测资料	数字、符号、文字、图像
	数值预报	通过各种数据预报方法获得的各种分析和预报产品	数字、符号、文字、图像
	气象服务	直接面向决策服务、专业服务和公众服务的各类产品	数字、符号、文字、语音、图像、视频
其他数据	—	不分属上述类别的气象资料和产品	数字、符号、文字、语音、图像、视频

气象大数据可依据来源、结构、维度的不同而分类。

1）气象大数据的来源

根据气象行业的业务体系，气象大数据的来源包括：观测数据、预报数据、服务价值数据、业务运行数据以及外部数据，如图1-1所示。

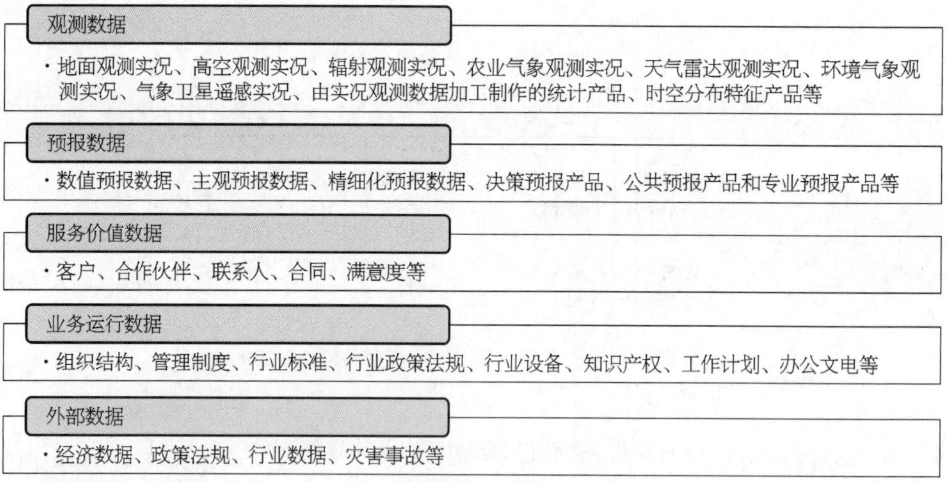

图1-1　气象大数据按来源分类

（1）观测数据。包括地面气象观测、高空气象观测、海洋气象观测、气象辐射观测、农业气象和生态气象观测、雷达气象观测、大气成分观测、卫星气象观测等。

（2）预报数据。包括历史气候代用数据、数值预报数据、气象服务数据等。

（3）服务价值数据。包括客户、合作伙伴、联系人、合同、满意度等。

(4) 业务运行数据。包括组织结构、管理制度、行业标准、行业政策法规、行业设备、知识产权、工作计划、办公文电等。

(5) 外部数据。包括经济数据、政策法规、行业数据、灾害事故等。

2) 气象大数据的结构

根据存储的形式不同,气象大数据可分为结构化数据、半结构化数据和非结构化数据。

(1) 结构化数据。结构化的数据是指可以使用关系型数据库表示和存储,表现为二维形式的数据。一般特点是:数据以行为单位,一行数据表示一个实体的信息,每一行数据的属性是相同的。所以,结构化数据的存储和排列是很有规律的,这对查询和修改等操作很有帮助。

(2) 半结构化数据。半结构化数据是结构化数据的一种形式,它并不符合关系型数据库或其他数据表的形式关联起来的数据模型结构,但包含相关标记,用来分隔语义元素以及对记录和字段进行分层;因此,它也被称为自描述结构。半结构化数据,属于同一类实体可以有不同的属性,即使它们被组合在一起,这些属性的顺序并不重要。通过这样的数据格式,可以自由地表达很多有用的信息,包括自我描述信息(元数据);所以,半结构化数据的扩展性是很好的。半结构化数据包括各类 XML 文件、Jason 描述文件、不同形式的接口文档、各类运营系统日志文件等。

(3) 非结构化数据。顾名思义,就是没有固定结构的数据,各种文档、图片、视频/音频等都属于非结构化数据。对于这类数据,我们一般直接整体进行存储,而且一般存储为二进制的数据格式。非结构化数据包括影音录像多媒体资料、遥感影像、卫星云图数据等。

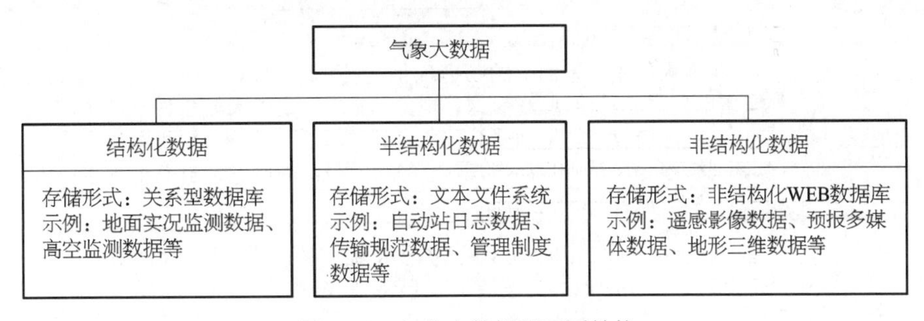

图 1-2 气象大数据的不同结构

3) 气象大数据的维度

(1) 气象大数据具有时空维度。气象大数据是兼具时间和空间的地球科学数据。

① 时间维度。气象数据分为两类:一类称为观测数据,一类称为预报数据。

观测数据来自不同的观测设备,观测手段从高科技的雷达卫星到最原始的人工观测,这些数据的采集都是为了更真实地反映出地球大气圈的运动变化。由于这些数据是描述过去大气特征的,因此也称之为“过去数据”。观测数据是气象学科发展的最基础数据,也是模式数据产生的源头。如果没有观测数据,计算机在运算“模式数据”时就少了初始值,即使是回归到没有计算机的人工预报时代,少了观测数据也无法进行天气预报。

预报数据是大多由各类计算机程序运算生成的模式数据，属于预测未来的数据。由于这些数据是描述未来大气特征的，因此也称之为“将来数据”。模式数据是由高性能计算机根据当前天气观测数据（包括地面、高空、卫星等）通过物理方程计算得出的。因为计算量非常庞大，运用到的计算公式异常复杂，运算出的数据量也是十分惊人的。可以形象地认为，有这样一套庞大的计算天气预报的程序，输入当前已知的天气现象，就可以输出未来还没有发生的天气现象，这就是现代天气预报业务的基础——“数值模式预报”，而这个庞大的计算机程序就被称为“模式系统”。模式系统一般每天计算 2～4 次，通常在整点开始，利用整点前采集到的实况数据进行计算，每次计算要生成大概几百个物理量，包括从开始计算的时刻（起报时刻）至未来 240 h 时效（或更长）的一系列二进制网格数据，预报时效通常间隔 3 h。

② 空间维度。平面上，采集实况数据的气象站点遍布全球；垂直分布上，观测范围从几千米的高空到地面。数值模式预报计算出的天气预报结果通常以规则的等经纬度网格来表示，网格上的每一个点代表这个经纬度上未来某时刻某个物理量的数值，目前气象网格经纬度间距一般在 0.25°数量级。

(2) 气象大数据具有物理特征维度。气象大数据是表明大气物理状态、物理现象以及某些对大气物理过程和物理状态有显著影响的物理量，主要有气温、气压、风、湿度、云、蒸发、能见度、辐射、日照以及各种天气现象，如表 1-2 所示。

表 1-2 气象要素表

气象要素	定　义
天气现象	发生在大气中和地面上的物理现象，包括降水现象、地面凝结现象、视程障碍现象、雷电现象和其他现象等，这些现象都是在一定的天气条件下产生的。降水现象有雨、雪、冰粒、冰雹；地面凝结现象有露、霜、雨凇、雾凇；视程障碍现象有雾、吹雪、烟幕、霾、沙尘暴、扬沙、浮尘；雷电现象有雷暴、闪电、极光；其他现象有大风、飑、龙卷、尘龙卷、冰针、积雪、结冰
云	云是悬浮在大气中的小水滴、过冷水滴、冰晶或它们的混合物组成的可见聚合体，其底部不接触地面。按云的外形特征、结构特点和云底高度，可分为三族、十属、二十九类
气温	表示空气冷热程度的物理量，习惯上以摄氏温度(℃)表示，也用华氏温度(℉)表示；地面大气温度指离地面 1.50 m 高度处的空气温度
湿度	表示空气中水汽含量和潮湿程度的物理量，湿度状况与云、雾、降水等关系密切。湿度常用下述物理量表示：① 水汽压，大气中的水汽所产生的那部分压力称水汽压(hPa)；② 相对湿度，空气中的实际水汽压与同温度下的饱和水汽压的比值(%)；③ 露点温度，在空气中水汽含量不变、气压一定的情况下，使空气冷却达到饱和时的温度
气压	气压是作用在单位面积上的大气压力；气压的大小同高度、温度、密度等有关，一般随高度增高按指数律递减；国际单位是帕(Pa)，常用单位有百帕(hPa)、毫巴(mb)、毫米汞柱高度(mmHg)

（续表）

气象要素	定　　义
地温	地温是指下垫面和不同深度的土壤温度(℃)；地面温度是大气与地表结合部的温度状况，地面表层土壤的温度称为地面温度，地面以下土壤中的温度称为地中温度
风向	空气运动产生的气流称为风；风向是指风的来向，最多风向是指在规定时间段内出现频数最多的风向
风速	风速是指单位时间内空气在水平方向运动的距离(m/s)或(km/h)
降水	从天空中降落到地面上的液态水和固态水，如雨、雪、冰雹等；降水观测包括降水量和降水强度的观测
日照	指太阳在一地实际照射的时数；在一给定时间，日照时数定义为太阳直接辐照度达到或超过 120 W・m 的那段时间总和，以小时(h)为单位
蒸发	液体表面的气化现象；气象上指水由液态变成气态的过程；在一定时段内，水由液态变成气态的量称为蒸发量，常用蒸发掉的水层深度表示，以毫米(mm)为单位
能见度	反映大气透明度的一个指标，指视力正常的人在当时天气条件下，能够从天空背景中看到和辨出目标物的最大水平距离 m 或 km
辐射	气象上测定以下两种辐射：① 太阳辐射，指太阳放射的辐射；② 地球辐射，指由地球(包括大气)放射的辐射

4）气象数据集核心元数据

气象大数据的描述目标就是利用元数据模型实现对气象数据描述和集成，为社会提供持续的、易于使用的数据资源。

(1) 术语和定义。

气象元数据是关于数据的组织、数据域及其关系的信息，是描述数据的数据，通常包括对数据的标识、内容、质量、状况和其他特性的描述。

数据集(dataset)：可以标识的数据集合。

元数据(metadata)：是关于数据的数据，通常包括对数据的标识、内容、质量、状况和其他特性的描述。

元数据元素(metadata element)：元数据的基本单元。

元数据实体(metadata entity)：一组说明数据相同特性的元数据元素。

核心元数据(core metadata)：描述数据集的最基本属性。

类(class)：对拥有相同的属性、操作、方法、关系和语义的一组对象的描述。

(2) 描述方式。

采用规范化方式定义和描述气象数据集核心元数据实体和元数据元素，包括中文名称、英文名称、短名、定义、约束/条件、最大出现次数、数据类型和域。

中文名称：元数据实体或元数据元素的中文名称。

英文名称：元数据实体或元数据元素的英文名称，宜用英文全称组合。

短名：元数据实体或元数据元素的英文缩写名称。命名规则：短名在行业标准范围内应唯一；长度一般不超过8位英文字符；采用与国际标准类似的英文名称作为短名。如果元数据实体或元数据元素的英文名称不超过8位英文字符，短名直接采用英文名称。对于元数据实体或元数据元素的英文名称超过8位英文字符的，如果英文名称由单个单词组成，则取该单词的各音节缩写作为英文短名；如果英文名称由多个单词组成，则取每个单词的第一音节缩写作为英文短名。

定义：描述元数据实体或元数据元素的基本内容。

约束/条件：元数据实体或元数据元素是否必须选取的属性，包括必选(M)和可选(O)。

最大出现次数：元数据实体或元数据元素可以具有的最大实例数目。只出现一次的用“I”表示，重复出现的用“N”表示。允许不为“1”的固定出现次数用相应的数字表示，如“2”“3”等。

数据类型：有效值域和允许该值域内的值进行有效操作的规定。

域：可以取值的范围。

(3) 核心元数据内容。

核心元数据实体和元素见附录“气象数据集核心元数据字典”，它完整定义了气象数据集核心元数据的整体抽象模型，其中通过对域的分析可以明确各元数据元素及实体之间的关系。

1.4 大数据时代气象行业的机遇和挑战

数据，是事实或观察的结果，是对客观事物的逻辑归纳，是用于表示客观事物的未经加工的原始素材。世界发展的趋势之一就是信息化，不同数据之间相互交叉编织成立体的、密集的信息网。

大数据带来了哪些变革？就像电力技术的应用不仅仅是发电、输电那么简单，而是引发了整个生产模式的变革一样，基于互联网技术而发展起来的大数据应用，将会对人们的生产过程和商品交换过程产生颠覆性影响，数据的挖掘和分析只是整个变革过程中的一个技术手段，而远非变革的全部。大数据的本质是基于互联网基础上的信息化应用，其真正的“魔力”在于信息化与工业化的融合，使工业制造的生产效率得到大规模提升。简而言之，大数据并不能生产出新的物质产品，但能够让生产力大幅提升。正如，《大数据时代：生活、工作与思维的大变革》作者肯尼思·库克耶和维克托·迈尔-舍恩伯格指出：数据的方式出现了三个变化：第一，人们处理的数据从样本数据变成全部数据；第二，由于是全样本数据，人们不得不接受数据的混杂性，而放弃对精确性的追求；第三，人类通过对大数据的处理，放弃对因果关系的渴求，转而关注相互联系。这一切代表着人类告别总是试图了解世界运转方式背后深层原因的态度，而走向仅仅需要弄清现象之间的联系以及利用这些信息来解决问题。

如何应对大数据带来的挑战？首先，大数据将成为各类机构和组织，乃至国家层面重要的战略资源。在未来一段时间内，大数据将成为提升机构和公司竞争力的有力武器。从某一层面来讲，企业与企业的竞争已经演变为数据的竞争，工业时代引以为豪的厂房与流水线，变成信息时代的服务器。重视数据资源的搜集、挖掘、分享与利用，成为当务之急。其次，大数据的公开与分享成为大势所趋，政府部门必须身先士卒。2013 年 6 月在英国北爱尔兰召开 G8 会议，签署了《开放数据宪章》，要求各国政府对数据分类，并且公开 14 类核心数据，包括：公司、犯罪与司法、地球观测、教育、能源与环境、财政与合同、地理空间、全球发展、治理问责与民主、保健、科学与研究、统计、社会流动性与福利和交通运输与基础设施。同年 7 月，我国国务院要求推进 9 个重点领域信息公开工作。

气象行业在经济建设和社会民生中的作用越来越重要，如何保持气象行业的可持续性发展，如何合理进行气象资源的配置和使用，如何开展气象与社会的融合，从而实现社会和经济利益最大化，已经成为气象行业自身发展战略和运营模式的一个紧迫命题。那么，大数据时代的新浪潮将对气象行业产生何种影响？

气象部门有一个超大的"数据库"，里面存储了海量的数据，与此同时，综合气象观测和天气预报系统每时每刻也在生成着海量的数据。气象业务的运行始终伴随着数据的获取处理和分析决策。气象部门的主要职责是预报天气；然而，在防灾减灾和经济生活中，几乎所有行业，如农业、交通业、建筑业、旅游业、销售业、保险业等，无一例外与气象信息息息相关。

大数据时代已经到了，大数据给气象部门带来了挑战和机遇，我们应当积极应对，认真把握。大数据的本质是基于互联网基础上的信息化应用；因此，气象部门必须重新审视气象数据的重要意义和潜在价值，调整业务模式，在关键业务环节引入现代信息技术，在流程组织、作业模式、业务管理等方面进行相应的变革。气象数据必须融入大数据平台，与其他社会基础的原始数据，如金融数据、电力数据、煤气数据、自来水数据、道路交通数据、客运数据、旅游数据、医疗数据、教育数据、环保数据等相关联。通过对这些数据进行有效的关联分析和统一管理，气象数据必将获得新生，其价值是无法估量的。气象数据可以为各个领域提供决策支持：在城市规划方面，通过对城市地理、气象等自然信息和经济、社会、文化、人口等人文社会信息的挖掘，可以为城市规划提供决策，强化城市管理服务的科学性和前瞻性；在交通管理方面，通过对气象数据和道路交通信息的实时挖掘，能有效缓解交通拥堵，并快速响应突发状况，为交通的良性运转提供科学的决策依据；在防灾减灾领域，通过气象数据与社会信息的挖掘，可以及时发现自然灾害，提高应急处理能力和安全防范能力。

正确理解并掌握大数据理念、技术、方法，合理运用气象从观测数据采集到专业化气象预报预测和服务保障的各个环节，提升气象行业的数据管理能力和价值挖掘能力，预示着气象服务新时代的到来。对海量气象数据进行有效的挖掘和运用，才是真正的气象大数据时代。

第2章

气象的数据资源

气象数据是有文字记载以来历史年代最久远、保存最完整、最系统的地球信息资源之一。长期以来，气象部门积累了大量的基础气象资料和分析数据，新的观测数据和分析产品还在逐年大幅度增加，气象数据具有来源复杂、种类繁多、格式多样、表现形式各异、数据量巨大等特点。

目前，中国气象数据网依托全国综合气象信息共享平台(China Integrated Meteorological Information Service System, CIMISS)在中国气象局建成，集数据收集与分发、质量控制与产品生成、存储管理、共享服务、业务监控于一体，实现了国/省数据同步和实时历史数据一体化管理。

本章将从综合气象观测系统、数值天气预报系统来说明气象的数据资源，并以全国综合气象信息共享平台和上海气象信息平台为例进行介绍。

2.1 综合气象观测系统

气象观测是气象工作和大气科学发展的基础。由于大气现象及其物理过程的变化较快，影响因子复杂，除了大气本身各种尺度运动之间的相互作用外，太阳、海洋和地表状况等，都影响着大气的运动。虽然在一定简化条件下，人们对大气运动进行了不少模拟研究和模型实验，但组织局地或全球的气象观测网，获取完整准确的观测资料，仍是大气科学理论研究的主要途径。历史上的锋面、气旋、气团和大气长波等重大理论的建立，都是在气象观测提供新资料的基础上实现的。所以，不断引进其他科学领域的新技术成果，革新气象观测系统，是发展大气科学的重要手段。

气象观测记录和依据它编发的气象情报，除了为天气预报提供日常资料外，还通过长期积累和统计，加工成气候资料，为农业、林业、工业、交通、军事、水文、医疗卫生和环境保护等部门进行规划、设计和研究，提供重要的数据。

采用大气遥感探测和高速通信传输技术组成的灾害性天气监测网，已经能够十分及时地直接向用户发布龙卷风、强风暴和台风等灾害性天气警报。大气探测技术的发展为减轻或避免自然灾害造成的损失提供了条件。

气象观测，是研究测量和观察地球大气的物理和化学特性以及大气现象的方法和手段的一门学科，主要观测有大气气体成分浓度、气溶胶、温度、湿度、压力、风、大气湍流、蒸发、云、降水、辐射、大气能见度、大气电场、大气电导率以及雷电、虹、晕等。从学科上分，气象观测属于大气科学的一个分支，它包括地面气象观测、高空气象观测、大气遥感探测和气象卫星探测等,有时统称为大气探测。由各种手段组成的气象观测系统,能观测从地面到高层,从局地到全球的大气状态及其变化。

2.1.1 综合气象观测网

气象部门将综合气象观测网分为地基、空基、天基观测三部分：地基观测主要包括地面气象观测和天气雷达等地基遥感观测,空基观测主要包括 L 波段探空系统观测;天基观测主要是气象卫星探测。

(1) 地面气象观测。地面气象观测是利用气象仪器和目力,对靠近地面的大气层的气象要素值,以及对自由大气中的一些现象进行观测。地面气象观测的内容很多,包括气温、气压、空气湿度、风向风速、云、能见度、天气现象、降水、蒸发、日照、雪深、地温、冻土、电线结冻等。

(2) 高空气象观测。高空气象观测是测量近地面到 30 km 甚至更高的自由大气的物理、化学特性的方法和技术。测量项目主要有气温、气压、湿度、风向和风速,还有特殊项目如大气成分、臭氧、辐射、大气电等。测量方法以气球携带探空仪升空探测为主。观测时间主要在北京时间 7:00 时和 19:00 时两次,少数测站还在北京时间 1:00 时和 13:00 时增加观测。此外,其他不定时探测内容有 2 km 以下范围的大气状况的边界层探测、测量特殊项目的气象飞机探测和气象火箭探测等。

(3) 气象卫星探测。气象卫星探测是在卫星上携带各种气象观测仪器测量诸如温度、湿度、云和辐射等气象要素以及各种天气现象,这种专门用于气象目的的卫星称作气象卫星。按卫星轨道分,气象卫星可以分为两类：① 极地太阳同步轨道卫星,其卫星的轨道平面与太阳始终保持相对固定的位置,卫星几乎以同一地方时经过世界各地;② 地球同步气象卫星,又称静止气象卫星,卫星相对某一区域是不动的,因而由静止气象卫星可连续监视某一固定区域的天气变化。根据气象卫星的目的还有一种试验卫星,主要对各种气象卫星遥感仪器、新的技术进行试验,待试验成功后转到业务气象卫星上使用业务卫星,这种卫星配备有各种成熟的设备和技术,获取各种气象资料,为天气预报和大气科学研究提供服务。

2.1.2 气象观测系统

一个较完整的现代气象观测系统由观测平台、观测仪器和资料处理等部分组成。

(1) 观测平台。根据特定要求安装仪器并进行观测工作的基点。地面气象站的观测场、气象塔、船舶、海上浮标和汽车等都属地面气象观测平台;气球、飞机、火箭、卫星和空间实验室等,是普遍采用的高空气象观测平台。它们分别装载各种地面的和高空的气象观测仪器。

(2) 观测仪器。应用于研究和业务的气象观测仪器有数十种之多,主要包括直接测量和遥感探测两类。前者通过各种类型的感应元件，将直接感应到的大气物理特性和化学特性，转换成机械的、电磁的或其他物理量进行测量，例如气压表、温度表、湿度表等；后者是接收来自不同距离上的大气信号或反射信号，从中反演出大气物理特性和化学特性的空间分布，例如气象雷达、声雷达、激光气象雷达、红外辐射计(见红外大气遥感)等；这些仪器广泛应用了力学、热学、电磁学、光学以及机械、电子、半导体、激光、红外和微波等科学技术领域的成果。此外，还有大气化学的痕量分析等手段。气象观测仪器必须满足以下要求：① 能够适应各种复杂和恶劣的天气条件，保持性能长期稳定；② 能够适应在不同天气气候条件下气象要素变化范围大的特点，具有很高的灵敏度、精确度和比较大的量程；此外，根据观测平台的工作条件，对观测仪器的体积、重量、结构和电源等方面，还有各种特殊要求。

(3) 资料处理。现代气象观测系统所获取的气象信息是大量的，要求高速度地分析处理，例如，一颗极轨气象卫星，每 12 h 内就能给出覆盖全球的资料，其水平空间分辨率达 1 km 左右。采用电子计算机等现代自动化技术分析处理资料，是现代气象观测中必不可少的环节。许多现代气象观测系统，都配备了小型或微型处理机，能及时分析处理观测资料和实时给出结果。

2.1.3 气象观测网

气象观测网是组合各种气象观测和探测系统而建立起来的，基本上分为两大类。

(1) 常规观测网。长期稳定地进行观测，主要为日常天气预报、灾害性天气监测、气候监测等提供资料的观测系统。例如由世界各国的地面气象站(包括常规地面气象站、自动气象站和导航测风站)、海上漂浮(固定浮标、飘移浮标)站、船舶站和研究船、无线电探空站、航线飞机观测、火箭探空站、气象卫星及其接收站等组成的世界天气监视网，就是一个规模最大的近代全球气象观测网。这个观测网所获得的资料，通过全球通信网络，可及时提供各国气象业务单位使用。此外，还有国际臭氧监测网、气候监测站等。

(2) 专题观测网。根据特定的研究课题，只在一定时期内开展观测工作的观测系统。例如 20 世纪 70 年代实施的全球大气研究计划第一次全球试验、日本的暴雨试验和美国的强风暴试验的观测网，就是为研究中长期大气过程和中小尺度天气系统等的发生发展规律而临时建立的专题观测网。

组织气象观测网要耗费大量的人力和物力。如何根据实际需要，正确地选择观测项目，恰当地提出对观测仪器的技术要求，合理地确定仪器观测取样的频数和观测系统的空间布局，以取得最佳的观测效果，是一项重要的课题。

2.1.4 我国的气象观测现状

我国已初步形成了天基、空基和地基相结合，门类比较齐全，布局基本合理的现代化大气综合观测系统。截至2012年底，我国建设区域自动气象站4.6万个，平均间距20 km左右，乡镇覆盖率达88.6%，2 423个国家级地面气象观测站全部建成自动气象观测站，温度、湿度、气压、风速、风向等基本气象要素实现了观测自动化，观测频率达到分钟级，120多个高空探测站、440多个雷达站、7颗在轨卫星、5万多个自动监测站、600多个农业监测站、300多个雷达站、90多个酸雨监测站，逐天逐小时甚至逐分逐秒地记录着各种各样的大气现象。我国的综合气象观测系统在观测能力、规模、密度等方面已经达到世界先进水平。

中国气象局从20世纪90年代中期开始规划新一代天气雷达网，经过多年建设，已在重点防汛区、暴雨多发区和沿海、省会城市建设193部新一代天气雷达，在人口聚居地的覆盖率达90%左右。新一代天气雷达实现6 min一次数据实时传输和全国及区域联网拼图，提高了台风、暴雨、冰雹等灾害性天气的监测、预报、预警能力。

在专业气象观测方面，气象部门建设了93套气溶胶质量浓度观测系统，实现全国所有省会和副省级城市的全覆盖；建成2 000多个自动土壤水分观测站，覆盖国家规划的800个粮食主产县；在瓦里关、上甸子、龙凤山、临安和香格里拉5个大气本底站建成温室气体在线监测系统，初步形成温室气体在线观测网；建成1 000多个交通气象观测站，334个雷电观测站，58部风廓线雷达，16个空间天气站。

目前，气象部门已在陆地上建设了高密度气象观测网，但是陆地只占地球表面的十分之三，地球表面的十分之七是海洋，对于海洋气象资料的获取，仅依靠海洋浮标和远洋船航线的观测是远远不够的，还存在大部分观测空白区。气象卫星观测资料可有效弥补海洋观测的空白区，在数值预报中发挥了非常重要的作用。目前，我国已形成7颗卫星在轨稳定运行的业务布局，包括4颗静止卫星和3颗极轨卫星，形成了"多星在轨、统筹运行、互为备份、适时加密"的业务运行模式，成为与美国、欧盟并列的同时拥有静止和极轨两个系列业务化气象卫星的三个国家（组织）之一。2012年发射的"风云二号F星"具备机动的区域观测能力，可实现6 min一次区域加密观测，对台风登陆的准确定位发挥了重要作用；"风云三号"极轨卫星实现上、下午星组网观测，成功完成技术升级换代，全球观测时间分辨率从12 h提高到6 h，有效提高了数值天气预报准确率；2016年12月11日零时11分，我国在西昌卫星发射中心用长征三号乙运载火箭成功发射"风云四号"卫星（01星），这不仅意味着中国未来的天气监测与预报预警将更为准确，而且也代表着中国在气象卫星这一高端领域已经达到世界先进水平，"风云四号"卫星是由中国航天科技集团公司第八研究院（上海航天技术研究院）研制的第二代地球静止轨道（GEO）定量遥感气象卫星，采用三轴稳定控制方案，接替自旋稳定的"风云二号"卫星，在功能和性能上实现了跨越式发展，"风云四号"卫星的辐射成像通道增加为14个，覆盖了可见光、短波红外、中波红外和长波红外等波段，接近欧美第三代静止轨道气象卫星的16个通道，可为天气分析和预报、短期气候预测、环境和灾害监测、空间环境监测预警，以及其他应用提供服务；2017年9月25日，"风云四号"卫星正式交付用户投入使用，标志着中国静止轨道气象卫星观测系统实现了更新换代。

2.1.5 上海气象观测系统

经过“十二五”期间的气象现代化建设，上海综合气象观测系统得到快速发展，观测站网效益得到有效提升，基本建立了地基、空基和天基相结合，门类比较齐全，布局基本合理的大气热力学、动力、化学观测以及城市边界层观测系统，实现了基本气象要素从人工向自动观测的转变，实现了以地面、高空观测为主向地面、高空、天气雷达、气象卫星观测协同发展的转变，实现了以固定为主、机动为辅的观测方式，为发展上海现代气象业务、构建气象现代化体系奠定了良好的基础。

截至2017年底，上海全市基本建立了门类比较齐全，布局基本合理的大气热力学、动力、化学观测以及城市边界层观测系统。在地面气象观测方面，上海共建成了260个自动气象站，地面气象观测站网空间间距达到郊区5～6 km、市区4 km；各郊区云、能、天自动化观测改造全部完成；在重大装备站址和各郊区气象台站设有天气实景观测系统27套。在雷达气象观测方面，建成国内先进的青浦多普勒天气雷达，完成南汇雷达双偏振多普勒技术升级改造，成为国内第一部业务化使用的S波段双偏振多普勒天气雷达。在城市边界层观测方面，上海市共建成10部大气边界层风廓线雷达，组成较完善的边界层风廓线观测网；利用郊区各区电视塔和横沙岛风能测风塔建成了10个100 m的多层梯度气象观测系统；初步建立了由2部激光雷达和5部云高仪组成的城市边界层垂直结构观测网；布设了由2部集成红外气体分析仪和超声风速仪、2部四分量辐射观测仪组成的辐射、水热通量观测网。在环境气象观测方面，建有11个环境气象多要素不等的观测站、1个臭氧探空站、2个酸雨观测站、5个负氧离子站、1个花粉站和3个温室气体站等。在卫星遥感气象观测方面，建成了包括X/L极轨卫星接收系统、MTSAT接收系统、FY-2E自主接收系统和CMACAST转发小站共4套业务系统；整合了华东区域地基GNSS/Met网超过200个站点，站点平均分辨率为50～100 km，长三角地区分辨率可达10～15 km。在海洋气象观测方面，建成(含共享站)由40个海岛自动气象观测网、10个海洋浮标观测网、4个船舶自动气象站、4个波浪观测站、14个潮位站、7个温盐流站等组成的海洋气象观测网。在移动气象观测方面，建成5部移动气象观测系统和应急卫星通信系统，除常规移动观测外，具备移动天气雷达、移动风廓线雷达和天气实景观测等。另外，初步同步建立了主要高速公路重点路段交通气象观测网和针对迪士尼等旅游气象专业观测网，建成了覆盖全市的全雷电闪电定位系统和地面大气电场观测网。

2.2 数值天气预报系统

随着科学技术的进步,气象数据的来源又有了一个新的途径——气象数值模式,这类由气象数值模式产生的数据,已成为当今气象领域不可或缺的重要部分,并且气象观测数据的处理也越来越离不开数值模式的应用。

1) 原理

气象数值模式是数值天气预报的核心成分,数值天气预报的核心思想是将物理学的定律应用于预报天气,即把天气预报视作数学物理的初值问题,使用偏微分方程从观测到的当前的天气向前积分得到未来的天气。这一思想的产生和尝试发端于20世纪早期,直到20世纪50年代,随着世界首台电子计算机的诞生,数值天气预报才具备了现实应用的条件。

考虑地球自转影响的纳维-斯托克斯方程、质量连续方程和热力学第一定律、理想气体方程一起构成了一组完整的大气预报方程,大气中的风场、气压场、密度场和温度场的时空变化都可以用这组方程加以描述,这些方程在时间和空间离散化之后借助大型计算机以数值方法求解。空间离散化,是把地球预报范围(全球或区域)划分成水平和垂直网格,大气预报方程就在各个网格上建立(图2-1)。对方程的离散近似的做法,使得一些重要的大气物理过程,包括摩擦、凝结、蒸发、辐射加热与冷却,无法直接在网格上解析表达,它们的效应被作为质量、动量和热量的源项进入可解析尺度的方程中。由于这些过程通常都无法解析,它们需要按照与可解析尺度的相互作用被"参数化"表达。

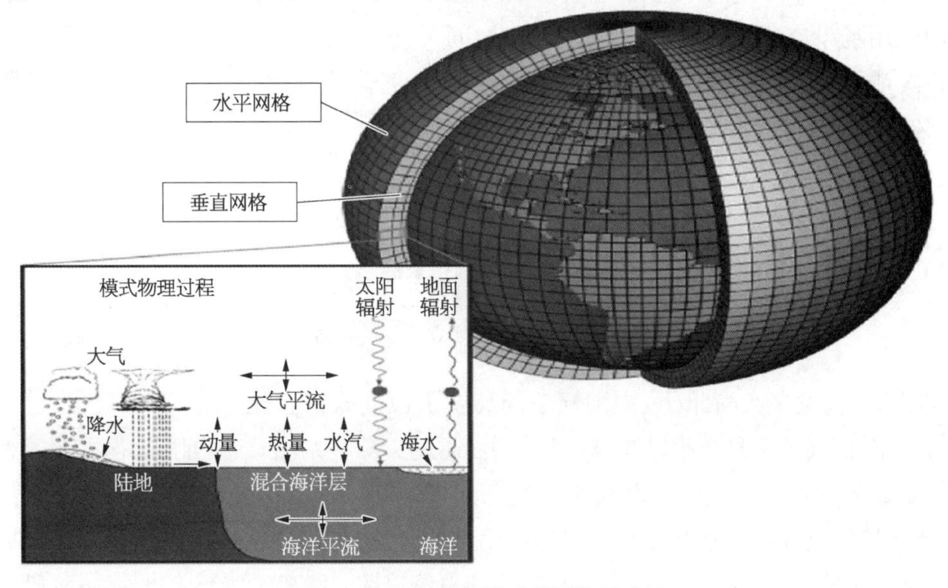

图2-1 气象数值模式的网格示意图

气象数值模式运行的关键一步是气象观测资料的初始化，即确定气象数值模型积分的初始条件。早期用于确定初始条件的方法基于对天气图的分析，后来各种各样的插值方法被基于最优控制理论的资料同化技术所取代。随着气象观测资料来源的多元化以及同化理论、计算技术的发展，当前世界上先进的数值模式都应用四维同化技术进行模式初始化。四维同化是将大气和地面状况分析推演在数学上处理为使用观测资料、短期预报所提供的初始信息、它们的不确定性以及预报模式作为约束的反演问题。通过四维同化，模式生成在时间和空间上物理一致的分析，并能够处理大量的、时空分布不均匀的观测数据(例如大量而多种多样的卫星数据)。这些经过模式同化处理分布在计算格点上的数据就是气象数值模式数据。

2) 气象数值模式系统

在世界范围内，每天有许多全球和区域数值模式在各国气象中心运行，以高空到地面的庞大观测数据(包括无线电探空、地面气象站、气象卫星等)作为输入，进行着数值天气预报。在中国，从中央到地方，有已经形成系列的数值天气模式系统。在中国国家数值天气预报中心，每天运行的业务系统有：全球中期数值天气预报系统、中尺度数值天气预报系统、全球台风数值天气预报系统、空气质量预报系统等。上海作为中国气象局华东区域气象中心，拥有针对本地特点开发的数值天气预报模式系统，包括华东区域中尺度模式系统、快速同化系统、台风预报系统等。这些模式每天都输出大量数据产品，对各种天气现象，如大风、台风、暴雨、雷电、雾、霾、空气质量状况等，进行准确预报。

同气象观测数据一样，气象数值模式数据可以应用于国民经济和社会生活的各个方面；但在具体的应用过程中，必须注意数据的“适用性”。如前所述，数值模式数据是格点数据，每一格点上的数据代表的是这一格点内的平均情况，通用模式的水平格点距，从几千米到十几千米不等；而我们生产生活应用场景的空间尺度一般都是米-百米量级的，因此存在较大的应用场景空间尺度不匹配问题。在时间尺度上，数值模式数据一般为 6 h 一次或 12 h 一次，同样和许多应用需求存在较大的时间尺度不匹配。因此，对于数值模式数据的应用，必须做好二次开发研究。

2.3 全国综合气象信息共享平台

在国家信息化的大背景下，中国气象局高度重视气象信息化工作，明确提出大力推进气象信息化，以气象信息化推动智慧气象发展，通过资源集约、系统智能、流程再造等途径，实现气象业务、服务、管理的互联互通和信息共享、高效集约、协同创新、精细管理、普惠服务，打造连接气象“需求”和“供给”之间集约化、标准化的“信息”桥梁，为智慧气象提供强有力的支撑。明确了气象信息化建设“两步走”的总体思路：2015—2016 年的第一阶段，是气象信息化的基础准备阶段，通过实施信息化设备、业务应用系统和数据的集约整合，构建统筹集约的气象信息业务体系；2017—2020 年的第二阶段，是气象信息化的规模化建设阶段，将通过实施气象信息化工程，实现云计算、大数据等现代信息技术在气象领域的规模化应用和标准化建设，构建资源高效利用、数据充分共享、流程高度集约、标准系统完备的气象业务、管理信息化新格局。

2.3.1 基本情况

全国综合气象信息共享平台(CIMISS)是依托国家发改委批复的"新一代天气雷达信息共享平台"项目，是集数据收集与分发、质量控制与产品生成、存储管理、共享服务、业务监控于一体的气象信息共享业务系统。本着"统一数据来源、统一数据标准、统一数据流程、统一数据服务"的原则，从气象数据全业务流程角度出发，CIMISS 初步建立了气象数据标准化框架，规范了各类数据命名、格式和算法，定义了国、省一致的气象数据存储结构和数据服务接口，实现了国省数据同步和实时历史数据一体化管理。

2.3.2 总体布局

CIMISS 建立了国省统一数据环境，是气象业务、服务、管理的核心基础数据支撑平台，是气象信息化数据统一标准的基础，将目前所有气象观测数据、预报数据、服务产品数据集中到 CIMISS 数据库，用以支撑现有的天气、气候、公共服务和综合观测业务应用。如：现代化人机交互气象信息处理和天气预报系统(MICAPS)及其升级测试版本(MICAS)、短时临近预报业务系统(SWAN)、气候信息处理与分析系统(CIPAS)等，见图 2－2。《气象信息

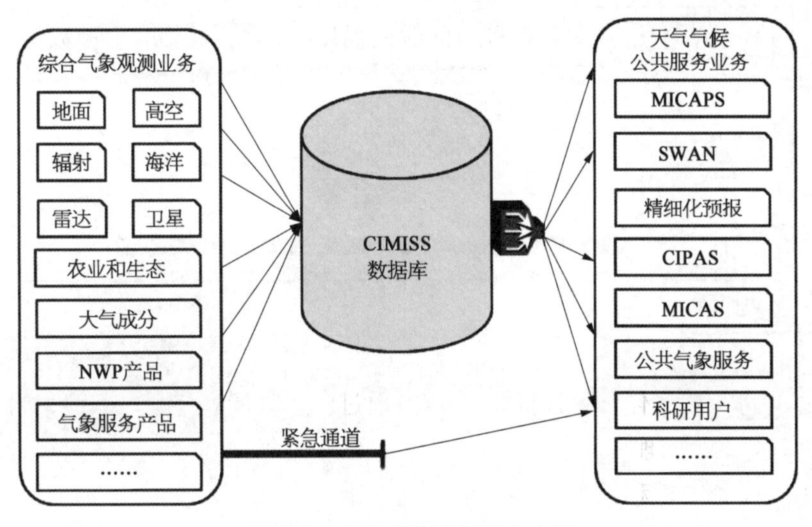

图 2－2 气象数据支撑业务应用

化行动方案(2015—2016年)》提出数据资源整合集约、业务体系扁平化目标将以CIMISS为核心实现,气象应用生态将以CIMISS作为统一信息源。同时,为实现气象大数据在国省、省际流动并创造价值奠定了基础。CIMISS构建了气象信息网络系统的核心业务构架,建立了集数据收集、处理、存储管理、服务、业务监控一体化的气象信息业务平台;其核心业务目标为:将气象网络业务由通信传输基础保障向基于数据库的气象数据应用服务转变,建立统一、集约化的国家级、省级数据环境,并持续发展。

2.3.3 总体结构与流程

CIMISS由1个国家中心和31个省级中心组成,所有中心通过全国气象业务网联结成一个物理分布、逻辑统一的信息共享平台。CIMISS实现了气象数据的国省两级大集中,初步形成两级布局、四级应用数据业务技术体制,省级CIMISS直接支撑省、市、县三级的业务应用,如图2-3所示。

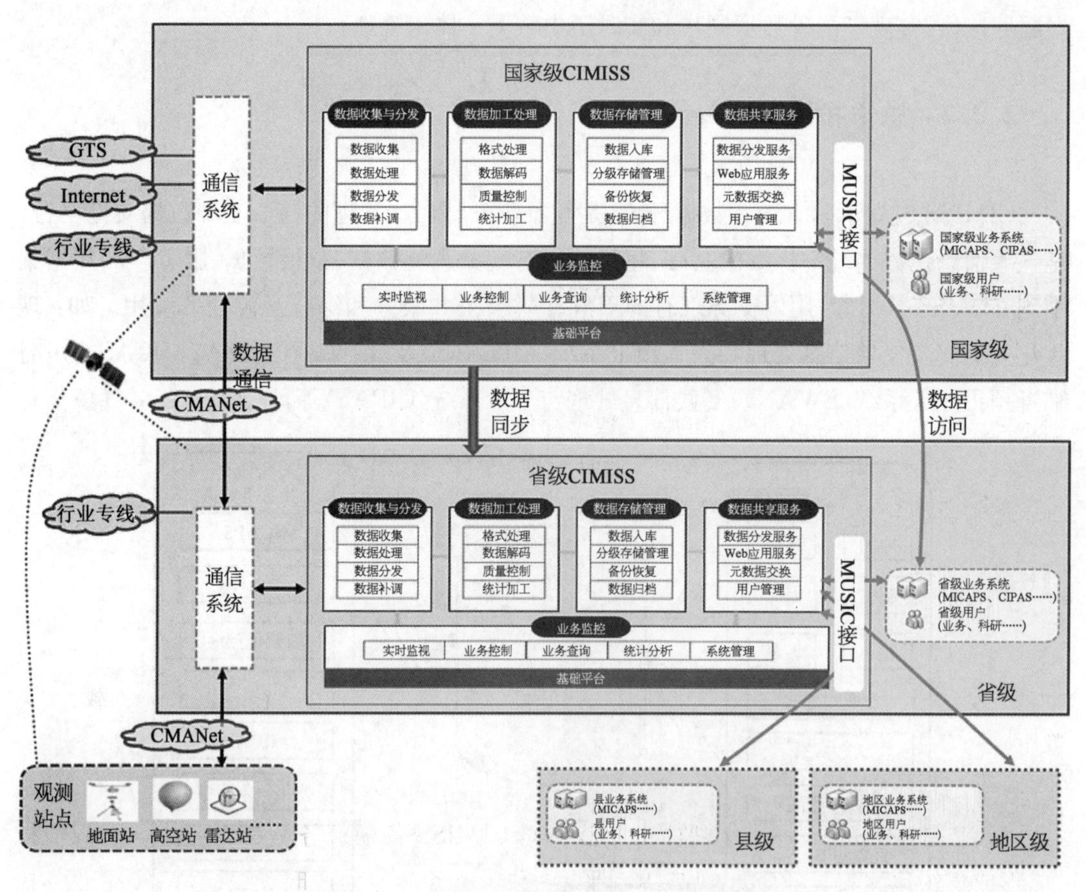

图2-3 CIMISS国家、省、地县三级布局系统

CIMISS由数据收集与分发、数据加工处理、数据存储管理、数据共享服务、业务监控共

5个业务应用系统及计算机存储、网络与安全等基础设施平台组成。CIMISS实现约263种基础数据资源、CIPAS数据资源、灾害数据等管理，形成国省一致的实时、历史长序列数据在线服务能力，对国内外及行业交换气象观测数据和业务产品进行收集并按需分发，对气象数据进行解码、质量控制和产品加工处理，随后使用数据库技术对实时和历史数据进行一体化入库管理，并通过数据统一服务接口为个人用户和业务系统用户提供数据调取服务。

CIMISS包括数据收发系统(China telecommunication system, CTS)、数据加工处理系统(data process center, DPC)、数据存储系统(service oriented database, SOD)、共享服务系统(global data sharing system, GDS)、监控系统(monitor & control platform, MCP)、数据统一服务接口(meteorological unified service interface community, MUSIC)。

CTS是CIMISS的数据收集与分发系统，承载国内气象通信业务，可实现国省之间、各省份之间的数据收集与交换，中国气象局卫星广播系统(CMACast)下行数据的收集与分发。同时，CTS还是CIMISS的前端数据源头、数据预处理、数据分发、数据补掉和数据传输业务监视。相比新一代通信系统，CTS实现了更为严格的数据格检准入和快速质量控制，提高了国内气象数据质量，并和数据环境系统紧密衔接，全面提升实时数据的管理效率和应用时效性。

DPC是CIMISS的数据加工处理系统，它针对原先气象数据处理业务中重复工作严重、自动化程度低、无统一标准等缺陷，规范了全国范围数据处理业务，采用分层分布式的并行化体系结构实现数据处理任务的并行，保障了加工处理系统高时效的稳定性并提高了数据处理的时效性，丰富了气象数据产品种类，实现了对400多种气象数据处理功能，其模块化和组件化设计也保证了系统的可扩展性。

SOD是CIMISS系统的核心业务模块，其建设目的就是构建气象数据库系统，包括数据入库及管理、监视等多种功能的统一数据存储管理平台；支持气象数据归档、离线数据管理、迁移/回迁、数据清除、备份/恢复、实时监视、存储结构管理、配置信息管理、数据入库、副本生成打包转储、服务接口等功能；实现实时和历史一体化的、高效完备、可扩充的气象数据和产品存储管理。

GDS是CIMISS的共享服务系统，是在国家和省级建立气象综合信息共享服务体系；面向气象业务、气象科学研究、公共气象服务，提供气象观测资料/产品的数据发布、数据发现、数据评价、数据获取、信息安全服务；主要提供气象数据的产品的在线查询与下载、气象数据和产品的目录服务、综合气象数据获取、气象数据和产品可视化显示和分析、气象数据在线统计分析、气象数据与产品的分发、用户分级管理等功能。

MCP是CIMISS业务总体监控系统，它对CIMISS各项业务运行进行统一监视与控制，形成集约化的实时业务监视与控制平台；主要业务功能为实时业务监视、实时业务控制、实时业务查询、业务统计分析、业务告警管理等。

MUSIC是基于国省统一的数据环境，面向气象业务和科研，提供全国统一、标准、丰富的数据访问服务和应用编程接口，为国、省、地、县各级应用系统提供唯一权威的数据接入服务；MUSIC 提供全面的数据获取功能、多样的服务方式、跨平台、多语言的开发支持和多个标准的调用方法及 200 多个访问接口。

CIMISS 系统的总体结构与流程如图 2－4 所示。

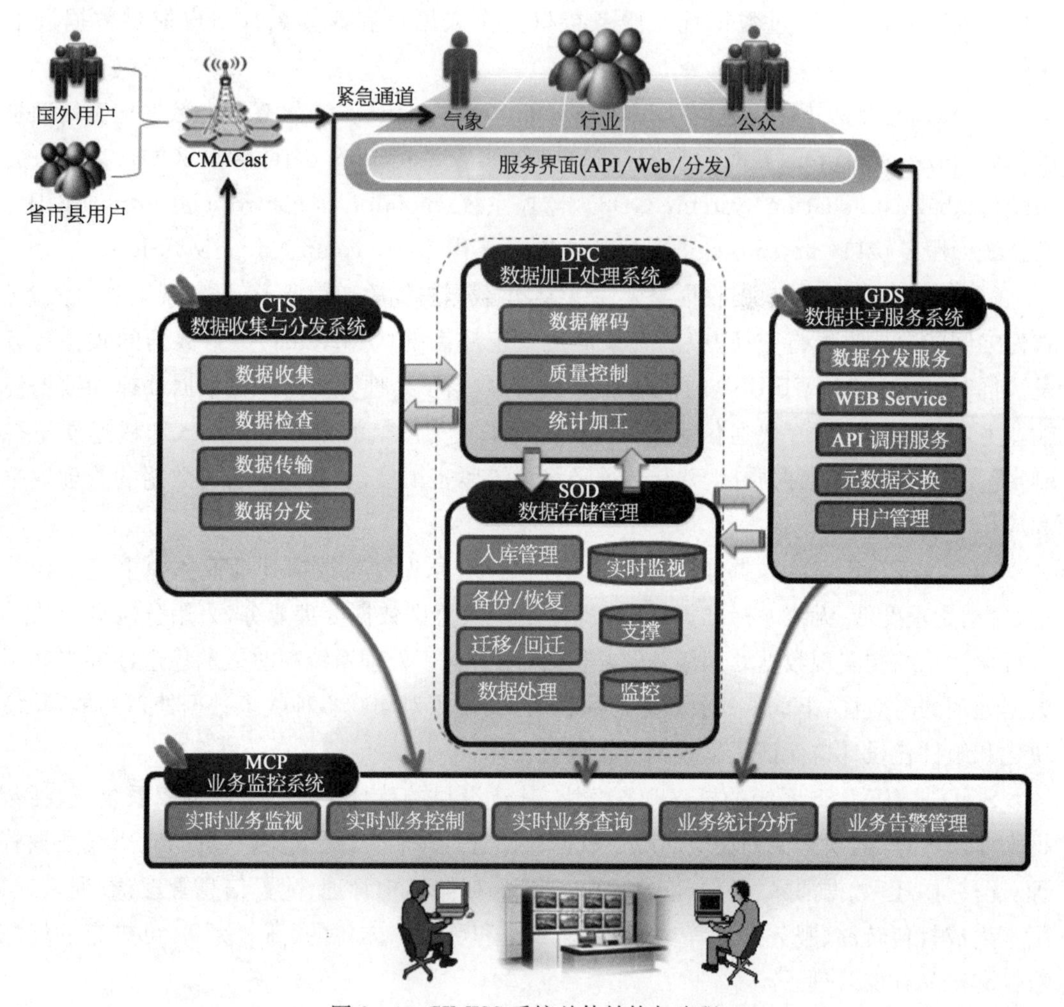

图 2－4　CIMISS 系统总体结构与流程

2.4 上海气象信息平台

上海一体化气象信息与大数据支撑平台涵盖了资源、业务、数据三个主要方面工作，主要承担气象数据的搜集、处理、入库到数据的共享情况，以及气象数据共享平台、高性能计算机、气象监测网络、气象数据服务产品加工制作、网络与安全的支撑。上海气象信息平台实现对业务和应用、数据和资源，以及数据中心环境的全面监控，在充分利用原有资源的基础上，收集多源数据，融合异构信息，将大数据分析的方法应用到故障检测中，以动态、直观的方式对处理后的信息进行集中显示，辅助工作人员更加高效地完成运维工作。

业务和应用监控提供一体化的实时业务运行状态及关键性能指标的业务监视，包括骨干网络拓扑、网络结构图等动态实时的展示，以动画形式显示实时的网络流量、网络传输和网络拥塞状况，以及局域网接入层、广域网、城域网的连通性、总流量等。借鉴国外探测装备质量管理先进思路，地面自动气象站网监控不仅体现观测数据接收到报率情况统计，而且对设备传感器状态、数据通信链路、观测要素质量和计量检定日程作全流程监控管理；天气雷达和风廓线雷达展现硬件系统重要部件的各项体征指标实时状态；对高性能计算的主要设备可用率、使用率和节点状态的展现；虚拟服务器和存储系统的空间使用率、访问性能等；可视会商系统连通状态，以及下沉到预报平台、公共服务平台和数值预报工作区各桌面计算机的连接情况；通过安全监控，集中监控网络设备、安全设备、相关应用服务器等事件报警信息，并进行一定的关联分析，及时发现正在发生或已经发生的安全威胁事件，从而尽早采取主动措施进行处理。图 2－5 所示为光纤网和业务网运行监控图；图 2－6 所示为雷达运行监控图。

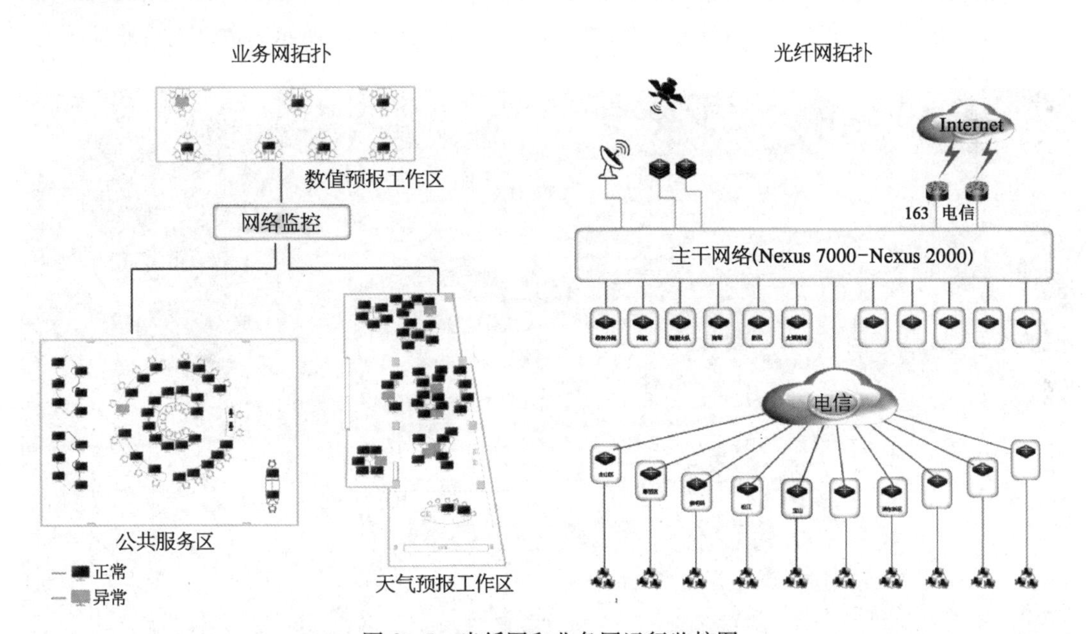

图 2－5 光纤网和业务网运行监控图

数据和资源监控可以实时展示数据流转、应用总体情况。场景包括：面向用户需求，以事件驱动的数据服务的应用效果的展示，包括资料类型、访问频率、用户信息、应用系统等要素的展示；对数值预报应用排行数据应用情况如地理位置，用户单位、下载时效等各个应用属性进行实时排行；以报表、动态图形等形式展示各类数据传输实时流程状态图、资料上下行流转的实时情况，显示实时的资料传输状态，描述任何一类资料的到达情况，显示未到

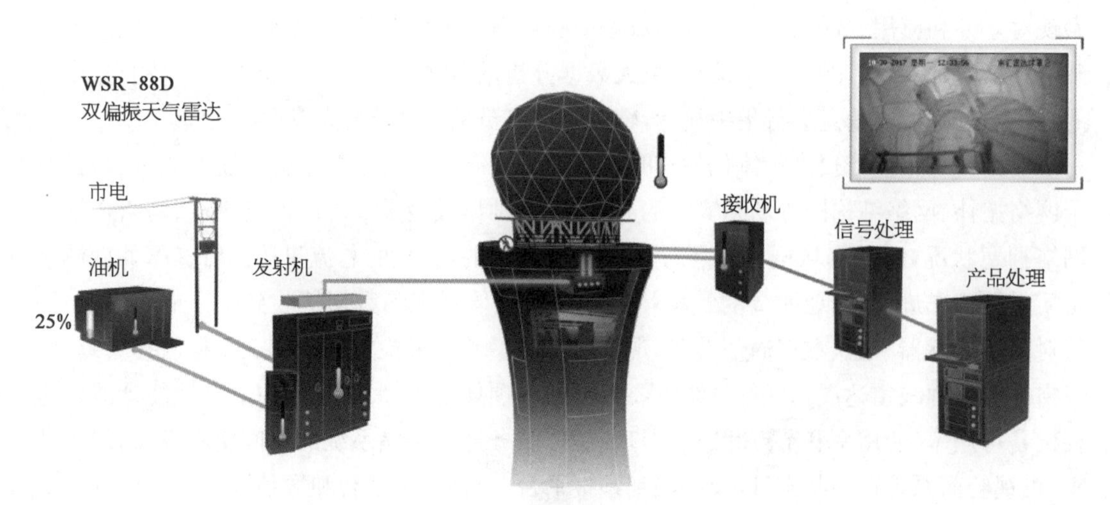

图 2-6 雷达运行监控图

达资料当前所在的节点，从采集到该节点，任何一个传输过程所经过的处理状态，并运用ETL(抽取-转换-装载)、数据挖掘及相关算法抽取出监视数据的深层信息，从而找到业务存在的不足与改进方向。CIMISS数据接口服务监控显示MUSIC使用情况，现在有多少接口被调用，哪个接口调用次数最多、各服务接口的相应速度等。图2-7所示为数据上行监控图。

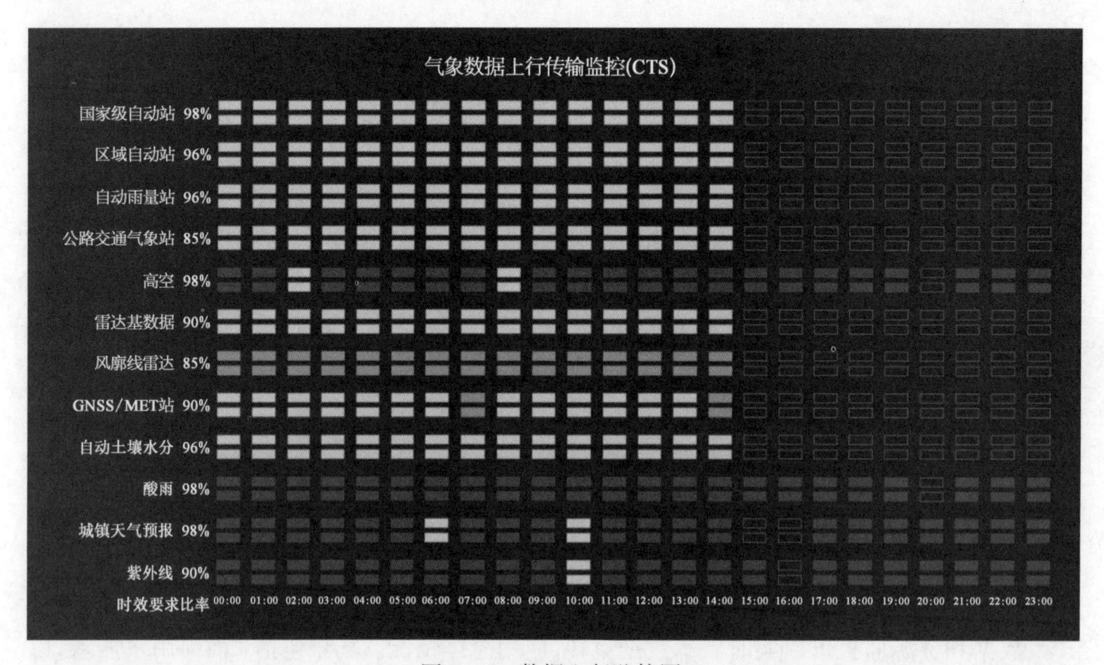

图 2-7 数据上行监控图

数据中心环境监控针对数据中心运行环境，实时展现数据中心基础配套资源的整体状态、能源消耗、温度、湿度、漏水、腐蚀性情况以及机房内各种设备包括UPS(不间断电源)、精密空调、监控摄像头、消防、门禁以及消防和新风系统的情况，以动画的形式全方位展示数据中心基础配套系统当前的运行状况，存在的报警信息、处理情况等。图 2-8 所示为数据中心环境监控图。

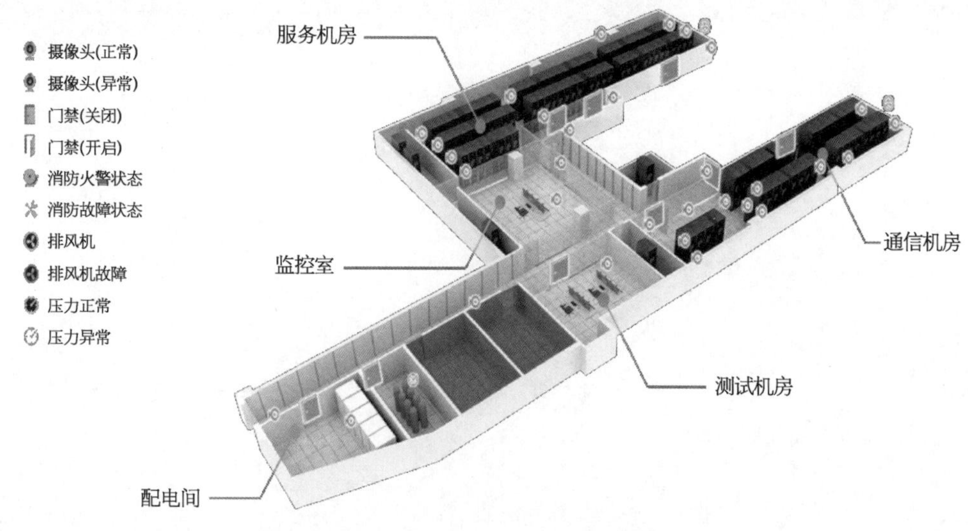

图 2-8 数据中心环境监控图

通过一体化气象信息与大数据支撑平台统一集中的业务系统，形成快速处理故障，为事后分析流程奠定基础，实现整体业务运行稳定，提高信息系统运维自动化能力。

第3章

气象大数据技术

互联网技术的飞速发展，带来了数据量的井喷式增长，传统技术在处理这些海量数据时遇到了不可避免的效率瓶颈。尤其在气象、遥感、地质灾害监测等特殊行业，能否及时、安全、高效地处理其中的海量数据，关系到人民的财产安全与社会的和谐稳定。

在当前，各行各业每天都在产生大量数据，速度和数量都非常惊人，人类已经进入数据爆炸时期。根据监测统计，2017年全球的数据总量为21.6 ZB(1 ZB相当于十万亿亿个字节)，目前全球数据的增长速度在每年40%左右，预计到2020年全球的数据总量将达到40 ZB。在互联网时代，数据的重要性已经被越来越多的学者所关注和研究。

气象数据是一种时间序列数据，深刻影响着我国的科研领域和经济建设。近年来，随着我国气象相关技术的迅速发展，以及网络之间通信能力的显著提高，气象数据作为一种主要的信息载体，其数量呈现出爆炸式增长，种类也越来越丰富。国家气象信息中心实时显示，我国当前保有的气象数据为4～5 PB，包含了地面观测、卫星观测和数值预报等几大类的观测数据。近三十年来，除了传统的地面观测，飞速发展的还有遥感遥测业务，这一领域以气象卫星和多普勒天气雷达为代表，每天产生的观测数据以TB级计。随着交通的日益发达和科技的发展，民众以及各行业对气象预测的要求也越来越高，如飞机起飞、卫星和火箭发射等，对风、云、降水和雷电等气象情况有严格要求，这对精确的短时气象预测提出了要求；农业生产中，人们需要根据中短期气象预测合理安排种植计划；节假日出行，人们不仅关注气温、降水等气候状况，还关心PM2.5等气象数据。

在大数据时代，有人说：三分技术、七分数据，得数据者得天下。在大数据时代已经到来的时候要用大数据思维去发掘大数据的潜在价值。谷歌利用人们的搜索记录挖掘数据二次利用价值，比如预测某地流感爆发的趋势；亚马逊利用用户的购买和浏览历史数据进行有针对性的书籍购买推荐，以此有效提升销售量；Farecast利用过去十年所有的航线机票价格打折数据，来预测用户购买机票的时机是否合适。大数据分析相比于传统的数据仓库应用，具有数据量大、查询分析复杂等特点。大数据研究机构高德纳公司给出了这样的定义："大数据"是需要新处理模式才能具有更强的决策力、洞察发现力和流程优化能力的海量、高增长率和多样化的信息资产。技术是大数据价值体现的手段和前进的基石。本章将分别从云计算、分布式处理技术、存储技术和感知技术的发展来阐述大数据从采集、处理、存储到形成结果的整个过程。

3.1 云计算

云计算应运而生，它在处理海量数据方面有着技术固有的优势，其中开源云计算平台正受到知名互联网公司和数据库厂商的支持;云计算技术越来越受到国内外研究者们的关注,成为海量数据处理技术研究热点。

3.1.1 云计算的概念

云计算(cloud computing)是在2006年出现的新概念,但却在出现之后短短半年内,得到了各大公司和研究机构的高度关注,且关注热度一直居高不下。它是继20世纪80年代大型计算机到客户端—服务器的大转变之后的又一种巨变,同时也是分布式计算(distributed computing)、并行计算(parallel computing)、效用计算(utility computing)、网络存储(network storage technologies)、虚拟化(virtualization)、负载均衡(load balance)、热备份冗余(high available)等传统计算机和网络技术发展融合的产物。

云计算是基于互联网的相关服务的增加、使用和交付模式,通常涉及通过互联网来提供动态易扩展且经常是虚拟化的资源。云是网络、互联网的一种比喻说法,过去往往用云来表示电信网,后来也用来表示互联网和底层基础设施的抽象。因此,云计算甚至可以让用户体验每秒10万亿次的运算能力,拥有这么强大的计算能力可以模拟核爆炸、预测气候变化和市场发展趋势。用户通过台式电脑、笔记本电脑、手机等方式接入数据中心,按自己的需求进行运算。

对于到底什么是云计算,至少可以找到100种定义。现阶段广为接受的是美国国家标准与技术研究院的定义:云计算是一种按使用量付费的模式,这种模式提供可用的、便捷的、按需的网络访问,进入可配置的计算资源共享池(包括网络、服务器、存储、应用软件、服务),这些资源能够被快速提供,只需投入很少的管理工作,或与服务供应商进行很少的交互。

云计算是通过分布在大量的分布式计算机上,而非本地计算机或远程服务器进行计算,企业数据中心的运行将与互联网更相似。这使得企业能够将资源切换到需要的应用上,根据需求访问计算机和存储系统。好比是从古老的单台发电机模式转向了电厂集中供电的模式,这意味着计算能力也可以作为一种商品进行流通,就像煤气、水电一样,取用方便、费用低廉,不同之处在于,它是通过互联网进行传输的。被普遍接受的云计算的特点如下。

(1) 超大规模。“云”具有相当的规模,谷歌云计算已经拥有100多万台服务器,亚马逊、IBM、微软、雅虎等的“云”均拥有几十万台服务器。企业私有云一般拥有数百上千台服务器。“云”能赋予用户前所未有的计算能力。

(2) 虚拟化。云计算支持用户在任意位置、使用各种终端获取应用服务。所请求的资源来自“云”,而不是固定的有形的实体。应用在“云”中某处运行,但实际上用户无需了解,也不用担心应用运行的具体位置;只需要一台笔记本电脑或者一部手机,就可以通过网络服务来实现我们需要的一切,甚至包括超级计算这样的任务。

(3) 高可靠性。“云”使用了数据多副本容错、计算节点同构可互换等措施来保障服务的高可靠性,使用云计算比使用本地计算机可靠。

(4) 通用性。云计算不针对特定的应用,在"云"的支撑下可以构造出千变万化的应用,同一个"云"可以同时支撑不同的应用运行。

(5) 高可扩展性。"云"的规模可以动态伸缩,满足应用和用户规模增长的需要。

(6) 按需服务。"云"是一个庞大的资源池,你按需购买;"云"可以像自来水、电、煤气那样计费。

(7) 极其廉价。由于"云"的特殊容错措施可以采用极其廉价的节点来构成云,"云"的自动化集中式管理使大量企业无需负担日益高昂的数据中心管理成本,"云"的通用性使资源的利用率较之传统系统大幅提升,因此用户可以充分享受"云"的低成本优势,经常只要花费几百美元、几天时间就能完成以前需要数万美元、数月时间才能完成的任务。

(8) 潜在的危险性。云计算服务除了提供计算服务外,还必然提供了存储服务。但是云计算服务当前被垄断在私人机构(企业)手中,他们仅仅能够提供商业信用。对于政府机构、商业机构(特别像银行这样持有敏感数据的商业机构)在选择云计算服务时应保持足够的警惕。一旦商业用户大规模使用私人机构提供的云计算服务,无论其技术优势有多强,都不可避免地让这些私人机构以"数据(信息)"的重要性挟制整个社会。另一方面,云计算中的数据对于数据所有者以外的其他用户是保密的,但是对于提供云计算的商业机构而言却毫无秘密可言。所有这些潜在的危险,是商业机构和政府机构选择云计算服务,特别是国外机构提供的云计算服务时,不得不考虑的一个重要前提。

3.1.2 云计算的历史和现状

云计算是多种技术混合演进的结果,其成熟度较高,又有大公司推动,发展极为迅速。谷歌、亚马逊、IBM、微软和雅虎等大公司是云计算的先行者。云计算领域的众多成功公司还包括 Salesforce、Facebook、YouTube、MySpace 等。

云计算的历史可以回溯到 1983 年,当时太阳电脑提出"网络是电脑"的概念,可以算作云计算的雏形。2006 年 3 月,亚马逊推出弹性计算云服务。

2006 年 8 月 9 日,谷歌首席执行官埃里克·施密特在搜索引擎大会首次提出"云计算"的概念;谷歌"云端计算"源于谷歌工程师克里斯托弗·比希利亚所做的"Google101"项目。

2007 年 10 月,谷歌与 IBM 开始在美国大学校园,包括卡内基梅隆大学、麻省理工学院、斯坦福大学、加州大学伯克利分校及马里兰大学等,推广云计算的计划,这项计划希望能降低分布式计算技术在学术研究方面的成本,并为这些大学提供相关的软硬件设备及技术支持(包括数百台个人电脑及 Blade Center 与 Systemx 服务器,这些计算平台将提供 1 600 个处理器,支持包括 Linux、Xen、Hadoop 等开放源代码平台);而学生则可以通过网络开发各项以大规模计算为基础的研究计划。

2008 年 1 月 30 日,谷歌宣布在中国台湾启动"云计算学术计划",将与台湾大学、台湾交通大学等学校合作，将这种先进的云计算技术大规模、快速地推广到校园。

2008年2月1日，IBM宣布将在中国无锡太湖新城科教产业园为中国的软件公司建立全球第一个云计算中心(cloud computing center)。

2008年7月29日，雅虎、惠普和英特尔宣布一项涵盖美国、德国和新加坡的联合研究计划，推出云计算研究测试床，推进云计算。该计划要与合作伙伴创建6个数据中心作为研究试验平台，每个数据中心配置1 400～4 000个处理器。这些合作伙伴包括新加坡资讯通信发展管理局、德国卡尔斯鲁厄大学Steinbuch计算中心、美国伊利诺伊大学香槟分校、英特尔研究院、惠普实验室和雅虎。

2008年8月3日，美国专利商标局网站信息显示，戴尔正在申请云计算商标，此举旨在加强对这一未来可能重塑技术架构的术语的控制权。

2010年3月5日，Novell与云安全联盟共同宣布一项供应商中立计划，名为“可信任云计算计划(trusted cloud initiative)”。

2010年7月，美国国家航空航天局和包括Rackspace、AMD、英特尔、戴尔等支持厂商共同宣布“OpenStack”开放源代码计划，微软在2010年10月表示支持OpenStack与Windows Server 2008R2的集成；而Ubuntu已把OpenStack加至11.04版本中。

2011年2月，思科系统正式加入OpenStack，重点研制OpenStack的网络服务。

2012年4月，OpenStack发布了Essex版本，Ceph拥抱OpenStack，进入Cinder项目，成为重要的存储驱动。

2013年，IBM收购SoftLayer，提供业界领先的私有云解决方案。Docker发布，使用了LXC，同时封装了一些新的功能，是一种成功的组合式创新。

2014年3月，微软正式宣布云平台Microsoft Azure在中国正式商用；同年4月，微软Office 365正式落地中国。

2015年4月，Citrix宣布以企业赞助商的方式加入OpenStack基金会，不久后的7月，谷歌也加入了OpenStack基金会。

2016年1月，软公司首席执行官萨提亚·纳德拉在达沃斯论坛上宣布了一项全新的计划——Microsoft Philanthropies，将在未来三年为7万家非营利组织以及高校科研机构提供价值10亿美元的微软云计算服务。

2017年8月，在VMworld 2017大会上，VMware和Amazon Web Services共同宣布VMware Cloud™ on AWS初步可用。

在我国，云计算发展也非常迅猛。2008年，IBM先后在无锡和北京建立了两个云计算中心；世纪互联推出了CloudEx产品线，提供互联网主机服务、在线存储虚拟化服务等；中国移动研究院已经建立起1 024个服务器的云计算试验中心；解放军理工大学研制了云存储系统Mass Cloud，并以它支撑基于3G的大规模视频监控应用和数字地球系统。作为云计算技术的一个分支，云安全技术通过大量客户端的参与和大量服务器端的统计分析来识别病毒和木马，取得了巨大成功。瑞星、趋势、卡巴斯基、McAfee、Symantec、江民、Panda、金山、360安全卫士等均推出了云安全解决方案。2008年11月25日,中国电子学会专门成立了云计算专家委员会。2009年5月22日,中国电子学会隆重举办首届中国云计算大会,1 200多人与会,盛况空前。2009年11月2日,中国互联网大会专门召开了"2009云计算产业峰会"。2009年12月,中国电子学会举办了中国首届云计算学术会议。2010年5月,中国电子学会举办了第二届中国云计算大会。2010年10月,我国国家发展和改革委员会、工业和信息化部联合发布了《关于做好云计算服务创新发展试点示范工作的通知》,在北京、上海、深圳、杭州、无锡五个城市先行开展云计算创新发展试点示范工作。2015年12月,中国国家标准化管理委员会正式下达17项云计算国家标准制修订计划。2016年3月,阿里巴巴集团发布物联网战略,阿里首次对外推出包括阿里云、阿里智能、YunOS等事业群中国首个国家级大数据综合试验区正式获批开建。2017年4月,中国工业和信息化部信息化和软件服务业司发布了《云计算发展三年行动计划(2017—2019年)》,旨在促进云计算在各行业的快速应用,推动各领域信息化水平大幅提高。2017年3月,腾讯云以1分钱中标预算达495万元的厦门政务外网专有云平台;同年4月,华为宣布发力公有云市场,成立二级部门云业务部Cloud BU。

随着国内外云计算应用及研究的不断推进,其研究的技术要点也日益丰富,主要包括:虚拟化技术,云计算存储结构研究,云数据管理的研究,云编程模式的演示,云网络的研究以及云安全的研究。在云计算系统的后端,有成千上万的服务器,如何将如此大量的服务器有效地组织是云计算系统高效稳定运行关键问题之一。云计算系统后端的网络拓扑有别于一般的网络拓扑特性:它的服务器节点分布广泛,数据流量大,服务等级区分度高,扩展性和可靠性要求较强,拓扑结构相对复杂,因此具有重新研究的必要性。Hadoop作为目前最为广泛应用的开源云计算软件平台,成功地设计了分布式存储和计算对使用者透明的框架,在短短的一两年时间内,已经在多家网络公司的云计算平台上面得到了应用,但由于其发展时间短,还有较多需要改进的地方,比如其中MapReduce的任务调度就是一个亟待解决的问题。

3.1.3 云计算的实现机制

云计算可以分为基础设施即服务(Infrastructure-as-a-Service, IaaS)、平台即服务(Platform-as-a-Service, PaaS)和软件即服务(Software-as-a-Service, SaaS)三种类型,目前还没有一个统一的技术体系结构。综合当前的主流云计算方案,图3-1所示的云计算技术体系结构较全面地概括了重要的云计算技术。

我们将云计算技术体系结构分为四层:物理资源层、资源池层、管理中间件层和面向服务(SOA)架构层。

(1) 物理资源层,包括计算机、存储器、网络设施、数据库和软件等。

(2) 资源池层,是将大量相同类型的资源构成同构或接近同构的资源池,如计算资源

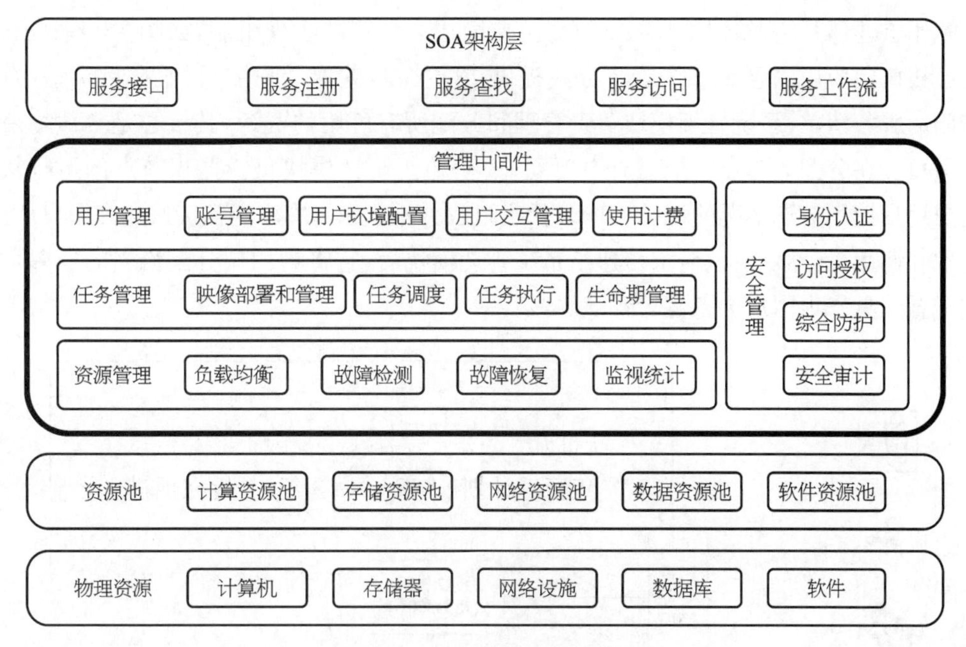

图 3-1 云计算技术体系结构

池、数据资源池等。构建资源池更多是物理资源的集成和管理工作,例如研究在一个标准集装箱的空间如何装下 2 000 个服务器,解决散热和故障节点替换的问题并降低能耗等。

(3) 管理中间件,负责对云计算的资源进行管理,并对众多应用任务进行调度,使资源能够高效、安全地为应用提供服务,安全管理提供对服务的授权控制、用户认证、审计、一致性检查等功能。服务组合提供对有云计算服务进行组合的功能,使得新的服务可以基于已有服务创建时间。

云计算的管理中间件负责资源管理、任务管理、用户管理和安全管理等工作。资源管理负责均衡地使用云资源节点,检测节点的故障并试图恢复或屏蔽之,并对资源的使用情况进行监视统计;任务管理负责执行用户或应用提交的任务,包括完成用户任务映像的部署和管理、任务调度、任务执行、任务生命期管理等;用户管理是实现云计算商业模式的一个必不可少的环节,包括提供用户交互接口、管理和识别用户身份、创建用户程序的执行环境、对用户的使用进行计费等;安全管理保障云计算设施的整体安全,包括身份认证、访问授权、综合防护和安全审计等。

(4) 面向服务(SOA)架构层,它是一个组件模型,将应用程序的不同功能单元(称为服务)通过这些服务之间定义良好的接口和契约联系起来。接口是采用中立的方式进行定义的,它应该独立于实现服务的硬件平台、操作系统和编程语言。这使得构建在各种各样的系统中的服务可以以一种统一和通用的方式进行交互。将云计算能力封装成标准的 Web Services 服务,并纳入 SOA 体系进行管理和使用,包括服务注册、查找、访问和构建服务工作流等。管理中间件和资源池层是云计算技术的最关键部分,SOA 架构层的功能更多依靠外部设施提供。

基于上述体系结构，以 IaaS 云计算为例，简述云计算的实现机制，如图 3－2 所示。用户交互接口向应用以 Web Services 方式提供访问接口，获取用户需求；服务目录是用户可以访问的服务清单；系统管理模块负责管理和分配所有可用的资源，其核心是负载均衡；配置工具负责在分配的节点上准备任务运行环境；监视统计模块负责监视节点的运行状态，并完成用户使用节点情况的统计。IaaS 执行过程并不复杂：用户交互接口允许用户从目录中选取并调用一个服务；该请求传递给系统管理模块后，它将为用户分配恰当的资源，然后调用配置工具来为用户准备运行环境。

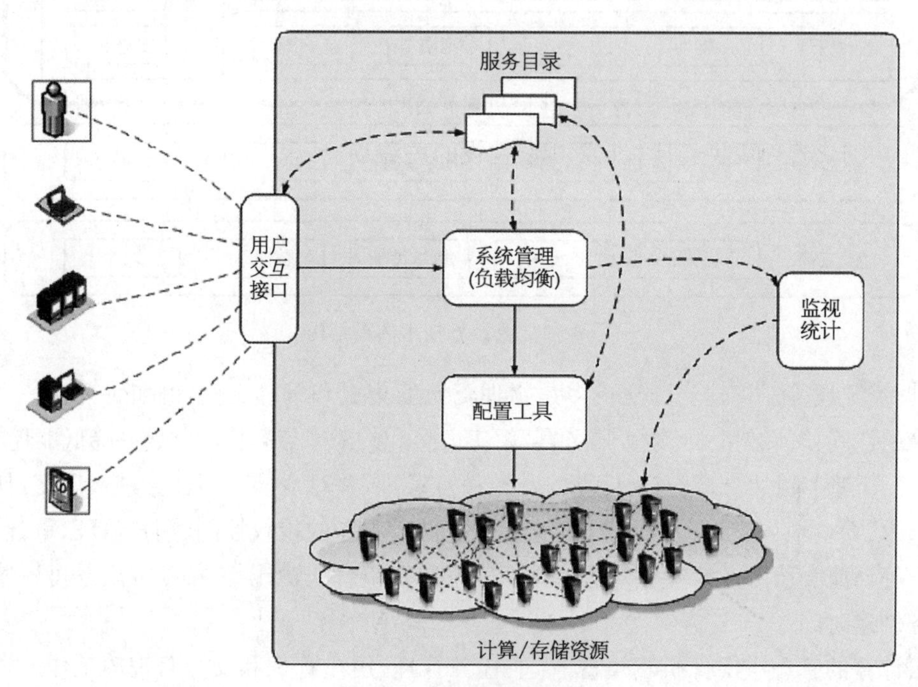

图 3－2 IaaS 实现机制

3.1.4 云计算的发展趋势

1) 虚拟化技术

虚拟化，是一种资源管理技术，它将计算机的各种实体资源，如服务器、网络、内存及存储等，予以抽象、转换后呈现出来，打破实体结构间的不可切割的障碍，使用户可以比原本的组态更好的方式来应用这些资源。这些资源的新虚拟部分是不受现有资源的架设方式、地域或物理组态所限制。虚拟化使用软件的方法重新定义划分 IT 资源，可以实现 IT 资源的动态分配、灵活调度、跨域共享，提高 IT 资源利用率，使 IT 资源能够真正成为社会基础设施，服务于各行各业中灵活多变的应用需求。

云计算的基础是虚拟化，云计算是在虚拟化出若干资源池以后的应用，虚拟化助推了云计算的发展，未来中国大多数 X86 企业服务器将实现虚拟化。随着服务器等硬件技术和相关软件技术的进步、软件应用环境的逐步发展成熟以及应用要求不断提高，虚拟化由于具有提高资源利用率、节能环保、可进行大规模数据整合等特点成为一项具有战略意义的新技术。随着各大厂商纷纷进军虚拟化领域，开源虚拟化将不断成熟，软硬协同的虚拟化将加快发展。在这方面，内存的虚拟化已初显端倪；同时，网络虚拟化发展迅速。网络虚拟化可以高效地利用网络资源，具有节能成本、简化网络运维和管理、提升网络可靠性等优点。

2）数据中心

目前传统数据中心的建设正面临异构网络、静态资源、管理复杂、能耗高等方面问题。云计算数据中心与传统数据中心有所不同，它既要解决如何在短时间内快速、高效完成企业级数据中心的扩容部署问题，同时要兼顾绿色节能和高可靠性要求。高利用率、一体化、低功耗、自动化管理成为云计算数据中心建设的关注点，整合、绿色节能成为云计算数据中心构建技术的发展特点。

数据中心的整合首先是物理环境的整合，包括供配电和精密制冷等，主要是解决数据中心基础设施的可靠性和可用性问题。进一步的整合是构建针对基础设施的管理系统，引入自动化和智能化管理软件，提升管理运营效率。还有一种整合是存储设备、服务器等的优化、升级，以及推出更先进的服务器和存储设备。艾默生公司就提出，整合创新决胜云计算数据中心。

兼顾高效和绿色节能的集装箱数据中心出现。集装箱数据中心是一种既吸收了云计算的思想，又可以让企业快速构建自有数据中心的产品。与传统数据中心相比，集装箱数据中心具有高密度、低 PUE、模块化、可移动、灵活快速部署、建设运维一体化等优点，成为发展热点。国外企业如谷歌、微软、英特尔等已经开始开发和部署大规模的绿色集装箱数据中心。

通过服务器虚拟化、网络设备智能化等技术可以实现数据中心的局部节能，但尚不能真正实现绿色数据中心的要求，因此，以数据中心为整体目标来实现节能降耗正成为重要的发展方向，围绕数据中心节能降耗的技术将不断创新并取得突破。数据中心高温化是一个发展方向，低功耗服务器和芯片产品也是一个方向。

3）区块链技术

区块链技术（block chain technology，BT）也被称为分布式账本技术，是一种互联网数据库技术，其特点是去中心化、公开透明，让每个人均可参与数据库记录。区块链技术最早是比特币的基础技术，目前世界各地均在研究，可广泛应用于金融等各领域。如果我们把数据库假设成一本账本，读写数据库就可以看作一种记账的行为，区块链技术的原理就是在一段时间内找出记账最快最好的人，由这个人来记账，然后将账本的这一页信息发给整个系统里的其他所有人。这也就相当于改变数据库所有的记录，发给全网的其他每个节点，所以区块链技术也称为分布式账本。

作为第一个用于商业和个人交易的点对点全球平台，区块链的出现可以说是近年来最令人兴奋的技术突破之一。区块链是一个可信任的、由最先进的加密技术加密的分布式账本,是数字时代以来最安全的系统。只有一个闭合的参与者圈子有权访问,而且每个参与者只能查看他们在交易中被授权的信息。

目前,已经有大量的企业开始选择基于云的区块链网络,这一趋势将在今后延续。预估,将区块链应用于全球供应链每年可能会产生超过 1 000 亿美元的效率。最佳的系统将以应用程序编程接口或者解决方案的形式存放在云端,供企业大规模使用。

4) 安全性

安全性正越来越成为企业考虑平台的重要指标之一。未来云计算平台,云管理员设备和云服务器之间的连接可以加密,也可支持多种认证机制,即基于虚拟关用网络的解决方案、共享密钥+用户名+密码、安全声明标记语言和其他联合身份标识、智能卡身份验证等。

云计算作为一种新的应用模式,在形态上与传统互联网相比发生了一些变化,势必带来新的安全问题,例如数据高度集中使数据泄漏风险激增、多客户端访问增加了数据被截获的风险等。云安全技术是保障云计算服务安全性的有效手段,它要解决包括云基础设施安全、数据安全、认证和访问管理安全以及审计合规性等诸多问题。云计算本身的安全仍然要依赖于传统信息安全领域的主要技术。另一方面,云计算具有虚拟化、资源共享等特点,传统信息安全技术需要适应其特点采取不同的模式,或者有新的技术创新。另外,由于在云计算中用户无法准确知道数据的位置,因此云计算提供商和用户的信任问题是云计算安全要考虑的一个重点。总体来说,云计算提供商要充分结合云计算特点和用户要求,提供整体的云计算安全措施,这将驱动云计算安全技术发展,云计算安全技术将在加密技术、信任技术、安全解决方案、安全服务模式方面加快发展。

云计算不断发展的认知能力将能更快地识别和消除云端的安全漏洞。以安全智能为基础的认知解决方案不仅能生成答案,还可以产生假设、循证推理并提供建议,以改进决策。因此,认知安全将有助于弥补当前的技能差距,实现快速响应,并降低应对网络犯罪的成本和复杂性。

5) 分布式计算技术

云计算不仅是将资源集中,更重要的是资源的合理调度、运营、分配、管理。云计算数据中心的突出特点,是具备大量的基础软硬件资源,实现了基础资源的规模化。但如何提高这些资源的利用率,降低单位资源的成本,是云计算平台提供商面临的难点和重点。资源调度中心、副本管理技术、任务调度算法、任务容错机制等资源调度和管理技术的发展和优化,将为云计算资源调度和管理提供技术支撑。不过,正成为业界关注重点的云计算操作系统有可能使云计算资源调度管理技术走向新的道路。云计算操作系统是以云计算、云存储技术作为支撑的操作系统,架构于服务器、存储、网络等基础硬件资源和单机操作系统、中间件、数据库等基础软件管理海量的基础硬件资源和软件资源的云平台综合管理系统。该系统可以实现极为简化和更加高效的计算模型,在此模型中,客户定义所需的结果,系统能够快速反应,并安全准确地获得结果。同时,IT 专业人员可以较低的成本部署应用程序到系统中。

现在云计算的商业环境对整个体系的可靠性提出了更高的需求,未来成熟的分布式计算技术将能够支持在线服务(SaaS),自从 2007 年苹果 iPhone 进入市场开始,智能手机时代的到来使得 Web 开始走进移动终端,SaaS 的风暴席卷整个互联网,在线应用成为一种时尚。分布式计算技术不断完善和提升,将支持在跨越数据中心的大型集群上执行分布式应用的框架。

3.1.5 云计算和气象行业

1) 云计算对气象领域的影响

云计算的出现对于气象行业影响很大,本节从以下三个方面进行分析。

(1) 计算方式。传统上,对于复杂天气系统预报,需要使用性能强劲的超大型计算机来进行模式的计算。虽然目前我国已经使用了如"天河""星云"等高性能计算机,但这类计算机的使用因为使用成本的原因基本上局限在国家气象部门。省市部门的气象人员如果要进行应用计算,大部分只能在小型机进行,会产生运行时间长、计算效率低等问题。云计算的出现解决了这一问题,它为气象预报工作提供了一个新的灵活强大而成本又低廉的平台,从而提高了计算效率。

(2) 存储方式。气象行业每天从卫星、自动站、雷达等设备上接收大量业务数据,数据的存储是一个重要的问题。这些数据每年快速增长,气象部门需要不断投资购买昂贵存储设备并经常进行维护升级。云计算存储可以很大程度解决这个问题,云计算不需要昂贵的存储设备,数据存储在由大量廉价存储构成的云端。因此,气象人员只需要使用普通客户端连接到云端就可以获取到想要的数据,从而减轻了数据中心人员的工作强度,并为气象部门节约大量硬件设备的购买和维护成本。

(3) 数据服务平台。随着各种业务的开展,各个气象单位都积累了大量气象信息资源,但这些资源往往因为各种原因都只在本单位共享,从而造成巨大的资源浪费。通过基于 Web 的服务器、存储、数据库和其他云计算架构的服务建设全国统一的气象公共云平台,可以让全国的气象业务人员和研究者共享统一资源,实现资源共享、共同合作、各取所需,对于行业之间的合作和研究有着很大的作用。

2) 云计算在气象行业的发展存在的问题

当前,气象部门已经实现了各种云计算的应用,但目前的云计算模式还存在以下一些问题。

(1) 数据和信息安全问题。气象部门将部门内各种业务系统、信息基础设施以及重要的气象信息资源等都存放在云端,而云端的建设和维护是由第三方承担,就带来了安全问题。实际上这种安全问题,不仅仅只存在于气象云上,其他行业同样存在,而这类问题的解决却是比较困难的。目前云计算环境面临安全威胁，依然没有行之有效的安全防护手段，这使得人们对云计算的安全很是担忧。

(2) 数据分享问题。云计算时代，可以把气象数据上传到云平台实现共享，但哪些资料可以共享哪些资料不可以共享，需要在上传之前进行数据的分类。另外，建立共享激励机制也很重要，不然就可能出现各部门不愿意主动分享的情况。

(3) 职能转变问题。气象部门的网络中心和数据中心的主要任务将从日常维护存储设备向购买云服务转变，这就需要该类部门人员掌握新的云计算相关技术和知识，并且需要了解云计算相关法律法规和商业知识。

3.1.6 云计算与大数据

通常情况下，我们容易将大数据与云计算混淆在一起，云计算与大数据是相辅相成、辩证统一的关系。

1) 云计算与大数据的区别

(1) 定义。著名的麦肯锡全球研究所给出大数据定义是一种规模大到在获取、存储、管理、分析方面大大超出了传统数据库软件工具能力范围的数据集合，具有海量的数据规模、快速的数据流转、多样的数据类型和价值密度低四大特征。对于云计算，则是一种基于互联网的计算方式，通过这种方式，共享的软硬件资源和信息可以按需求提供给计算机和其他设备。

(2) 范围。大数据要比云计算更加广泛。大数据这个强大的数据库拥有三层架构体系，包括数据存储、处理与分析。简而言之，数据需要通过存储层先存储下来，之后根据要求建立数据模型体系，进行分析产生相应价值。这其中缺少不了云计算所提供的中间数据处理层强大的并行计算和分布式计算能力。云计算代表着一种计算机行业层面的解决方案；而大数据则是一种战略构架，是面向管理者和业务层的，它能让我们在业务上展示出更强大的竞争力，完全提升综合实力。

(3) 历史。云计算的历史比大数据长，是继 1980 年大型计算机到客户端服务器转变之后的一种巨变。

2) 云计算与大数据的联系

云计算、物联网技术的广泛应用是我们的愿景，而数据的爆发性增长则是发展中遇到的棘手问题；前者是人类文明追求的梦想，后者虽然给社会发展带来了新课题，但无疑会大大促进社会的健康发展；云计算是技术发展趋势，大数据是现代信息社会飞速发展的必然现象。解决大数据问题，需要以现代云计算的手段和技术。大数据技术的突破不仅能解决现实困难，同时也会促使云计算技术真正落地并深入推广和应用。云计算与大数据如同手心手背的关系，两者不可或缺、相辅相成。没有大数据，云计算什么都不是，而没有云计算也成就不了大数据。

云计算是硬件资源的虚拟化，而大数据是海量数据的高效处理。从结果来分析，云计算注重资源分配，大数据注重的是资源处理。一定程度上讲，大数据需要云计算支撑，云计算为大数据处理提供平台。

从商业的角度来看，云计算和大数据是现代企业走向数字化运营的两个核心。云计算统一企业 IT 架构、业务架构和数据架构，不仅以集约化的方式承载业务，也收集业务数据。云计算为大数据存储、快速处理和分析挖掘提供基础能力。大数据处理能力可以丰富云计算平台的能力；大数据分析产生预测能力、商业洞察，可以指导云平台建设等。

所以，大数据与云计算，并非两个完全独立的概念，而是有密切的相互关系。无论在资源的需求上还是在资源的再处理上，都需要两者共同运作。因此，不少地区在制定相关产业规划时，都会同时推进大数据与云计算建设，让云计算为大数据提供强大平台，也以大数据分析出的结论完成云计算价值。

3.1.7 基于云计算的气象大数据平台架构

目前我国气象行业已经建设了气象行业专有云，其中分布了大量的硬件设施，包括各种高性能计算机以及普通的存储设备和通信设备等。这意味着，气象大数据平台的物理基础已经局部完善，在此基础上可以建设大数据服务平台，气象大数据主流架构如图 3-3 所示。

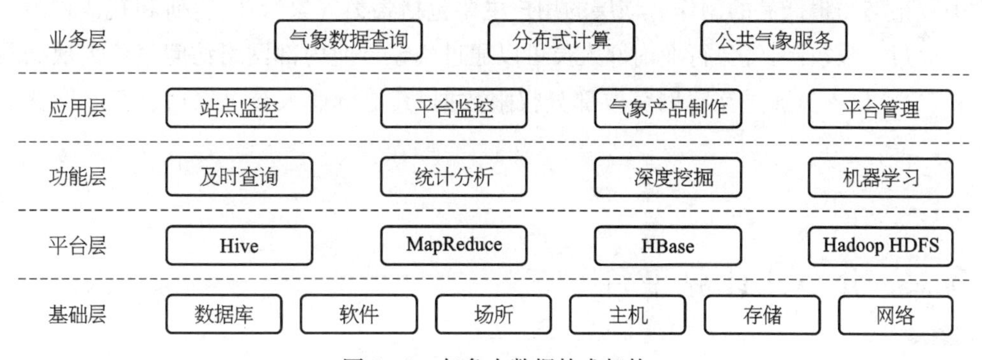

图 3-3 气象大数据技术架构

(1) 基础层。基础层主要包括各种主机、数据存储设备、网络通信设备、数据库软件以及云平台设施必须的软硬件环境和场所等。在云计算环境下，需要对原有的基础设施层硬件进行云化处理，形成基础设施资源池，并且基础设施池的计算资源和存储资源可以动态伸缩地提供给气象内部业务人员和科研人员使用，以实现资源的整合，大大提高资源利用率。

(2) 平台层。基于 Hadoop 等集群实现海量气象数据存储，针对常见应用需求，构建传统的集中存储和 HDFS 分布式文件系统相结合的文件存储架构，充分利用 Hbase 分布式数据库，将多维气象数据有效组织到一起，实现传统数据仓库中的多维数据模型，在此基础上可以进一步改进数据库性能。以 MapReduce 并行计算引擎为驱动，从多个数据源比如各个业务系统中进行数据抽取、清洗、转换格式并装载入基于分布式数据库中；可以使用分布式文件系统实现分布式文件冗余存储；使用分布式数据库实现动态气象大数据分布式数据索引；使用分布式计算模型实现数据并行计算；使用数据仓库实现静态气象数据的存储与便捷索引。同时可以在此层搭建并行机器学习或者数据挖掘引擎，使用各种感知技术进行算法分析并得到气象预报产品。

(3) 功能层。基于基础层强大的数据存储能力，以及平台层提供的以 MapReduce 为计算引擎的强大数据分析和处理能力，可以提供海量气象数据的实时查询、统计分析、深度挖掘和机器学习等功能，为业务层提供支持。

(4) 应用层。利用下层提供的软件工具进行应用的开发，主要包括站点监控、平台监控与管理、气象服务等。站点监控主要是对气象监测点以及监测设备进行管理和监控，包括站点信息管理、设备信息管理、数据源状态监控等；云平台监控与管理主要对区域气象数据中心的服务器节点进行动态监控与管理，包括节点管理、能耗监控、节点信息管理等；按照不同的应用需求提供气象服务，包括部门业务功能(数据查询、数据审核、数据入库等)、预报产品制作、公共气象服务(产品发布、灾害预警等)、科研服务(数值预报等)。

(5) 业务层。业务层主要使用气象大数据技术提供各种业务需要的服务，如使用基于分布式数据库的实时数据检索功能为气象部门提供气象数据检索服务；利用分布式数据处理模型 MapReduce 进行气象数据分布式处理，进而提供气象科研服务以及公共气象服务进行数值预报与预报产品的制作。该层的用户主要包括各类气象行业、科研和其他相关行业人员。通过权限控制，气象行业内部人员可以通过气象行业内部网络访问气象大数据服务平台；气象科研人员通过互联网获取部分权限数据；其他行业人员可以通过互联网获取部分预报产品。

3.2 分布式计算平台

目前在工业界(学术界)里比较流行的几种分布式计算框架(平台)如下。

(1) Hadoop，一个由 Apache 基金会所开发的分布式系统基础架构，用户可以在不了解分布式底层细节的情况下，开发分布式程序，充分利用集群的威力进行高速运算和存储。Hadoop 实现了一个分布式文件系统(HDFS)，HDFS 有高容错性的特点，并且设计用来部署在低廉的硬件上；它提供高吞吐量来访问应用程序的数据，适合那些有着超大数据集的应用程序。HDFS 放宽了 POSIX 的要求，可以以流的形式访问文件系统中的数据。Hadoop 框架最核心的设计就是 HDFS 和 MapReduce。HDFS 为海量的数据提供了存储，MapReduce 为海量的数据提供了计算。

(2) MapReduce(MR),最为通用和流行的一个分布式计算框架,其开源实现 Hadoop 已经得到了极为广泛的运用。MapReduce 模式的主要思想是自动将一个大的计算拆解成映射(Map)和化简(Reduce)的方式。MapReduce 的优势是提高处理效率,主要用来解决大规模数据处理的问题,因此在设计之初就考虑了数据的局部性原理,将整个问题分而治之。MapReduce 集群由普通 PC 构成,为无共享架构。在处理数据之前,将数据集分布至各个节点。

(3) Pregel,谷歌公司开发的云计算框架,其优势在于完成一些适合于抽象为图算法应用的计算时可以更为高效,可以算是一个比较好的发展中的开源实现。

(4) Storm,Twitter 的项目,号称 Hadoop 的实时计算平台,对于一些需要实时性能的任务可以拥有比 MapReduce 更高的效率。

(5) Spark,加州大学伯克利分校 AMP 实验室的项目,其很好地利用了 JVM 中的 heap,对于中间计算结果可以有更好的缓存支持,因此其在 performance 上要比 MR 高出很多。Shark 是其基础上类似于 Hive 的一个项目。

(6) Dryad 和 Scope,都是 Microsoft Research(MR)的项目。Dryad 是一个更为通用的计算框架,在顶点里实现计算,通过通道实现通信,两者组成一个图形工作流;而 Scope 有点类似于 Hive 和 Shark,都是将某种类似于 SQL 的脚本语言编译成可以在底层分布式平台上计算的任务。但是这两个项目因为不开源,所以资料不多,也没有开源项目那样的任务和社区。

3.2.1 Hadoop

对于气象资料的存储,各级气象部门都做了大量的工作。中国气象局气象信息中心建立了国家级气象资料存储检索系统,目前使用的新一代通信系统也有相应的后台数据库。但是,ORACLE、MySQL 等常见的关系型数据库并不适用于所有业务场景,特别是当需要高并发、大数据量的高效率读写的时候,就满足不了需求;其扩展和升级的灵活性受到很大的限制,绝大部分关系型数据库是不支持在线升级或者增加硬件节点;遇到复杂查询特别是多表关联查询,查询效率将会大幅下降。

Hadoop 的出现为海量气象数据提供了全新的、高效的数据存储、筛选、加工和挖掘方法。Hadoop 是一个分布式系统基础架构,可以部署在廉价的硬件设备上,Hadoop 数据节点的增加,很容易增大整个系统的处理容量,很大程度地节约存储成本。

Hadoop 是目前比较流行的、面向大数据运算、开源的大数据处理系统,其高吞吐量、高容错性、易扩展的特点使它在各行各业都得到了广泛的应用。Hadoop 的核心在于 HDFS 分布式文件系统和 MapReduce 分布式运算模型,其优势在于可以利用相对低端的硬件配置,实现高吞吐量的文件访问,尤其适合气象部门这种拥有海量气象数据集的业务应用。

Hive 是一个数据仓库框架,它构建于 Hadoop 之上,其设计初衷是让熟悉 SQL 但 Java 编程技能相对较弱的用户能够对存放在 HDFS 中的大规模数据进行查询分析,它一般在工作站运行。Hive的本质是将查询分析命令转换为MapReduce程序实现作业运行。因此，Hive的执行效率实际上比直接执行MapReduce程序要低。人们一般通过Hive外壳程序与Hive进行交互，安装完Hive后可以通过Hiveshell方式进入外壳程序，在Hive中人们主要使用HiveQL语言。HiveQL是Hive的查询语言，它和SQL类似，精通SQL的用户可以很快熟悉HQL。Hive与传统数据库相比，有很多相似之处，比如它们都支持SQL接口，但其底层依赖于HDFS和MapReduce，所以两者之间也存在很多区别。在传统数据库中，表的模式是在加载时确定的，如果发现加载的数据不符合模式，就不会加载，这种模式成为写时模式。但是Hive在数据加载过程中并不执行验证，而是在查询时进行，如果模式有错误，则返回的查询信息有可能是空值，这种模式成为读时模式。写时模式有利于提升查询性能，但是加载数据可能需要更多时间，在很多情况下加载模式尚未确定，因而查询未确定，所以不能决定使用何种索引，这种情况正好适合Hive的读时模式。

1）架构特点

Hadoop是一个能够对大量数据进行分布式处理的软件框架，它能以一种可靠、高效、可伸缩的方式进行数据处理。Hadoop可以假设计算元素和存储会失败，因此它能维护多个工作数据副本，确保能够针对失败的节点重新分布处理。Hadoop以并行的方式工作，通过并行处理加快处理速度，能够处理PB级数据。此外，Hadoop依赖于社区服务，因此它的成本比较低，任何人都可以使用。

Hadoop是一个能够让用户轻松架构和使用的分布式计算平台。用户可以轻松地在Hadoop上开发和运行处理海量数据的应用程序。它主要有以下几个特点：

① 高可靠性，Hadoop按位存储和处理数据的能力值得人们信赖；

② 高扩展性，Hadoop是在可用的计算机集簇间分配数据并完成计算任务的，这些集簇可以方便地扩展到数以千计的节点中；

③ 高效性，Hadoop能够在节点之间动态地移动数据，并保证各个节点的动态平衡，因此处理速度非常快；

④ 高容错性，Hadoop能够自动保存数据的多个副本，并且能够自动将失败的任务重新分配；

⑤ 低成本，与一体机、商用数据仓库以及QlikView、YonghongZ-Suite等数据集相比，Hadoop是开源的，项目的软件成本因此会大大降低。

Hadoop带有用Java语言编写的框架，因此运行在Linux生产平台上是非常理想的；Hadoop上的应用程序也可以使用其他语言编写，比如C++。

Hadoop得以在大数据处理应用中被广泛使用得益于其自身在数据提取、变形和加载方面上的天然优势。Hadoop的分布式架构，将大数据处理引擎尽可能靠近存储，对像ETL这样的批处理操作相对合适，因为类似这样操作的批处理结果可以直接走向存储。

2）基本框架

随着Hadoop的发展壮大，从早期谷歌四大组件（GPS、MapReduce、Bigtable和

Chubby)的开源实现,Hadoop 逐步演化成一个生态系统,其基本框架结构如图 3-4 所示。

图 3-4 描述了生态系统中的各层系统,其中,除了最核心的 Hadoop 分布式文件系统和 MapReduce 编程框架外,还包括紧密相关联的 HBase 数据库集群和 Zookeeper 集群。Hadoop 是一个主从体系结构,可以通过目录路径对文件执行 CURD(Create,Read,Update 和 Delete)操作,为整个生态系统提供了高可靠性的底层存储支持。MapReduce 采用"分而治之"的思想,把对大规模数据集的操作分发给一个主节点管理下的各分节点共同完成,然后通过整合各分节点的中间结果得到最终的结果,可为系统提供高性能的计算能力。HBase 位于结构化存储层,Zookeeper 集群为 HBase 提供了稳定服务和失效转移。Hadoop 最初被用来处理搜索等单一的应用,随着大数据时代的来临,需要 Hadoop 适应更广泛的应用。针对不同类型的应用,MapReduce 并行计算框架存在不足需要进行优化。为了让 MapReduce 同时处理更多的任务,还需要考虑作业调度的优化。HBase 是基于 Hadoop 的开源数据库,目前存在响应速度慢和单点故障等问题。为提供高性能、高可靠性和实时读写能力也需要对其进行性能优化。HDFS 作为 Hadoop 存储的底层,需要快速存取不同容量的文件,并增强其安全性能。从整体角度权衡性能、效率和可用性还可以进一步增强 Hadoop 的功能。

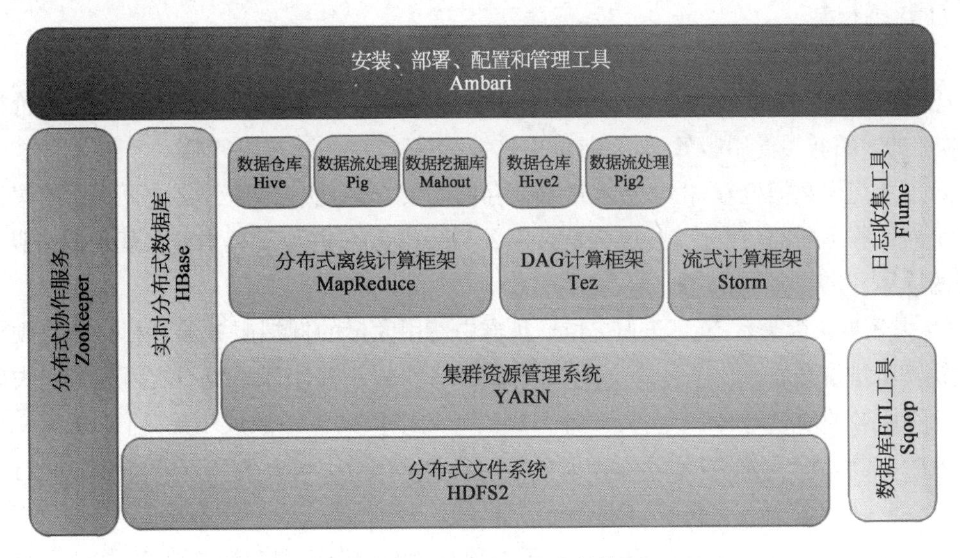

图 3-4 Hadoop 基本结构

3.2.2 MapReduce

MapReduce 最初是谷歌提出的一个编程框架,用于大规模数据集的并行计算。MapReduce 提出的初衷只是为了解决信息检索相关的问题,是基于分治的编程思想。目前,随着研究的不断深入,MapReduce 的应用范围越来越广泛,但它在其他类型的作业中体现出来的不足也越来越明显。为此，国内外研究人员对 MapReduce 编程框架进行了优化和改进。

1）定义

MapReduce 是面向大数据并行处理的计算模型、框架和平台，它包含以下三层含义：

① MapReduce 是一个基于集群的高性能并行计算平台，它允许用市场上普通的商用服务器构成一个包含数十、数百至数千个节点的分布和并行计算集群；

② MapReduce 是一个并行计算与运行软件框架，它提供了一个庞大但设计精良的并行计算软件框架，能自动完成计算任务的并行化处理，自动划分计算数据和计算任务，在集群节点上自动分配和执行任务以及收集计算结果，将数据分布存储、数据通信、容错处理等并行计算涉及的很多系统底层的复杂细节交由系统负责处理，大大减少了软件开发人员的负担；

③ MapReduce 是一个并行程序设计模型与方法，它借助于函数式程序设计语言 Lisp 的设计思想，提供了一种简便的并行程序设计方法，用 Map 和 Reduce 两个函数编程实现基本的并行计算任务，提供了抽象的操作和并行编程接口，以简单方便地完成大规模数据的编程和计算处理。

2）技术特点

MapReduce 设计上具有以下主要技术特征。

① 向“外”横向扩展，而非向“上”纵向扩展。MapReduce 集群的构建完全选用价格便宜、易于扩展的低端商用服务器，而非价格昂贵、不易扩展的高端服务器。

对于大规模数据处理，由于有大量数据存储需要，显而易见，基于低端服务器的集群远比基于高端服务器的集群优越，这就是为什么 MapReduce 并行计算集群会基于低端服务器实现的原因。

② 失效被认为是常态。MapReduce 集群中使用大量的低端服务器，因此，节点硬件失效和软件出错是常态。一个良好设计、具有高容错性的并行计算系统不能因为节点失效而影响计算服务的质量，任何节点失效都不应当导致结果的不一致或不确定性；任何一个节点失效时，其他节点要能够无缝接管失效节点的计算任务；当失效节点恢复后应能自动无缝加入集群，而不需要管理员人工进行系统配置。

MapReduce 并行计算软件框架使用了多种有效的错误检测和恢复机制，如节点自动重启技术，使集群和计算框架能有效处理失效节点的检测并恢复功能。

③ 把处理向数据迁移。传统高性能计算系统通常有很多处理器节点与一些外存储器节点相连，如用存储区域网络连接的磁盘阵列，因此，大规模数据处理时外存文件数据 I/O 访问会成为一个制约系统性能的瓶颈。

为了减少大规模数据并行计算系统中的数据通信开销，代之以把数据传送到处理节点（数据向处理器或代码迁移），应当考虑将处理向数据靠拢和迁移。MapReduce 采用了数据/代码互定位的技术方法，计算节点将首先尽量负责计算其本地存储的数据，以发挥数据本地化特点，仅当节点无法处理本地数据时，再采用就近原则寻找其他可用计算节点，并把数据传送到该可用计算节点。

④ 顺序处理数据、避免随机访问数据。大规模数据处理的特点决定了大量的数据记录难以全部存放在内存，通常只能放在外存中进行处理。由于磁盘的顺序访问远比随机访问快得多，因此 MapReduce 主要设计为面向顺序式大规模数据的磁盘访问处理。

为了实现面向大数据集批处理的高吞吐量的并行处理，MapReduce 可以利用集群中的大量数据存储节点同时访问数据，以此利用分布集群中大量节点上的磁盘集合提供高带宽的数据访问和传输。

⑤ 为应用开发者隐藏系统层细节。专业程序员认为写程序困难，是因为程序员需要记住太多的编程细节(从变量名到复杂算法的边界情况处理)，这对大脑记忆是一个巨大的认知负担，需要高度集中注意力；而并行程序编写存在更多困难，如需要考虑多线程中诸如同步等复杂繁琐的细节。由于并发执行中的不可预测性，程序的调试查错也十分困难；而且，大规模数据处理时程序员需要考虑诸如数据分布存储管理、数据分发、数据通信和同步、计算结果收集等诸多细节问题。

MapReduce 提供了一种抽象机制将程序员与系统层细节隔离开来，程序员仅需描述需要计算什么，而具体怎么去计算就交由系统的执行框架处理，这样程序员可从系统层细节中解放出来，而致力于其应用本身计算问题的算法设计。

⑥ 平滑无缝的可扩展性。这里指出的可扩展性主要包括两层意义上的扩展性：数据扩展性和系统规模扩展性。

理想的软件算法应当能随着数据规模的扩大而表现出持续的有效性，性能上的下降程度应与数据规模扩大的倍数相当；在集群规模上，要求算法的计算性能应能随着节点数的增加保持接近线性程度的增长。绝大多数现有的单机算法都达不到以上理想的要求；把中间结果数据维护在内存中的单机算法在大规模数据处理时很快失效；从单机到基于大规模集群的并行计算从根本上需要完全不同的算法设计。MapReduce 在很多情形下能实现以上理想的扩展性特征。多项研究发现，对于很多计算问题，基于 MapReduce 的计算性能可随节点数目增长保持近似于线性的增长。

3.2.3 Hadoop 和 MapReduce 的比较

Hadoop 是 Apache 软件基金会发起的一个项目，在大数据分析以及非结构化数据蔓延的背景下，Hadoop 受到了前所未有的关注。

Hadoop 是一种分布式数据和计算的框架，它擅长存储大量的半结构化的数据集，数据可以随机存放，所以一个磁盘的失败并不会带来数据丢失。Hadoop 也非常擅长分布式计算——快速地跨多台机器处理大型数据集合。

MapReduce 是处理大量半结构化数据集合的编程模型。编程模型是一种处理并结构化特定问题的方式。例如，在一个关系数据库中，使用一种集合语言执行查询如SQL，告诉语言想要的结果，并将它提交给系统来计算出如何产生计算；还可以用更传统的语言(C++，Java)一步步地来解决问题。

MapReduce和Hadoop是相互独立的，实际上又能相互配合工作得很好。

3.3 存储技术

随着大数据应用的快速增长，大数据发展出了自己独特的架构，并推动了存储、网络以及计算技术的发展。软件的发展推动了硬件的发展，处理大数据这种特殊的需求是一个新的挑战，大数据的存储需求正在影响着数据存储设备的发展。

大数据应用的一个主要特点是实时性或者近实时性。大数据数据量快速激增，尤其是非结构化数据。随着人工智能和物联网技术的发展，有越来越多的传感器采集数据、移动设备、社交多媒体等，数据规模和增长的速度会越来越大。所以，大数据需要非常高性能、高吞吐率、大容量的基础设备。随着结构化数据和非结构化数据量的持续增长，以及分析数据来源的多样化，此前存储系统的设计也需要相应改变，否则无法满足大数据应用的需要。

大数据技术是一个整体，没有统一的解决方案，本节从大数据生命周期过程的角度讨论ETL技术、NoSQL、云存储、分布式系统等。

3.3.1 ETL技术

ETL(extract-transform-load)，用来描述将数据从来源端经过抽取(extract)、转换(transform)、加载(load)至目的端的过程，较常用于数据仓库中但不是只用于数据仓库。用户从数据源抽取出所需的数据，经过数据清洗，最终按照预先定义好的数据仓库模型，将数据加载到数据仓库中去。ETL负责将分布的、异构数据源中的数据如关系数据、平面数据文件等抽取到临时中间层后进行清洗、转换、集成，最后加载到数据仓库或数据集中，成为联机分析处理、数据挖掘的基础。ETL可以批量完成数据抽取、清洗、转换、装载等任务，不但满足了人们对种类繁多的异构数据库进行整合的需求，而且可以通过增量方式进行数据的后期更新。

随着信息化进程的推进，人们对数据资源整合的需求越来越高。面对分散在不同地区、种类繁多的异构数据库进行数据整合并非易事，要解决冗余、歧义等脏数据的清洗问题，仅靠手工进行不但费时费力，质量也难以保证；另外，数据的定期更新也存在困难。如何实现业务系统数据整合，是摆在大数据面前的难题。ETL数据转换系统为数据整合提供了可靠的解决方案。

ETL 体系结构体现了主流 ETL 产品的主要组成部分，其简化体系结构如图 3-5 所示。

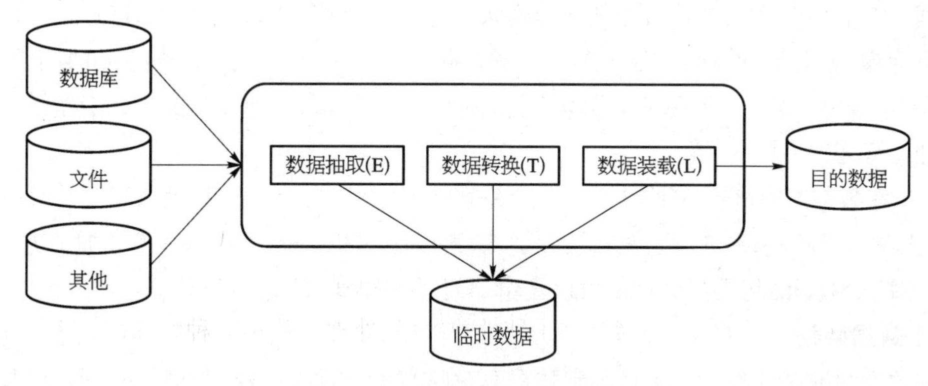

图 3-5 简化的 ETL 体系结构

ETL 实施过程中的主要环节就是数据抽取、数据转换、数据装载。

1）数据抽取

数据抽取首先需要确定所有数据源，来源可能是传统关系数据库或者 NoSQL 数据库，也可能是一些源系统、信贷或者信用卡等。然后需要定义数据接口，对每个源文件以及接口的每个字段进行详细说明。

数据抽取有两种抽取方式。

(1) 全量抽取。类似于数据迁移或者数据复制。在集成端进行数据初始化时，首先定义抽取策略，选定抽取字段和定义规则后，由设计人员进行程序设计。然后将数据进行处理后，直接读取整个工作表中的数据作为抽取的内容。这是一种比较简单的形式。

(2) 增量抽取。发生在全量抽取之后，对抽取过的数据源表中新增的或被修改的数据进行抽取，只抽取表中新增或修改的数据。一般来说，增量抽取较全量抽取应用更广。如何捕获变化的数据在于两个方面：一个是准确性，指的是能够将业务系统中的变化数据按一定的频率准确地捕获到；另一个是性能，不能对业务系统造成太大的压力，影响现有业务。

除了关系数据库外，ETL 处理的数据源还可以是以文件作为载体的数据。一般是进行全量抽取方式对这类数据进行抽取。判断是否已经抽取的方法为在抽取前可以保存文件的时间戳或计算文件的 MD5 校验码，在下次抽取时进行比对，如果相同则可忽略本次抽取。

2）数据转换

抽取之后的数据，可能存在数据格式的混乱、数据输入错误、数据重复、数据不一致和不完整等问题，不能直接进行入库，还要对抽取出的数据进行数据转换和加工。

数据转换是真正将源数据库中的数据转换为目标数据的关键步骤，在这个过程中需要进行代码标准化、数据粒度的转换以及根据业务规则计算等，从而将操作型数据库中的异构数据转换成用户所需要的形式。数据的转换和加工可以在ETL引擎中进行,也可以在数据抽取过程中利用数据库的特性同时进行。

(1) ETL引擎中的数据转换和加工。一般以组件化的方式实现数据转换工作。常用的数据转换组件有字段映射、数据过滤、数据清洗、数据替换、数据合并、数据拆分等。这些组件可拆卸、可组装,并通过数据总线共享数据。ETL引擎中的数据转换和加工不支持SQL语句,有些ETL工具提供了脚本支持,使得用户可以以一种编程的方式定制数据的转换和加工行为。

(2) 在数据库中进行数据加工。由于关系数据库可以提供SQL函数来支持数据的加工,相比在ETL引擎中进行数据转换和加工,直接在SQL语句中进行转换和加工更加简单方便。对于SQL语句无法处理的可以交由ETL引擎处理。

3) 数据装载

将数据缓冲区的数据直接加载到数据库对应的表中,称为数据装载,通常是ETL过程的最后步骤。如果是全量抽取则采用装载方式,如果是增量抽取则根据业务规则合并进数据库中。装载数据的最佳方法取决于所执行操作的类型以及需要装入多少数据。当目的库是关系数据库时,一般来说有两种装载方式。

(1) SQL装载。使用SQL语句进行增查改删(crud)操作,这种操作简单方便,且因为有操作日志可恢复数据,大多数情况下会使用这种方式。

(2) 采用批量装载方法。使用关系数据库特有的批量装载工具或API,批量装载操作易于使用,并且在装入大量数据时效率较高,使用哪种数据装载方法取决于业务系统的需要。

3.3.2 NoSQL技术

随着大数据技术的发展,各大网站要根据用户个性化信息来实时生成动态页面和提供动态信息,导致数据库并发负载非常高,往往要达到每秒上万次读写请求。关系数据库应付上万次SQL查询还勉强顶得住,但是应付上万次SQL写数据请求,硬盘IO就已经无法承受了。

对于大型的SNS网站,每天用户产生海量的用户动态,对于关系数据库来说,在庞大的库里面进行SQL查询,效率是极其低下乃至不可忍受的。

此外,在基于互联网的架构当中,数据库是最难进行横向扩展的,当一个应用系统的用户量和访问量与日俱增的时候,数据库却没有办法像webserver和appserver那样简单地通过添加更多的硬件和服务节点来扩展性能和负载能力。对于很多需要提供24 h不间断服务的网站来说,对数据库系统进行升级和扩展是非常困难的,往往需要停机维护和数据迁移。

业界为了解决上面提到的几个需求,推出了多款新类型的数据库,并且由于它们在设计上和传统的NoSQL数据库相比有很大的不同,所以被统称为NoSQL系列数据库。总的来说,在设计上,它们非常关注对数据高并发地读写和对海量数据的存储等,与关系型数据库相比,它们在架构和数据模型方面做了"减法",而在扩展和并发等方面做了"加法"。现在主流的NoSQL数据库有BigTable、HBase、Cassandra、SimpleDB、CouchDB、MongoDB和Redis等。总体来说,NoSQL数据库有表3-1所示四种类型。

表3-1 NoSQL数据库的四种类型

分类	典型应用场景	数据模型	优点	缺点
键值(key-value)	用于处理大量数据的高访问负载,也用于一些日志系统等	key指向value的键值对,通常用散列表来实现	查找速度快	数据无结构化,通常只被当作字符串或者二进制数据
列存储数据库	分布式的文件系统	以列簇式存储,将同一列数据存在一起	查找速度快,可扩展性强,更容易进行分布式扩展	功能不够丰富
文档型数据库	web应用	key-value对应的键值对,value为结构化数据	数据结构要求不严格,表结构可变,不需要像关系型数据库一样需要预先定义表结构	性能不高,缺乏统一的查询语法
图形数据库	社交网络,推荐系统等	图结构	利用图结构相关算法。比如最短路径寻址,N度关系查找等	计算复杂,不太适合分布式的集群方案

NoSQL技术的特点有如下几点。

① 易扩展性:NoSQL数据库种类繁多,共同特点是都有去掉关系数据库的关系型特性。数据之间无关系,这样就非常容易扩展,无形之间在架构的层面上带来了可扩展的能力。

② 大数据量,高性能:NoSQL数据库都具有非常高的读写性能,尤其是在大的数据量下,同样表现优秀。这得益于它的数据库的无关系性、结构简单。一般MySQL使用QueryCache,每次表的更新cache就失效,是一种大粒度的cache,在针对web2.0的交互频繁的应用,cache性能不高。NoSQL的cache是记录级的,是一种细粒度的cache,所以NoSQL在这个层面上来说就要性能高很多了。

③ 灵活的数据模型:NoSQL无需事先为要存储的数据建立字段,随时可以存储自定义的数据格式。在关系数据库里,增删字段是一件非常麻烦的事情,这在大数据量的web2.0时代尤其明显。

④ 高可用:NoSQL在不太影响性能的情况,可以方便地实现高可用的架构,比如

Cassandra、HBase 模型，通过复制模型也能实现高可用。

NoSQL 主流数据库是 BigTable 和 Dynamo 两种。

BigTable 是一个分布式的结构化数据存储系统，它被设计用来处理海量数据：通常是分布在数千台普通服务器上的 PB 级的数据。谷歌的很多项目使用 BigTable 存储数据，包括 web 索引、Google Earth、Google Finance 等。BigTable 是一个稀疏的、分布式的、持久化存储的多维度排序 map。map 的索引是行关键字、列关键字以及时间戳；map 中的每个 value 都是一个未经解析的 byte 数组，其特点为：

① 适合大规模海量数据，PB 级数据；

② 分布式、并发数据处理，效率极高；

③ 易于扩展，支持动态伸缩，适用于廉价设备；

④ 适合于读操作，不适合写操作；

⑤ 不适用于传统关系数据库。

Dynamo 最初是亚马逊所使用的一个私有的分布式存储系统。区别于谷歌文件系统(GoogleFS)的单主设备架构，它无需一个中心服务器来记录系统的元数据。将所有主键的散列数值空间组成一个首位相接的环状序列，对于每台机器，随机赋予一个散列值，不同的机器就会组成一个环状序列中的不同节点，而该机器就负责存储落在一段散列空间内的数据。数据定位使用一致性散列；对于一个数据，首先计算其散列值，根据其所落在的某个区段，顺时针进行查找，找到第一台机，该机器就负责存储在数据的，对应的存取操作及冗余备份等操作也由其负责，以此来实现数据在不同机器之间的动态分配。

3.3.3 分布式文件系统

分布式文件系统(distributed file system, DFS)使用户更加容易访问和管理物理上跨网络分布的文件。DFS 为文件系统提供了单个访问点和一个逻辑树结构，用户通过 DFS 在访问文件时不需要知道文件的实际物理位置，分布在多个服务器上的文件在用户面前就如同在网络的同一个位置。

目前比较主流的一种分布式文件系统架构如图 3-6 所示，通常包括主控服务器(或称元数据服务器、名字服务器等，通常会配置备用主控服务器以便在故障时接管服务，也可以两个都为主的模式)、多个数据服务器(或称存储服务器、存储节点等)，以及多个客户端，客户端可以是各种应用服务器，也可以是终端用户。

1) 成熟架构

早期比较成熟的网络存储结构大致分为三种：直连式存储(direct attached storage, DAS)、网络连接式存储(network attached storage, NAS)和存储网络(storage area network, SAN)。

(1) 在直连式存储 DAS 中，主机与主机之间、主机与磁盘之间采用 SCSI 总线通道或

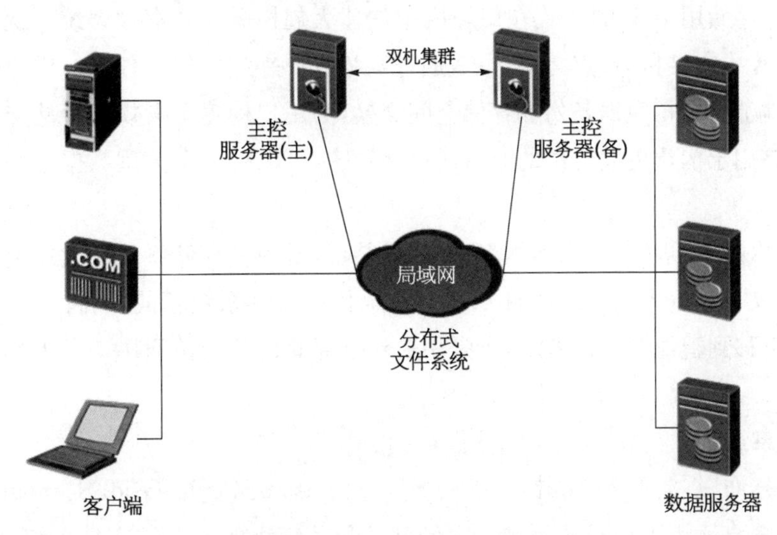

图 3-6 分布式文件系统架构图

FC 通道、IDE 接口实现互连，将数据存储扩展到了多台主机，多个磁盘。随着存储容量的增加，SCSI 通道将会成为 IO 瓶颈。

(2) 网络连接式存储 NAS 一种连接到局域网的基于 IP 的文件系统共享设备。NAS 系统拥有一个专用的服务器，安装优化的文件系统和瘦操作系统，该 OS 专门服务于文件请求。一个 NAS 设备是专用、高性能、高速、单纯用途的文件服务和存储系统。

(3) 存储网络 SAN 是指存储设备相互连接且与一台服务器或一个服务器群相连的网络。一个 SAN 网络由负责网络连接的通信结构、负责组织连接的管理层、存储部件以及计算机系统构成。与 NAS 偏重文件共享不同，SAN 主要是提供高速信息存储。网络存储通信中使用到的相关技术和协议包括 SCSI、RAID、iSCSI 以及光纤信道。

随着全球非结构化数据快速增长，针对结构化数据设计的这些传统存储结构在性能、可扩展性等方面都难以满足要求，进而出现了集群存储、集群并行存储、P2P 存储、面向对象存储等多种存储结构。

(1) 集群存储，简而言之就是将若干个普通性能的存储系统联合起来组成“存储的集群”。集群存储采用开放式的架构，具有很高扩展性，一般包括存储节点、前端网络、后端网络三个构成元素，每个元素都可以非常容易地进行扩展和升级而不用改变集群存储的架构。集群存储通过分布式操作系统的作用，会在前端和后端都实现负载均衡。

(2) 集群并行存储采用了分布式文件系统混合并行文件系统。并行存储容许客户端和存储直接打交道，这样可以极大地提高性能。集群并行存储提高了并行或分区 I/O 的整体性能，特别是读取操作密集型以及大型文件的访问。获取更大的命名空间或可编址的阵列，通过在相互独立的存储设备上复制数据来提高可用性，通过廉价的集群存储系统来大幅降低成本，并解决扩展性方面的难题。集群存储多在大型数据中心或高性能计算中心使用。

(3) P2P 存储用 P2P 的方式在广域网中构建大规模分布式存储系统。从体系结构来看,系统采用无中心结构,节点之间对等,通过互相合作来完成用户任务。用户通过该平台自主寻找其他节点进行数据备份和存储空间交换,为用户构建了大规模存储交换的系统平台。P2P 存储用于构建更大规模的分布式存储系统,可以跨多个大型数据中心或高性能计算中心使用。

(4) 面向对象存储是 SAN 和 NAS 的有机结合,是一种存储系统的发展趋势。在面向对象存储中,文件系统中的用户组件部分基本与传统文件系统相同,而将文件系统中的存储组件部分下移到智能存储设备上,于是用户对于存储设备的访问接口由传统的块接口变为对象接口。

2) 典型系统

常见的分布式文件系统有:GFS、HDFS、Lustre、Ceph、GridFS、mogileFS、TFS、FastDFS 等,各自适用于不同的领域。它们都不是系统级的分布式文件系统,而是应用级的分布式文件存储服务,常见的如下。

(1) GFS。该文件系统来自谷歌公司。为了满足本公司存储海量搜索数据需求,谷歌基于 Linux 开发了一个专有分布式文件系统。GFS 是一个可扩展的分布式文件系统,用于大型的、分布式的、对大量数据进行访问的应用。它运行于廉价的普通硬件上,并提供容错功能,可以给大量的用户提供总体性能较高的服务。

(2) HDFS。Hadoop 中的一个著名分布式文件系统,有着高容错性的特点,并且设计用来部署在低廉的硬件上。提供高吞吐量来访问应用程序的数据,适合那些有着超大数据集的应用程序。HDFS 放宽了 POSIX 的要求,可以实现流的形式访问文件系统中的数据。

(3) Ceph。加州大学圣克鲁兹分校的 Sage Weil 攻读博士时开发的分布式文件系统,是一种为优秀的性能、可靠性和可扩展性而设计的统一的、分布式文件系统。该系统的设计目标为可轻松扩展到数 PB 容量,并支持多种工作负载的高性能以及高可靠性等,还包括保护单一点故障的容错功能,它假设大规模(PB 级存储)存储故障是常见现象而不是例外情况。

(4) Lustre。Lustre 是一个大规模的、安全可靠的,具备高可用性的集群文件系统,它是由 SUN 公司开发和维护的。该项目主要的目的就是开发下一代的集群文件系统,可以支持超过 10 000 个节点,数以 PB 的数据量存储系统。该系统已推出 1.0 的发布版本,是第一个基于对象存储设备的,开源的并行文件系统。它由客户端、两个 MDS、OSD 设备池通过高速的以太网或 QWS Net 构成,可以支持 1 000 个客户端节点的 I/O 请求。两个 MDS 采用共享存储设备的 Active - Standby 方式的容错机制,存储设备跟普通的、基于块的 IDE 存储设备不同,是基于对象的智能存储设备。目前,Lustre 已经运用在一些领域,例如 HP SFS 产品等。

3.3.4 云存储

面对大数据的海量异构数据，传统存储技术面临建设成本高、运维复杂、扩展性有限等问题，成本低廉、提供高可扩展性的云存储技术日益得到关注。

1) 定义

由于业内没有统一的标准，各厂商的技术发展路线也不尽相同，因此，相对于云计算，云存储概念存在更多的多义和模糊现象。结合云存储技术发展背景及主流厂商的技术方向，可以得出如下定义：云存储是通过集群应用、网格技术或分布式文件系统等，将网络中大量各种不同的存储设备通过应用软件集合起来协同工作，共同对外提供数据存储和业务访问功能的一个系统。

2) 架构

云存储是由一个网络设备、存储设备、服务器、应用软件、公用访问接口、接入网和客户端程序等组成的复杂系统。以存储设备为核心，通过应用软件来对外提供数据存储和业务访问服务。云存储的架构如图 3-7 所示。

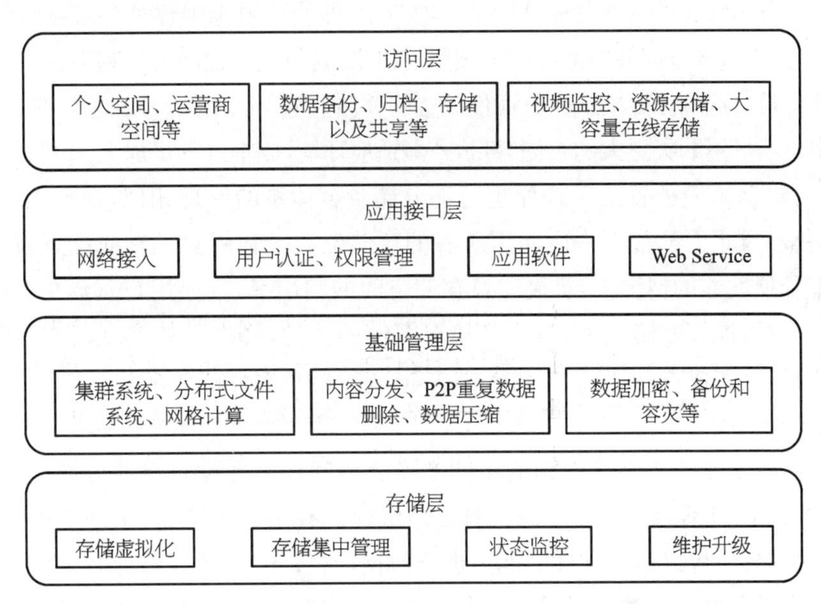

图 3-7　云存储架构

① 存储层。存储设备数量庞大且分布在不同地域，彼此通过广域网、互联网或光纤通道网络连接在一起。在存储设备之上是一个统一存储设备管理系统，实现存储设备的逻辑虚拟化管理、多链路冗余管理，以及硬件设备的状态监控和故障维护。

② 基础管理层。通过集群、分布式文件系统和网格计算等技术，实现云存储设备之间的协同工作，使多个的存储设备可以对外提供同一种服务，并提供更大更强更好的数据访

问性能。数据加密技术保证云存储中的数据不会被未授权的用户访问,数据备份和容灾技术可以保证云存储中的数据不会丢失,保证云存储自身的安全和稳定。

③ 应用接口层。不同的云存储运营商根据业务类型,开发不同的服务接口,提供不同的服务。例如视频监控、视频点播应用平台、网络硬盘、远程数据备份应用等。

④ 访问层。授权用户可以通过标准的公用应用接口来登录云存储系统,享受云存储服务。

3) 云存储中的数据缩减技术

为应对数据存储的急剧膨胀,企业需要不断购置大量的存储设备来满足不断增长的存储需求。权威机构研究发现,企业购买了大量的存储设备,但是利用率往往不足50%,存储投资回报率水平较低。云存储技术不仅满足存储中的高安全性、可靠性、可扩展、易管理等存储的基本要求,而且也利用云存储中的数据缩减技术,满足海量信息爆炸式增长趋势,一定程度上节约企业存储成本、提高效率。比较流行的数据缩减技术包括:自动精简配置、自动存储分层、重复数据删除、数据压缩。

(1) 自动精简配置。

传统的存储系统中,当某项应用需要一部分存储空间的时候,往往是预先从后端存储系统中划分出一部分足够大的空间预先分配给该项应用,即使这项应用暂时不需要使用这么大的存储空间,但由于这部分存储空间已经被预留了出来,其他应用程序无法利用这些已经部署但闲置的存储容量。这种分配模式一方面使闲置的存储数量不断增加,系统总体拥有成本升高;另一方面用户不得不购买更大的存储容量,才能适应环境,成本进一步加大。

实际上,自动精简配置的工作原理与部分储备金体系的原理相似,银行无须一次支付所有的储备金,因此也没有人一次动用所有的存储资源。利用自动精简配置技术,能够帮助用户在不降低性能的情况下,提高磁盘存储空间的利用率,推迟用户磁盘扩容的时间,减少磁盘购买数量,提高存储性能,减少环境对存储的压力,降低总体实现成本,从而降低系统的整体能耗、冷却成本,以及二氧化碳排放量,符合绿色存储的要求。

(2) 自动存储分层。

自动分层技术能够在同一阵列的不同类型介质间迁移数据。自动分层技术的系统可以在子LUN级针对不同数据类型进行自动层级化。有了这种能力,系统能够压缩分解不频繁使用的数据;还可以根据同样的能力进行数据迁移;此外,还能够比较这些子文件分节段的部分来进行存储和去重。通过元数据,阵列能够判断哪些部分应该去重,哪些不应该。所有这一切需要的只是一个重复数据删除引擎。

自动分层的基本原理是,数据在创建后随着时间推移,其价值会逐步降低。数据主要在其创建后的72 h内被访问;在此之后访问量会骤然减少,访问频率越来越低,30天以后数据只会被偶尔访问。在这时,数据就成了"被动数据"或"冷数据"。

随着数据价值的降低,数据应当迁移到低速、低成本的存储层上。如果要手动这样做的话,这种重复操作显然非常乏味,难以满足所需工作量。换句话说,没有人会这么做。自动分层技术会基于诸如数据创建时间、访问频率、最后访问时间或响应时间之类的策略进行数据迁移。

早期的自动分层数据迁移通常是整个卷(LUN)的数据或共享文件，这涉及海量的数据迁移，可能会导致诸多不同的结果，某单个文件的存取可能会影响许多数据。现在，数据迁移都是基于更小的计算单位，比如子 LUN、文件段(各种称为块或片的数据块)、文件、对象，甚至是部分的文件或对象。

(3) 重复数据删除。

一种数据缩减技术，通常用于基于磁盘的备份系统，旨在减少存储系统中使用的存储容量。备份设备中总是充斥着大量的冗余数据，为了解决这个问题，节省更多空间，重复删除技术便顺理成章地成了人们关注的焦点。采用重复删除技术可以将存储的数据缩减为原来的 1/20，从而让出更多的备份空间，不仅可以使磁盘上的备份数据保存更长的时间，而且还可以节约离线存储时所需的大量带宽。重复删除的工作方式是在某个时间周期内查找不同文件中不同位置的重复可变大小数据块，重复的数据块用指示符取代。

高度冗余的数据集(例如备份数据)利用数据重复删除技术的获益极大；用户可以实现 10∶1～50∶1 的缩减比。而且，重复数据删除技术可以允许用户的不同站点之间进行高效、经济的备份数据复制。

(4) 数据压缩。

数据压缩是指在不丢失有用信息的前提下，缩减数据量以减少存储空间，提高其传输、存储和处理效率，或按照一定的算法对数据进行重新组织，减少数据冗余和存储空间的一种技术方法。数据压缩包括有损压缩和无损压缩。

无损压缩是指使用压缩后的数据进行重构(又称还原、解压缩)，重构后的数据与原来的数据完全相同；无损压缩用于要求重构的信号与原始信号完全一致的场合。一个很常见的例子是磁盘文件的压缩。无损压缩算法一般可以把普通文件的数据压缩到原来的 1/2～1/4。一些常用的无损压缩算法有霍夫曼(Huffman)算法和 LZW(Lempel Ziv Welch)压缩算法。

有损压缩是指使用压缩后的数据进行重构，重构后的数据与原来的数据有所不同，但不影响用户对原始资料表达的信息造成误解。有损压缩适用于重构信号不一定非要和原始信号完全相同的场合。例如，图像和声音的压缩就可以采用有损压缩，因为其中包含的数据往往多于我们的视觉系统和听觉系统所能接收的信息，丢掉一些数据而不至于对声音或者图像所表达的意思产生误解，但可大大提高压缩比。

3.4 感知技术

大数据的核心在于“预测”，即所谓的“感知”，而云计算使数据从“小样本”转变成有机会对所有可能的数据进行分析，预测将基于“数据之间的关联性”而非“为什么是这样的因果性”，我们只需要按照预测出来的趋势去响应、使用这些结果。比如预测机票价格的走势，并给出可信度，帮助用户来决定什么时间购买机票最省钱。它不用关心为什么机票会有差异，是因为季节性还是因为其他什么原因，它仅仅是预测当前的机票未来一段时间会上涨还是下降。如果机票价格有上涨的趋势，系统就提示系统用户立即购买机票。原始的数据可以从机票预订数据库或者行业网站上取得。这项预测技术可以用在类似的相关领域，比如宾馆预订、商品购买等；比如通过汽车引擎的散热和振动来预测引擎是否会出现故障。亚马逊的推荐系统是很好的例子：亚马逊从每一个客户身上捕获了大量的数据，历史购买了什么，哪些商品只是浏览却没有购买，浏览停留的时间，哪些商品是合并购买的，以期找到产品之间的关联性。在零售行业，销售数据的统计分析可以让供应商监控销售速率、数量，以及存货情况，可以知道什么货物和什么货物摆在一起，放在什么位置销量最好，特定的季节，什么产品销量最高。公共设施领域也不再是随机的巡检，而是针对设施上报的数据以及故障发生的历史数据、环境数据进行分析和预测，集中人力和物力优先检查最有可能出现问题的那些设施，减少整体平均故障发生率。美国国家安全局的“棱镜计划”，就是图片、邮件、文档以及连接信息中分析个人可能对国家安全造成威胁的行动。

大数据由于体量巨大，同时又在不断增长，因此单位数据的价值密度在不断降低，但同时大数据的整体价值在不断提高，大数据被类比为石油和黄金，因为从中可以发掘巨大的商业价值。要从海量数据中找到潜藏的模式，需要进行深度的数据挖掘和分析。大数据挖掘与传统的数据挖掘模式也存在较大的区别：传统的数据挖掘一般数据量较小，算法相对复杂，收敛速度慢；而大数据的数据量巨大，在对数据的存储、清洗、ETL（抽取、转换、加载）方面都需要能够应对大数据量的需求和挑战，在很大程度上需要采用分布式并行处理的方式，比如谷歌、微软的搜索引擎，在对用户的搜索日志进行归档存储时，就需要多达几百台甚至上千台服务器同步工作，才能应付全球上亿用户的搜索行为。同时，在对数据进行挖掘时，也需要改造传统数据挖掘算法以及底层处理架构，同样采用并行处理的方式才能对海量数据进行快速计算分析。Apache 的 Mahout 项目就提供了一系列数据挖掘算法的并行实现。在很多应用场景中，甚至需要挖掘的结果能够实时反馈回来，这对系统提出了很大的挑战，因为数据挖掘算法通常需要较长的时间，尤其是在大数据量的情况下，在这种情形下，可能需要结合大批量的离线处理和实时计算才可能满足需求。

数据挖掘的实际增效也是在进行大数据价值挖掘之前需要仔细评估的问题。并不是所有的数据挖掘计划都能得到理想的结果。首先需要保障数据本身的真实性和全面性，如果所采集的信息本身噪声较大，或者一些关键性的数据没有被包含进来，那么所挖掘出来的价值规律也就大打折扣；其次要考虑价值挖掘的成本和收益，如果对挖掘项目投入的人力物力、硬件软件平台耗资巨大，项目周期也较长，而挖掘出来的信息对于企业生产决策、成本效益等方面的贡献不大，那么片面地相信和依赖数据挖掘的威力，也是不切实际和得不偿失的。

3.4.1 数据计算

面向大数据处理的数据查询、统计、分析、挖掘等需求，促生了大数据计算的不同计算模式，整体上我们把大数据计算分为离线批处理计算、实时交互计算和流计算三种。

1) 离线批处理

随着云计算技术的发展，基于开源的 Hadoop 分布式存储系统和 MapReduce 数据处理模式的分析系统也得到了广泛的应用。Hadoop 通过数据分块及自恢复机制，能支持 PB 级的分布式的数据存储，以及基于 MapReduce 分布式处理模式对这些数据进行分析和处理。MapReduce 编程模型可以很容易地将多个通用批数据处理任务和操作在大规模集群上并行化，而且有自动化的故障转移功能。MapReduce 编程模型在 Hadoop 这样的开源软件带动下被广泛采用，应用到 web 搜索、欺诈检测等各种各样的实际应用中。

Hadoop 平台主要是面向离线批处理应用的，典型的是通过调度批量任务操作静态数据，计算过程相对缓慢，有的查询可能会花几小时甚至更长时间才能产生结果，对于实时性要求更高的应用和服务则显得力不从心。MapReduce 是一种很好的集群并行编程模型，能够满足大部分应用的需求。虽然 MapReduce 是分布式/并行计算方面一个很好的抽象，但它并不一定适合解决计算领域的任何问题。例如，对于那些需要实时获取计算结果的应用，像基于流量的点击付费模式的广告投放，基于实时用户行为数据分析的社交推荐，基于网页检索和点击流量的反作弊统计等，对于这些实时应用，MapReduce 并不能提供高效处理，因为处理这些应用逻辑需要执行多轮作业，或者需要将输入数据的粒度切分到很小。MapReduce 模型存在以下局限性：

① 中间数据传输难以充分优化；

② 单独任务重启开销很大；

③ 中间数据存储开销大；

④ 主控节点容易成为瓶颈；

⑤ 仅支持统一的文件分片大小，很难处理大小不一的复杂文件集合；

⑥ 难以对结构化数据进行直接存储和访问。

除了 MapReduce 计算模型之外，以 Swift 为代表的工作流计算模式，Pregel 为代表的图计算模式，也都可以处理包含大规模的计算任务的应用流程和图算法。Swift 系统作为科学工作流和并行计算之间的桥梁，是一个面向大规模科学和工程工作流的快速、可靠的定义、执行和管理的并行化编程工具。Swift 采用结构化的方法管理工作流的定义、调度和执行，它包含简单的脚本语言 SwiftScript，SwiftScript 可以用来简洁地描述基于数据集类型和迭代的复杂并行计算，同时还可以对不同数据格式的大规模数据进行动态的数据集映射。运行时系统提供一个高效的工作流引擎用来进行调度和负载均衡，它还可以与 PBS 和 Condor 等资源管理系统进行交互，完成任务执行。Pregel 是一种面向图算法的分布式编程框架，可以用于图遍历、最短路径、PageRank计算等；它采用迭代的计算模型：在每一轮，每个顶点处理上一轮收到的消息，并发出消息给其他顶点，并更新自身状态和拓扑结构（出、入边）等。

2）实时交互计算

当今的实时计算一般都需要针对海量数据进行，除了要满足非实时计算的一些需求（如计算结果准确）以外，实时计算最重要的一个需求是能够实时响应计算结果，一般要求为秒级。实时计算一般可以分为以下两种应用场景。

（1）数据量巨大且不能提前计算出结果的，但要求对用户的响应时间是实时的。

主要用于特定场合下的数据分析处理。当数据量庞大，同时发现无法穷举所有可能条件的查询组合，或者大量穷举出来的条件组合无用的时候，实时计算就可以发挥作用，将计算过程推迟到查询阶段进行，但需要为用户提供实时响应。这种情形下，也可以将一部分数据提前进行处理，再结合实时计算结果，以提高处理效率。

（2）数据源是实时的不间断的，要求对用户的响应时间也是实时的。

数据源实时不间断的也称为流式数据。所谓流式数据是指将数据看作是数据流的形式来处理。数据流是在时间分布和数量上无限的一系列数据记录的集合体；数据记录是数据流的最小组成单元，例如，在物联网领域传感器产生的数据可能是源源不断的。实时的数据计算和分析可以动态实时地对数据进行分析统计，对于系统的状态监控、调度管理具有重要的实际意义。

海量数据的实时计算过程可以划分为以下三个阶段：数据的产生与收集阶段、传输与分析处理阶段、存储和对外提供服务阶段，如图3-8所示。

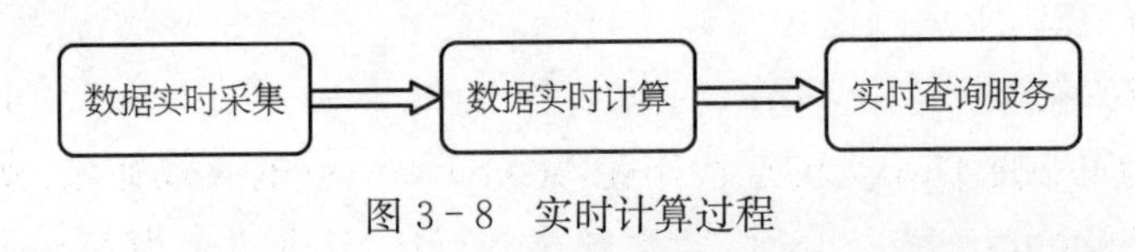

图3-8　实时计算过程

数据实时采集在功能上需要保证可以完整地收集到所有数据，为实时应用提供实时数据；响应时间上要保证实时性、低延迟；配置简单、部署容易；系统稳定可靠等。目前，互联网企业的海量数据采集工具，有Facebook开源的Scribe，LinkedIn开源的Kafka，Cloudera开源的Flume，淘宝开源的TimeTunnel，Hadoop的Chukwa等，均可以满足每秒数百MB的日志数据采集和传输需求。

传统的数据操作，首先将数据采集并存储在数据库管理系统（DBMS）中，然后通过query和DBMS进行交互，得到用户想要的答案。整个过程中，用户是主动的，DBMS是被动的。但是，对于现在大量存在的实时数据，这类数据实时性强、数据量大、数据格式多种多样，传统的关系型数据库架构并不合适。新型的实时计算架构一般都是采用海量并行处理MPP的分布式架构，数据的存储及处理会分配到大规模的节点上进行，以满足实时性要求；在数据的存储上，则采用大规模分布式文件系统，比如Hadoop的HDFS文件系统，或是新型的 NoSQL 分布式数据库。

实时查询服务的实现可以分为三种方式：

(1) 全内存，直接提供数据读取服务，定期 dump 到磁盘或数据库进行持久化；

(2) 半内存，使用 Redis、Memcache、MongoDB、BerkeleyDB 等数据库提供数据实时查询服务，由这些系统进行持久化操作；

(3) 全磁盘：使用 HBase 等以分布式文件系统(HDFS)为基础的 NoSQL 数据库，对于 key-value 引擎，关键是设计好 key 的分布。

实时和交互式计算技术中，谷歌的 Dremel 系统表现最为突出。Dremel 是谷歌的交互式数据分析系统，可以组建成规模上千的集群，处理 PB 级别的数据。作为 MapReduce 的发起人，谷歌开发了 Dremel 系统将处理时间缩短到秒级，作为 MapReduce 的有力补充。Dremel 作为 GoogleBigQuery 的 report 引擎，获得了很大的成功；和 MapReduce 一样，Dremel 也需要和数据运行在一起，将计算移动到数据上面，需要 GFS 这样的文件系统作为存储层。Dremel 支持一个嵌套的数据模型，类似于 JavaScript 对象简谱(JSON)；而传统的关系模型，由于不可避免地有大量的连接操作，在处理如此大规模的数据的时候，往往是有心无力的。Dremel 同时还使用列式存储，分析的时候，可以只扫描需要的那部分数据，减少 CPU 和磁盘的访问量。同时，列式存储是压缩友好的，使用压缩可以减少存储量，发挥最大的效能。

Spark 是由加州大学伯克利分校 AMP 实验室开发的实时数据分析系统，采用一种与 Hadoop 相似的开源集群计算环境，但是 Spark 在任务调度、工作负载优化方面设计和表现更加优越。Spark 启用了内存分布数据集，除了能够提供交互式查询外，它还可以优化迭代工作负载。Spark 是在 Scala 语言中实现的，它将 Scala 用作其应用程序框架。Spark 和 Scala 能够紧密集成，Scala 可以像操作本地集合对象一样轻松地操作分布式数据集。创建 Spark 可以支持分布式数据集上的迭代作业，是对 Hadoop 的有效补充，支持对数据的快速统计分析。Scala 也可以在 Hadoop 文件系统中并行运行，通过名为 Mesos 的第三方集群框架支持此功能。Spark 可用来构建大型的、低延迟的数据分析应用程序。

由 Cloudera 公司发布的 Impala 系统，类似于谷歌的 Dremel 系统，是一个有效的大数据实时查询工具。Impala 能在 HDFS 或 HBase 上提供快速、交互式 SQL 查询，它除了使用统一的存储平台，还使用了与 Hive 相同的 Metastore 及 SQL 语法等，为批处理和实时查询提供了一个统一的平台。

3) 流计算

在很多实时应用场景中，比如实时交易系统、实时诈骗分析、实时广告推送、实时监控、社交网络实时分析等，存在数据量大、实时性要求高，而且数据源是实时不间断的情况。新到的数据必须马上处理完，不然后续的数据就会堆积起来，永远也处理不完。反应时间经常要求在秒级以下，甚至是毫秒级，这就需要一个高度可扩展的流式计算解决方案。

流计算就是针对实时连续的数据类型而准备的，在流数据不断变化的运动过程中实时地进行分析，捕捉到可能对用户有用的信息，并把结果发送出去。整个过程中，数据分析处理系统是主动的，用户却处于被动接收的状态，如图 3-9 所示。

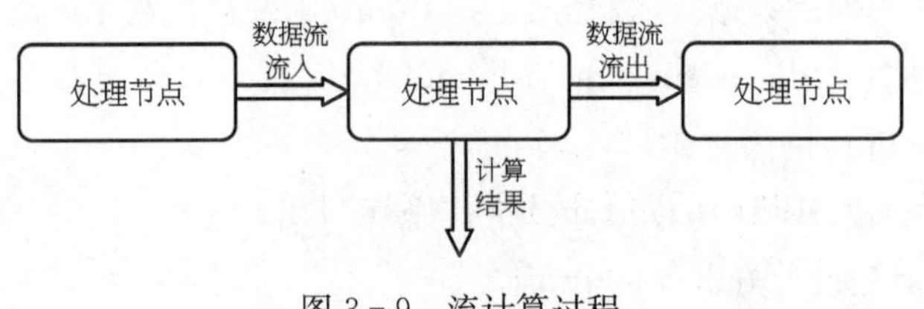

图 3-9 流计算过程

传统的流式计算系统，一般是基于事件机制，所处理的数据量也不大。新型的流处理技术，如雅虎的 S4 主要解决的是高数据率和大数据量的流式处理。

S4 是一个通用的、分布式的、可扩展的、部分容错的、可插拔的平台。开发者可以很容易地在其上开发面向无界不间断流数据处理的应用。数据事件被分类路由到处理单元(processing element, PEs)处理单元事件，并作如下处理：

① 发出一个或多个可能被其他 PE 处理的事件；

② 发布结果。

S4 的设计主要由大规模应用在生产环境中的数据采集和机器学习所驱动，其主要特点有：

① 提供一种简单的编程接口来处理数据流；

② 设计一个可以在普通硬件之上可扩展的高可用集群；

③ 通过在每个处理节点使用本地内存，避免磁盘 I/O 瓶颈达到最小化延迟；

④ 使用一个去中心的对等架构，所有节点提供相同的功能和职责，没有担负特殊责任的中心节点；大大简化部署和维护；

⑤ 使用可插拔的架构，使设计尽可能地既通用又可定制化；

⑥ 友好的设计理念，易于编程，具有灵活的弹性。

S4 的设计和 IBM 的流处理核心 SPC 中间件有很多相同的特性：两个系统都是为了大数据量设计的；都具有使用用户定义的操作在持续数据流上采集信息的能力。两者主要的区别在架构的设计上：SPC 的设计源于 Publish/Subscribe 模式，而 S4 的设计是源于 MapReduce 和 Actor 模式的结合。S4 的设计达到了非常高程度的简单性；集群中的所有节点都是等同的，没有中心控制。

SPC 是一种分布式的流处理中间件，用于支持从大规模的数据流中抽取信息的应用。SPC 包含了为实现分布式的、动态的、可扩展的应用而提供的编程模式和开发环境，其编程模式包括用于申明和创建处理单元的 API，以及组装、测试、调试和部署应用的工具集。与其他流处理中间件不同的是，SPC 除了支持关系型的操作符外，还支持非关系型的操作符以及用户自定义函数。

Storm 是 Twitter 开源的一个类似于 Hadoop 的实时数据处理框架，这种高可拓展性、能处理高频数据和大规模数据的实时流计算解决方案将应用于实时搜索、高频交易和社交网络上。Storm 有三大作用领域：

① 信息流处理(stream processing)，Storm 可以用来实时处理新数据和更新数据库，兼具容错性和可扩展性；

② 连续计算(continuous computation)，Storm 可以进行连续查询并把结果即时反馈给客户，比如将 Twitter 上的热门话题发送到客户端；

③ 分布式远程过程调用(distributed RPC)，Storm 可以用来并行处理密集查询，Storm 的拓扑结构是一个等待调用信息的分布函数，当它收到一条调用信息后，会对查询进行计算，并返回查询结果。

3.4.2 深度学习

大数据分析的一个核心问题是如何对数据进行有效表达、解释和学习，无论是对图像、声音还是文本数据。传统的研究也有很多数据表达的模型和方法，但通常都是较为简单或浅层的模型，模型的能力有限，而且依赖于数据的表达，不能获得很好的学习效果。大数据的出现提供了使用更加复杂的模型来更有效地表征数据、解释数据的机会。深度学习就是利用层次化的架构学习出对象在不同层次上的表达，这种层次化的表达可以帮助解决更加复杂抽象的问题。在层次化中，高层的概念通常是通过低层的概念来定义的。深度学习通常使用人工神经网络，常见的具有多个隐层的多层感知机(MLP)就是典型的深度架构。典型的多层深度学习结构如图 3-10 所示。

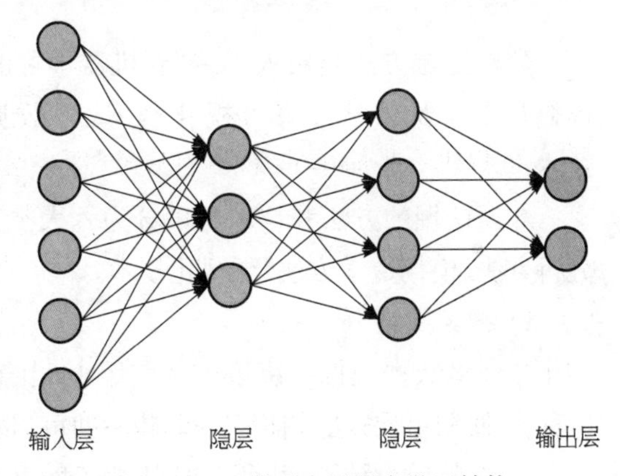

图 3-10 典型多层深度学习结构

深度学习研究的热潮持续高涨，各种开源深度学习框架也层出不穷，其中包括 TensorFlow、Caffe、Keras、CNTK、Torch7、MXNet、Leaf、Theano、DeepLearning4、Lasagne、Neon，等。其中，TensorFlow 杀出重围，在关注度和用户数上都占据绝对优势。

究其原因，主要是谷歌在业界的号召力确实强大，之前也有许多成功的开源项目，以及谷歌强大的人工智能研发水平，都让大家对谷歌的深度学习框架充满信心，以至于 TensorFlow 在 2015 年 11 月刚开源的第一个月就积累了 10 000+的关注度(star)。其次，TensorFlow 确实在很多方面拥有优异的表现，比如设计神经网络结构的代码的简洁度、分布式深度学习算法的执行效率、部署的便利性，都是其得以胜出的关键。如果一直关注着 TensorFlow 的开发进度，就会发现基本上每星期 TensorFlow 都会有 1 万行以上的代码更新，多则数万行。产品本身优异的质量、快速的迭代更新、活跃的社区和积极的反馈，形成了良性循环，TensorFlow 未来将继续在各种深度学习框架中独占鳌头。

数据的不断发展与变化带给知识库构建的一个巨大的挑战是知识库的更新问题。知识库的更新分为两个层面：一是新知识的加入；二是已有知识的更改。目前专门针对开放网络知识库的更新工作较少，很多都是从数据库的更新角度展开的，如对数据库数据的增加、删除和修改工作的介绍。虽然对开放网络知识库的更新与数据库的更新有很多相似之处，但是其本身对更新的实时性要求较高。目前这方面的工作，从更新方式来讲分为两类：一是基于知识库构建人员的更新；二是基于知识库存储的时空信息的更新。前者准确性较高，但是对人力的消耗较大；后者多由知识库自身更新，需要人工干预的较少，但是存在准确率不高的问题。总体上讲，对知识库的更新仍然没有很有效的方法；尤其在面对用户对知识的实时更新需求方面，远远达不到用户的要求，在更新数据的自动化感知方面，缺乏有效的办法自动识别知识的变化，也没有能够动态响应这些变化的更新机制。

3.4.3 数据挖掘

数据挖掘方法是由人工智能、机器学习的方法发展而来，结合传统的统计分析方法、模糊数学以及科学计算可视化技术，以数据库为研究对象形成的数据挖掘的方法和技术。

数据挖掘的方法和技术可以分为六大类：归纳学习方法、仿生物技术、公式发现、统计分析方法、模糊数学方法、可视化技术。

1）神经网络

在许多数据挖掘和决策支持应用中，由于有公认的轨迹记录，人工神经网络已经成为一种普遍采用的方法。神经网络是一种可以方便应用于预测、分类和聚类的强有力工具。最有力的神经网络是生物所具有的神经网络，与此相对应的是，计算机通常善于反复的执行明确的指令。通过在计算机上模拟人脑的神经联系，桥接计算机与人脑的隔阂，是人工神经网络的关键。神经网络从数据中概括和学习的能力，是模仿我们从经验中学习的能力，这种能力对数据挖掘是有用的。

神经网络具有良好的鲁棒性、自组织自适应性、并行处理、分布存储和高度容错等特性，非常适合解决数据挖掘的问题，用于分类、预测和模式识别的前馈式神经网络模型；以 Hopfield 的离散模型和连续模型为代表的，分别用于联想记忆和优化计算的反馈式神经网络模型；以 art 模型、koholon 模型为代表的，用于聚类的自组织映射方法。神经网络的缺点是"黑箱性"，人们难以理解网络的学习和决策过程。

2）遗传算法

遗传算法是模拟达尔文生物进化论的自然选择和遗传学机理的生物进化过程的计算模型，是一种通过模拟自然进化过程搜索最优解的方法。遗传算法是从代表问题可能潜在的解集的一个种群开始的，而一个种群则由经过基因编码的一定数目的个体组成。每个个体实际上是染色体带有特征的实体。染色体作为遗传物质的主要载体，即多个基因的集合，其内部表现(即基因型)是某种基因组合，它决定了个体形状外部表现，如黑头发的特征是由染色体中控制这一特征的某种基因组合决定的。因此，在一开始需要实现从表现型到基因型的映射即编码工作。由于仿照基因编码的工作很复杂，我们往往进行简化，如二进制编码，初代种群产生之后，按照适者生存和优胜劣汰的原理，逐代演化产生出越来越好的近似解，在每一代，根据问题域中个体的适应度大小选择个体，并借助于自然遗传学的遗传算子进行组合交叉和变异，产生出代表新的解集的种群。这个过程将导致种群像自然进化一样的后生代种群比前代更加适应于环境，末代种群中的最优个体经过解码，可以作为问题近似最优解，其基本流程如图 3-11 所示。

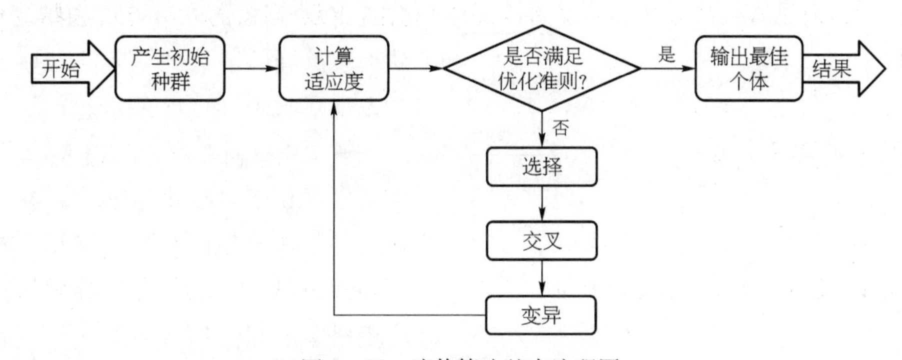

图 3-11 遗传算法基本流程图

遗传算法是一种基于自然群体遗传演化机制的高效探索算法，它具有以下特点。

(1) 遗传算法从问题解的中集开始搜索，而不是从单个解开始。

这是遗传算法与传统优化算法的极大区别。传统优化算法是从单个初始值迭代求最优解的；容易误入局部最优解。遗传算法从串集开始搜索，覆盖面大，利于全局择优。

(2) 遗传算法求解时使用特定问题的信息极少，容易形成通用算法程序。

由于遗传算法使用适应值这一信息进行搜索，并不需要问题导数等与问题直接相关的信息。遗传算法只需适应值和串编码等通用信息，故几乎可处理任何问题。

(3) 遗传算法有极强的容错能力。

遗传算法的初始串集本身就带有大量与最优解甚远的信息：通过选择、交叉、变异操作能迅速排除与最优解相差极大的串，这是一个强烈的滤波过程；也是一个并行滤波机制；故而，遗传算法有很高的容错能力。

(4) 遗传算法中的选择、交叉和变异都是随机操作，而不是确定的精确规则。

这说明遗传算法是采用随机方法进行最优解搜索，选择体现了向最优解迫近，交叉体现了最优解的产生，变异体现了全局最优解的覆盖。

(5) 遗传算法具有隐含的并行性。

遗传是一种基于生物自然选择与遗传机理的随机搜索算法，是一种仿生全局优化方法。遗传算法具有的隐含并行性、易于和其他模型结合等性质使得它在数据挖掘中被加以应用。遗传算法的应用还体现在与神经网络、粗集等技术的结合上。如利用遗传算法优化神经网络结构，在不增加错误率的前提下，删除多余的连接和隐层单元；用遗传算法和BP算法结合训练神经网络，然后从网络提取规则等。但遗传算法的算法比较复杂，收敛于局部极小的较早收敛问题尚未解决。

3）决策树方法

决策树起源于概念学习系统（concept learning system, CLS）是一种从无次序、无规则的样本数据集中推理出决策树表示形式的分类规则方法。它采用自顶向下的递归方式，在决策树的内部节点进行属性值的比较并根据不同的属性值判断从该节点向下的分支，在决策树的叶节点得到结论。因此从根节点到叶节点的一条路径就对应着一条规则，如图3-12所示。

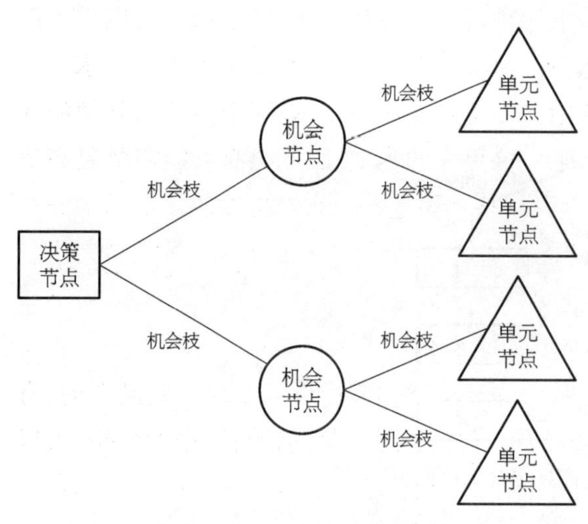

图3-12 决策树结构模型

整棵决策树对应着一组表达式规则。决策树可高度自动化地建立起易于为用户所理解的模型；而且，系统具有较好的处理缺省数据及带有噪声数据的能力。决策树学习算法的一个最大优点就是它在学习过程中不需要使用者了解很多背景知识，只要训练事例能够用/属性-值0的方式表达出来，就能使用该算法来进行学习。研究大数据集分类问题常用决策树方法。决策树方法速度较快，可被转换成简捷易懂的分类规则，也可转换成对数据库查询的SQL语句。另外，决策树分类与其他分类方法比较，具有相同甚至更高的精度。

分类决策树模型是一种描述对实例进行分类的树形结构，决策树由节点和有向边组成。节点有两种类型：内部节点和叶节点。内部节点表示一个特征或属性，叶节点表示一个类。用决策树分类，从根节点开始，对实例的某一特征进行测试，根据测试结果，将实例分配到其子节点；这时，每一个子节点对应着该特征的一个取值。如此递归地对实例进行测试并分配，直到达到叶节点。最后将实例分到叶节点的类中。决策树学习算法是以实例为基础的归纳学习算法，本质上是从训练数据集中归纳出一组分类规则，与训练数据集不相矛盾的决策树可能有多个，也可能一个也没有。我们需要的是一个与训练数据集矛盾较小的决策树，同时具有很好的泛化能力。

决策树法尤其适用于序贯决策（多级决策），是描述序贯决策的有力工具。用决策树来进行决策，具有分析思路清晰、决策结果形象明确的优点。由于多阶段问题由若干单阶段问题构成，所以决策树方法不仅可以解决多阶段问题，而且可以解决单阶段问题。

4）关联规则

关联规则是数据挖掘领域中的一个非常重要的研究课题，广泛应用于各个领域，既可以检验行业内长期形成的知识模式，也能够发现隐藏的新规律。有效地发现、理解、运用关联规则是完成数据挖掘任务的重要手段，因此对关联规则的研究具有重要的理论价值和现实意义。

若两个或多个变量的取值之间存在某种规律性，就称为关联。关联规则是寻找在统一事件中出现的不同项的相关性，比如在一次购买活动中所买不同商品的相关性。关联规则挖掘问题是 R. Agrawal 等人于 1993 年在文献中首先提出来的。关联规则是描述数据库中一组数据项之间的某种潜在关系的规则。

关联规则挖掘技术被广泛应用在金融行业企业中，它可以成功预测银行客户需求。一旦获得了这些信息，银行就可以改善自身营销。如果数据库中显示，某个高信用限额的客户更换了地址，这个客户很有可能新近购买了一栋更大的住宅，因此会有可能需要更高信用限额、更高端的新信用卡，或者需要一个住房改善贷款，这些产品都可以通过信用卡账单邮寄给客户。当客户打电话咨询的时候，数据库可以有力地帮助电话销售代表：销售代表的电脑屏幕上可以显示出客户的特点，同时也可以显示出顾客会对什么产品感兴趣。

再比如市场的数据，它不仅十分庞大、复杂，而且包含着许多有用信息。随着数据挖掘技术的发展以及各种数据挖掘方法的应用，从大型超市数据库中可以发现一些潜在的、有用的、有价值的信息，从而应用于超级市场的经营。通过对所积累的销售数据的分析，可以得出各种商品的销售信息，从而更合理地制定各种商品的订货情况，对各种商品的库存进行合理的控制。另外，根据各种商品销售的相关情况，可分析商品的销售关联性，从而可以进行商品的货篮分析和组合管理，以更加有利于商品销售。

同时，一些知名的电子商务站点也从强大的关联规则挖掘中受益。这些电子购物网站使用关联规则进行挖掘，然后设置用户有意要一起购买的捆绑包；也有一些购物网站使用它们设置相应的交叉销售，也就是购买某种商品的顾客会看到相关的另外一种商品的广告。

但是在我国，“数据海量，信息缺乏”是包括商业银行在内很多行业在数据大集中之后普遍所面对的尴尬。可以说，关联规则挖掘的技术在我国的研究与应用并不是很广泛深入。

5）粗糙集

粗糙集是数据挖掘的方法之一，它是处理模糊和不确定知识的一种数学工具。粗糙集处理的对象是类似二维关系表的信息表，目前成熟的关系数据库管理系统和数据仓库管理系统，为基于粗糙集的数据挖掘奠定了坚实的基础。由于粗糙集的长点及其客观性，现在粗糙集已被国内外的研究者所重视，并广泛应用于数据挖掘、模式识别等领域。

粗糙集理论是一种处理模糊和不确定性问题的数学工具，它不需要除问题所需处理的数据集合之外的任何先验信息，而仅仅以对观测数据的分类能力为基础，解决模糊或不精确性数据的分析和处理。粗糙集理论的基本框架可归纳为：以不可区分关系划分论域的知识，形成知识表达系统，引入上、下近似逼近所描述对象，并考察属性的重要性，从而删除冗余属性简化知识表达空间、挖掘规则。

属性约简是粗糙集应用于数据挖掘的核心概念之一，通过约简的计算，粗糙集可以用于特征约简或特征提取，以及属性关联分析。粗糙集是计算密集的，已经证明求取所有约简和最小约简的问题都是 NP-hard 的。计算属性约简类似于机器学习中的最小属性子集选择问题，高效的约简算法是粗糙集理论应用于数据挖掘与知识发现领域的基础。

粗糙集合和普通集合的概念有本质的区别，粗糙集中的成员关系、集合的等价关系都与集合的不可区分关系表达的论域知识有关，一个元素是否属于一个集合不是有其客观性决定的，而是取决于人们的知识。所以粗糙集的特性都不是绝对的，与我们对事物的了解程度有关。从某种意义上来讲，粗糙集方法可以被看作对经典集合理论的拓展。

粗糙集理论所有的概念和计算都是以不可区分关系为基础，通过引入上近似集和下近似集，在集合运算上定义。

3.4.4 气象人工智能

人工智能(AI)起源于 1956 年达特茅斯会议。在几个关键性事件(如 1997 年 IBM 深蓝击败国际象棋大师卡斯帕罗夫)后虽然遇到发展瓶颈，但是仍然一度被视为具有强大潜力的科学。2016 年 3 月，谷歌人工智能团队所创造的 AlphaGo 战胜了韩国围棋棋手李世石，获得了由韩国棋院颁发的“九段棋手”荣誉证书，在国际上引起了很大的震动。同时，AlphaGo 中由海量数据迭代训练出来的神经网络模块作为最核心的技术受到了业界的高度重视，互联网的普及和大数据的兴起又一次将人工智能技术推向新的高峰。

大数据的本质是海量的、多维度、多形式的数据。任何智能的发展，其实都需要一个学习的过程。而近期人工智能之所以能取得突飞猛进的进展，不能不说是因为这些年来大数据长足发展的结果。正是由于各类感应器和数据采集技术的发展，我们开始拥有以往难以想象的海量数据；同时，也开始在某一领域拥有深度的、细致的数据。而这些，都是训练某一领域“智能”的前提。

在气象领域，每天产生大量的数据，如何使用高效、合适的技术来处理这些数据，并从中得到有益的信息，是非常重要的一件事情。大数据问题需要云计算技术来解决，而同时大数据又能促进云计算技术的真正落地和实施，两者是相辅相成的关系。我们重点从云计算、数据采集、数据存储、数据感知等方面描述大数据所涵盖的几大类技术，从另一个角度为相关领域的学者描述大数据技术的挑战与机遇，同时提供大数据技术上的参考分类方式。气象大数据技术正在随着气象行业日益剧增的数据量和处理需求不断的发展，不断影响着我们的生活习惯和方式，并将进一步完善以使我们的社会和生活变得更加美好。

1）大数据和人工智能

人工智能已经成为科学技术发展的重要方向，以下从三个方面讨论大数据对与人工智能的作用。

（1）大数据采集完善智能感知。

人工智能需要多维度、多形式的海量数据作为支撑。在传统数据采集技术中，因为传感器数量少、分辨率低以及采集途径的匮乏，使得采集到的数据只能用较少的时空维度进行记录，相应的后续数据处理起来比较简单，但无法高质量地还原现实世界的一些特征。

大数据技术使得虚拟世界可以收集足够的感知数据，以越来越好地还原真实世界。大数据时代下，数据量呈指数增长，数据主要来源于网络，包括电信网、互联网和物联网等。随着物联网技术的发展，装配在大量终端上的各类传感器可以采集到海量且种类丰富的实时数据；不断升级的通信网络技术，使得这些数据可以完整地回传到云端服务器上；目前广泛应用的云计算技术，令网络和设备运营商有途径去进行实时存储和高效并行处理。所有这些，使得海量数据的实时采集成为可能，为后续的智能处理提供了必要条件。这里，物联网采集的数据主要是针对所接入的终端设备而言，而互联网和电信网则不仅仅包含来自设备本身的数据，还有更具价值的用户数据。

（2）大数据处理加速智能认知。

大数据的并行存储与处理依赖于云计算技术，但对大数据的认知则需依赖于人工智能的相应算法。人工智能的认知，经历了推理、专家、直觉、计算等阶段。人工智能的核心是认知计算，注重大数据分析和理解，通过认知发现数据背后的规律。现在的主流认知计算技术是机器学习，通过机器学习技术从大数据中挖掘出有价值的规律，是大数据智能认知的关键途径。

大数据基于已有的数据，可从中提炼机器学习中的“经验”。合理地处理数据，从数据中提炼有用信息，可以用来训练模型，使其更加符合实际系统的性能。但作为智能认知，还有一个重要特性，即预测。系统根据已有的数据对未来发生的各种可能性进行研判，是智能认知的重要功能。大数据情景下，预测性能随着获取数据量的增多而有效提高是未来机器学习的研究重点。

（3）大数据处理助力智能展示。

人工智能系统最重要的特征之一就是交互性，在展示结果的同时，给观众更多的选择，可以与之交互，根据更多的信息有选择地进行展示。在人类诸多的感官中，视觉占人类感知信息 70%以上的信息量，因此，可视化技术也就成为目前最重要的展示手段。除此之外，近年兴起的虚拟现实（VR）、增强现实（AR）技术，则代表了未来智能展示技术的发展方向。视频、虚拟现实、增强现实等展示技术，在较大规模应用场景下，均需海量的数据支撑，加上智能认知与处理时产生的中间数据，规模很可能更为庞大，这就需要大数据技术的实时处理，以使得视频更为流畅，AR、VR 与现实结合更无缝，以获得更佳的用户体验。随着近几年大数据并行处理算法及其软硬件的发展，已经足以应对虚拟现实、增强现实的数据量需求，加速了现实世界向虚拟世界的映射过程。

2) 气象人工智能的发展历程

实际上，人工智能在第二次浪潮时期就已在气象领域得到应用，如天气预报专家系统、智能天气信息采集系统、智能预报系统、智能气象信息发布系统以及应用在天气预报中的人工神经网络等。其中，天气预报专家系统是源于20世纪70年代发展起来的专家系统在气象领域的重要应用。

早在1984年，美国、加拿大气象部门的科研人员就开始研制强对流预报中的专家系统。20世纪80年代末到90年代初，人工智能方法在美、加、英、法等国家天气预报中的应用掀起了一场热潮。1989年就已有许多人工智能预报系统研发，仅灾害性天气预报系统就有KASSP、GORAD、CONVEX、OCI、WILLARD、WX1等多种。这些预报系统大多基于专家系统和自然语言处理来研制，预报对象以强对流灾害性天气为主，如雷暴、冰雹、雾、海雾、闪电等；也有不少系统基于人工神经网络系统来做强降水预报、河流预报、龙卷风预报、闪电预报等。这个时期的人工智能系统特点多数处于研制阶段，只有不到20%的系统经过实际验证，极少数投入业务使用。这是因为当时既没有专门的顶层设计将人工智能技术引入预报业务，也缺乏独立的计算机环境，且人工智能系统从本质上讲是一种工程开发而不是科学研究，在气象学界不容易被接受。少数几个在美国气象业务中开发和使用的人工智能系统有强对流天气预报系统ITWS(1993)、短期雷暴神经网络预报系统(1992)等；少数几个在加拿大环境局气象预报业务中开发和使用的人工智能预报系统有高级交互式处理系统FPA(1993)、交互式综合预报系统SCRIBE(1995)等。人工智能技术自20世纪80年代初期引入我国气象部门，大致经历了两个阶段。第一阶段是1983—1987年，主要特点是初级专家系统的普及应用。这个期间，有90%以上的省级气象台、近50%的地、市级气象台进行了气象专家系统的开发应用，内容涉及暴雨、大风、冰雹、霜冻等多种气象灾害的判别和预报。第二阶段是1987年开始的气象智能预报系统的开发，主要特点是将模式识别技术、传统人工智能与人工神经元网络结合在一起。这个阶段气象部门就专家神经网络系统在预报业务中的实际应用进行了试验，专家们运用人工神经网络的自适应性及容错等功能和特性，弥补了专家系统在这方面的不足，彼此取长补短，较为有效地提高了灾害性天气预报的成功率。

我国是世界上气象灾害发生十分频繁、灾害种类甚多，造成损失十分严重的国家之一。短时强降水、冰雹、龙卷风、雷雨大风等强对流天气历时短、气流剧烈、破坏性强，这些特点使强对流天气预报仍是一道世界性的难题。现代的数值模式对于未来5天内数十至数百千米空间尺度的天气能做出可信的预报，但是很多强对流天气发生的范围只有几十米至数千米，这种较小的空间尺度往往对于模式的网格分辨率来说是不能解析的，因此数值模式对于强对流天气的预报能力还比较有限。在实际的强对流短临预报业务中，基于雷达图像已经发展出了一些技术手段，比如基于持续性的方法、基于轨迹线性外推的方法和基于强度稳定的Trec法和光流法，但是对于时空尺度较小的强对流系统，其强度和轨迹很容易在短时间内发生非线性的变化，因此上述方法所采用的一些假设有时候不能很好地满足，这往往会对预测效果带来不利的影响。在人工智能技术发展日新月异的今天，深度神经网络作为一种重要的方法得到了蓬勃发展，得益于神经网络层的深度加深，该方法对输入和输出之间的非线性关系有着良好的近似能力，并且在容错性、并行性上和知识的分布式表达方面有着优良的性能，因此深度神经网络方法在强对流天气的短时临近预报中具有广阔的应用前景。虽然深度神经网络在短时临近预报中已经有一些很好的尝试和应用案例，但总体而言还处于探索起步阶段。

进入 20 世纪 90 年代，国内外气象部门的有关专家将研究领域逐渐聚焦在具体气象灾害类别的机器学习以及计算机仿真方面，并开始关注一些重要的基础性工作，如：槽、脊、锋面、高低压中心、台风云系等基本气象形态的机器自动识别等。和人工智能在其他领域碰到的问题一样，气象预报领域的人工智能技术需要学习大量的专家意见，在成本投入和操作上都非常困难，所以这些基础性工作在此后较长时间内进展迟缓，21 世纪的前十年，人工智能技术在气象预报上的应用已逐渐淡出了视野。

近年来，机器学习技术蓬勃发展。机器学习旨在从一系列观察结果中提取出某些类型的知识和模式，深度学习是其涉及深度神经网络的分支。因为深度学习能够利用以前是人类专属领地的认知领域：图像识别、文本理解和音频识别等，所以成为最热门的技术概念之一。当美国硅谷、国内 BAT 等互联网公司利用深度学习等人工智能技术在金融、医疗、安防、无人驾驶等领域大显身手之时，气象领域的人工智能应用也在沉寂了十余年后波澜渐起。

3）人工智能的气象应用

在气象领域，至少有智能控制、专家系统、图像理解、自动化程序设计、大数据处理、储存与管理等与人工智能相关。

（1）智能天气信息采集系统。

天气信息数据采集是天气预报业务的前期预备工作，重要性不言而喻。但是正常的人工进行大数据采集是一件不容易的事情，需要投入大量的人力、物力以及时间。为了能够提高信息数据采集的效率以及普遍性，我们需要借助具有一定智能的人工系统帮助我们进行收集气象数据；目前正在使用的人工智能进行信息采集存在着重复采集的问题，为了增大采集的信息的准确性，我们需要设计一种判断方法，避免重复采集的现象，使结果尽可能地达到准确。

比如可以进行智能天气图像采集和天气图像识别，在自动气象观测站设备上实现天气图像自动采集，可以自动根据各种天气现象采集对应的天气图像样本数据，并自动建立天气现象的图像样本库；实现一种天气图像的智能识别方法，基于天气现象的图像样本库，实现天气图像模糊识别方法，可以快速识别天气图像对应的天气现象。在自动气象站设备上增加天气图像自动采集设备，自动获取天气图像数据；并构建天气图像业务系统，存储并管理由天气图像采集设备的天气图像，实现天气图像样本库、天气图像自动归类系统、天气模糊识别系统等主要功能系统。

(2) 智能预报系统。

在数值天气预报中,15～30天之间的延伸期预报一直没有好的预报方法。洛伦兹的混沌理论早就指出,两周以上的天气预报没有可预报性,因此延伸期预报一直是气象预报中的一个难点。2013年10月,EarthRisk发布了一个40天的气温概率预报模式TempRisk Apollo。该模式通过深度学习方法,利用近百年的气象历史数据和千亿次计算来建立气候模式,然后将这些模式与当前的气候条件进行比较,再运用预测性分析方法计算冷热天气的概率,这是一种区别于传统天气预报的独立的预报方法。依靠海量观测大数据和深度学习算法,TempRisk Apollo不考虑各种变量之间的物理机制和相互作用,而是利用相关关系就给出了未来40天的可靠的气温概率预报。但是要注意到,这个预报方法不是万能的,对于更为复杂的降水预报,如果不考虑物理原理,类似这样的人工智能预报方法也束手无策。即使是对气温的预报,该公司也开始重视物理机制和人工智能方法的结合。2015年,EarthRisk在最新的TempRisk ApolloⅡ的算法中引入了美国国家环境预报中心和欧洲中期天气预报中心的数值预报结果,提供更加综合和可靠的预报。

2017年,中国气象局公共气象服务中心联合天津大学共同研发了全国强对流服务产品加工系统。该系统运用图像识别和深度学习等新技术,能够快速和智能化地监测预警强对流天气,可以判断出未来30 min内强对流天气发生和影响的区域,预测产品的区域空间分辨率为1 km,每6 min滚动更新。就冰雹预警来说,通过深度学习,该系统能清晰地分析出雷达回波上的冰雹特征,从而更好地识别冰雹云,并推算出其移速和移向,给出千米级的冰雹可能影响范围。这标志着人工智能技术可以有效提高短时临近预报的预警能力。

北京彩彻区明科技有限公司于2014年推出的APP"彩云天气"基于位置的短临预报也是一个很好的应用案例。彩云天气APP通过对天气雷达实时回波图、地面天气观测实况、卫星遥感云图以及数值天气预报产品等数据资料的图像识别、系统外推以及深度学习等,结合用户的位置信息(如利用高德地图的定位系统等),使得1 h内降水短临预报的准确率达到90%甚至更高,落区则精确到每一条街道。值得注意的是,中国气象局的全国强对流服务产品加工系统是基于数值天气预报的一个技术性补充,而彩云天气APP的预报本质上是外推法利用人工智能技术的升级版。由于彩云天气APP的这种预报方法脱离了天气过程的物理基础,对于强对流天气的发生会导致漏报。比如夏季是强对流天气多发季,存在大量不稳定能量,有很多强对流天气都是局地发生发展,事先在雷达图上是没有预兆的。在事先没有回波的前提下,彩云天气APP这种深度学习模式是无法提前做出预报的。因此,对于强对流天气的短时临近预报,仅仅是基于图像识别和深度学习的预报模式不是万能的,需要数值预报和人工智能技术互为补充。

(3) 智能天气新闻发布系统。

大数据的一个显著特点,就是分析的对象正在从结构化数据向半结构化数据、非结构化数据转变。这正和天气新闻文本的特点相契合,因此,大数据中文本挖掘、情感分析的相关方法必将在天气新闻业中发挥重要作用。

2017 年，百家号公司使用强大的人工智能技术发布了智能天气播报功能。通过接入中国天气网权威大数据，百家号实现对北上广深等全国 285 个城市天气新闻的智能写作与推送，为广大用户提供个性化、智能化、场景化的气象资讯服务。与中国天气网合作实现对 285 个城市的智能天气播报，是继引入全国 372 家网警、新疆消防 109 个账号集体入驻后，百家号再次与政务类公益平台达成的深度合作，进一步拓展了百家号在政务民生服务领域的使用场景。

4）气象人工智能预报的方向和趋势

气象预报业务系统是气象预报方法的载体，人工智能技术将使得气象预报业务系统向智能化、自动化方向发展，将预报员从繁重的资料分析和简单的预报流程重复劳动中解脱出来。气象预报主要解决的是初值问题，需要大量观测和再分析资料。大量数据虽然增加了可以利用的预报信息，但也可能会导致预报员错误地使用信息，在预报过程中预报员可能会顾此失彼。人工智能技术具有比人类更强的综合能力，如人工智能相关的服务技术能协调整理好各种资料并以高效自动的方式提交预报员使用，体现在气象预报业务系统的智能化、自动化以及业务流程的优化上。业务系统实现智能化后，预报员只需要在适当的地方进行控制，而数据分析处理、图像识别等很多重复性工作将由人工智能来完成。其次，当前的业务系统是按照传统的气象业务流程来设计，顺序是从观测到预报再到服务，而人工智能技术通过对观测资料的深度学习，加上高性能计算机并行计算的高效运行，有可能改变当前的预报流程，通过预判用户需求提前汇集数据、生成产品，使得工作得到“并行化”高效执行，有可能实现“观测即预报”和“观测即服务”。对气象工作者而言，这是冲击也是机遇。人工智能发展能使气象工作者从预报业务的重复性劳动中解脱出来，更好地了解用户需求，更好地从事服务业务。同时，预报员要从仅仅提高预报准确率的思维里跳出去，未来要思考的是如何利用人工智能将更多的人类社会活动数据与气象数据相结合，如何从做气象预报转向做基于影响的预报。因此，人工智能与预报员的合作，将比任何一方单独行事更出色。

第4章

气象大数据安全

在大数据时代，机遇与挑战并存。在气象大数据体系建立过程中，必须要坚持发展和安全并重的原则。因此，解决大数据的安全问题和个人隐私信息保护等问题，从而为气象行业大数据发展构建安全保障体系，是一个很重要的课题。

国家高度重视大数据的安全标准化工作，为之推出了较多的指导性规章制度。2015年9月，国务院发布《促进大数据发展行动纲要》，指导建设大数据产业标准体系，完善大数据相关法规制度和标准体系。2016年11月，第十二届全国人民代表大会常务委员会通过了《中华人民共和国网络安全法》，要求保障网络安全，维护国家安全、社会公共利益，保护公民、法人和其他组织的合法权益，促进经济社会信息化健康发展。2016年12月，国家互联网信息办公室发布《国家网络空间安全战略》，指导中国网络安全工作，维护国家在网络空间的主权、安全、发展利益。另外，政府相关部门也为了加快构建大数据安全保障体系，相继出台了各种法规和部门规章制度。

气象行业的数据安全问题也非常重要，但由于大数据技术刚刚兴起，气象大数据安全问题还未能受到应有的重视，本章将着重探讨气象行业大数据的安全问题。

4.1 气象大数据安全现状

某些特殊行业的应用，比如金融数据、医疗信息以及政府情报等，都有自己的安全标准和保密性需求，气象行业也是如此。虽然对于IT管理者来说这些并没有什么不同，而且都是必须遵从的，但是，大数据分析往往需要多类数据相互参考，过去并不会有这种数据混合访问的情况，而大数据应用催生出一些新的、需要考虑的安全性问题。与传统数据相比，大数据的安全保护变得更加复杂。一方面，大数据中包含大量数据信息，这些数据信息的存储、分析和处理无疑增加了泄露的风险，导致大数据安全面临更多的问题；另一方面，大数据给数据机密性、完整性、可用性和不可抵赖性带来了更多的挑战，传统的安全算法和协议已不再像以前那么有效。

4.1.1 气象信息安全现状

尽管气象部门至今尚未发生重大信息安全事件，但这并不能说明气象部门的信息安全工作已万事大吉、信息安全体系固若金汤。依照信息安全管理的规范考察，气象部门的信息安全工作至少存在如下问题。

1) 安全意识不充分

(1) 信息安全目标。

信息安全主要包括五个方面的内容,即需保证信息的保密性、真实性、完整性、未授权拷贝和所寄生系统的安全性。信息安全本身包括的范围很大,其中包括如何防范商业企业机密泄露、防范青少年对不良信息的浏览、个人信息的泄露等。网络环境下的信息安全体系是保证信息安全的关键,包括计算机安全操作系统、各种安全协议、安全机制(数字签名、消息认证、数据加密等),直至安全系统,如 UniNAC、DLP 等,只要存在安全漏洞便可能威胁全局安全。部门不同则具体的安全情况、安全性需要、面临的风险以及信息泄露的代价都不尽相同,有些部门比如军事、政府部门对信息的安全要求就远高于气象部门。因此,信息安全目标应该视行业而定,不能一刀切。

没有切合气象部门具体实际情况的、具有鲜明气象特色的信息安全目标,是目前气象大数据安全存在的突出问题。相关管理部门有职责制定本行业的安全目标,该目标对于气象安全工作的开展有着重要的指导作用。该类部门同时需要负责气象信息安全既定目标的具体落实,其工作的质量和效率,决定了气象部门是否能够达到信息安全管理的目标。

(2) 信息安全方针。

信息安全方针指明了气象行业的信息安全目标和方向,并可以确保信息安全管理体系被充分理解和贯彻实施。为信息安全工作提供与业务需求和法律法规相一致的管理指示及相应的支持举措。方针中应该明确:对气象部门的信息安全加以定义,陈述管理层对信息安全的意图,明确分工和责任,约定信息安全管理的范围,对特定的原则、标准和遵守要求进行说明等。气象部门的信息安全方针至少应当说明以下问题:气象信息安全的整体目标、范围以及重要性,气象信息安全工作的基本原则,风险评估和风险控制措施的架构,需要遵守的法规和制度,信息安全责任分配,信息系统用户和运行维护人员应该遵守的规则等。目前气象部门的信息安全方针还没有明确确立。

(3) 信息安全组织机构。

为有效实施部门的信息安全管理,保障和实施部门的信息安全,在部门内部建立信息安全组织架构(或指定现有单位承担其相应职责)是十分必要的。在一个部门或机构中,安全角色与责任的不明确是实施信息安全过程中的最大障碍。因此,建立信息安全组织并落实相应责任,是该部门实施信息安全管理的第一步。这些组织机构需要高层管理者的参与(如部门信息化领导小组),以负责重大决策,提供资源并对工作方向、职责分配给出清晰的说明等。此外,信息安全组织成员还应包括与信息安全相关的所有部门(如行政、人事、安保、采购、外联),以便各司其职、协调配合。遗憾的是,类似的组织机构在气象部门内即便已经存在,至今也未真正履行其应负的职责。

(4) 信息资产管理。

信息资产管理的主要内容包括:识别信息资产,确定信息资产的属主及责任方,信息资产的安全需求分类,以及各类信息资产的安全策略和具体措施等。

就气象部门而言，对信息资产（即气象信息资源和气象信息系统）进行识别、明确归属以及分类等工作，有利于信息安全措施的有效实施。以分类为例，对某特定气象资料或业务系统实施过多和过度的保护不仅浪费资源，而且不利于资料效益的充分发挥和系统的正常运行；而若保护不力，则更可能导致气象信息数据和系统产生重大安全隐患，乃至出现安全事故。对气象信息资产进行分类，可明确界定各具体资产的保护需求和等级，如此可以根据类别的不同，调整合适的资源、财力、物力，对重要的气象信息资源和系统实施有针对性的、符合其特点的信息安全重点保护。目前，气象部门至今尚未实施真正意义上的完整的气象信息资产管理。

基础工作的缺失，导致气象信息安全工作的不扎实、不稳固，是气象信息安全工作长期滞后于信息化基础建设的主要原因之一。

2）管理体系不完整

按照 ISO 的定义，信息安全管理体系（information security management system, ISMS）是“组织在整体或特定范围内建立的信息安全方针和目标，以及完成这些目标所用的方法和体系。它是直接管理活动的结果，表示为方针、原则、目标、方法、计划、活动、程序、过程和资源的集合”。

信息安全管理体系要求部门或组织通过确定信息安全管理体系范围、制定信息安全方针、明确管理职责、以风险评估为基础选择安全事件控制目标和相应处置措施等一系列活动，来建立信息安全管理体系。该体系是基于系统、全面、科学的安全风险评估而建立起来的，它体现以预防控制为主的思想，强调遵守国家有关信息安全的法律法规及其他地方、行业的相关要求。该体系强调全过程管理和动态控制，本着控制费用与风险相平衡的原则，合理选择安全控制方式。该体系同时强调保护部门所拥有的关键性信息资产（不一定是全部信息资产），确保需要保护的信息的保密性、完整性和可用性，以最佳效益的形式维护部门的合法利益、保持部门的业务连续性。

由于基础性工作尚未全部就绪，目前气象部门尚未建立真正意义上的、基于风险管理的科学而完整的气象信息安全管理体系。

在气象部门建立完整的信息安全管理体系，可以对气象部门的关键信息资产进行全面系统的保护，在信息系统受到侵袭时确保业务持续开展并将损失降到最低程度；并使气象部门在信息安全工作领域实现动态的、系统的、全员参与的、制度化的、以预防为主的信息安全管理方式，用最低的成本达到可接受的信息安全水平。此外，完整的信息安全管理体系的建立，也可使部门外协作单位对气象部门的安全能力充满信心，这一点在当前大数据应用浪潮正在全社会迅速蔓延的背景下，显得尤其重要。

3）安全管理难度高

目前气象部门依然沿用着已延续数十年的国省地县四级业务层级，而业务系统的属地化，以及诸如“具备业务功能意味着拥有业务系统、拥有业务系统意味着拥有信息资产以及基础资源和设施”等传统观念的束缚，使得各个业务系统在地理分布上呈现出全国遍地开花的局面，各级业务单位都拥有自己的信息业务系统和相应的局地信息业务环境。彼此通过内部专网(VPN)或甚至通过互联网进行互联，在全国形成网状与树状相结合的、十分复杂的业务网络结构。

由于各级单位都在当地拥有各自规模不等的信息业务系统及相应环境(包括为业务系统提供数据支撑的气象数据库)，因此各单位都面临着本单位的信息安全管理问题。尤其是一些气象数据在各级业务单位的广泛复制，使得各级业务单位中数据同质化现象十分突出，也为这些数据的保密性和完整性(包括一致性)的保持增加了大量变数。此外，由于编制所限，地县两级业务单位中IT技术人员奇缺，既无法保障信息业务系统的日常维护，更无法为本单位信息安全提供专业化管理。这种业务格局的分散，加大了气象部门信息安全管理问题的复杂度。

4.1.2 大数据安全主要问题

在大数据的深入研究和应用过程中，传统的数据安全机制不能满足大数据的安全需求，大数据安全和隐私保护在安全架构、数据隐私、数据管理和完整性、主动性的安全防护等方面面临诸多挑战。对于大数据面临的信息安全问题，主要体现在隐私泄露保护、数据可信度以及数据的访问控制这三个方面。

1) 隐私保护

用户隐私保护，不仅限于个人隐私泄漏，还在于基于大数据对人们状态和行为的预测。目前用户数据的收集、管理和使用缺乏监管，主要依靠企业自律。用户隐私保护包括数据采集时的隐私保护，如数据精度处理；数据发布、共享时的隐私保护，如数据的匿名处理、人工加扰等；数据分析及数据生命周期的隐私保护。在商业化场景中，用户应有权决定自己的信息如何被利用，实现用户可控的隐私保护。例如用户可以决定自己的信息何时以何种形式披露，何时被销毁。

大量事实表明，大数据未被妥善处理会对用户的隐私造成极大的侵害。根据需要保护的内容不同，隐私保护又可以进一步细分为位置隐私保护、标识符匿名保护、连接关系匿名保护等。人们面临的威胁并不仅限于个人隐私泄漏，还在于基于大数据对人们状态和行为的预测。我们时刻都暴露在第三只眼的"监视"之下，不管我们是在用信用卡支付、打电话、还是使用身份证。在政府之外，亚马逊、淘宝监视着我们的购物习惯，谷歌、百度监视着我们的网页浏览习惯，而微博似乎什么都知道。

一个典型的例子是一家名为剑桥分析(Cambridge Analytica)的公司，非法获取了5 000万脸书用户的个人信息。对这些用户进行大数据分析，分析他们的喜好、偏向、政治倾向；然后通过脸书的广告系统精准投放他们喜好的新闻和广告，潜移默化地用他们想看到的新闻给他们洗脑，最终影响他们最后的投票结果，从而成功操纵了整个选举。他们号称"比你的家人朋友更加了解你"。

社交网络分析研究也表明，可以通过其中的群组特性发现用户的属性。例如通过分析用户的推特信息，可以发现用户的政治倾向、消费习惯以及喜好的球队等。当前企业常常认为经过匿名处理后，信息不包含用户的标识符，就可以公开发布了。但事实上，仅通过匿名保护并不能很好地达到隐私保护目标。例如，AOL公司曾公布了匿名处理后的3个月内部分搜索历史，供人们分析使用。虽然个人相关的标识信息被精心处理过，但其中的某些记录项还是可以被准确地定位到具体的个人。纽约时报随即公布了其识别出的1位用户：编号为44177449的用户是一位62岁的寡居妇人，家里养了3条狗，患有某种疾病等。另一个相似的例子是，著名的DVD租赁商Netflix曾公布了约50万匿名用户的租赁信息，悬赏100万美元征集算法，以期提高电影推荐系统的准确度；但是当上述信息与其他数据源结合时，部分用户还是被识别出来了。研究者发现，Netflix中的用户有很大概率对非top100、top500、top1000的影片进行过评分，而根据对非top影片的评分结果进行去匿名化攻击的效果很好。

传统的三大隐私保护方法对于大数据时代的隐私保护都失去了作用。首先，传统上通过隐私保护的相关法律可以保护隐私，比如数据收集者必须告知个人，他们收集了哪些数据、作何用途，也必须在收集工作开始之前征得个人的同意，让用户确定自己隐私信息的用途。而大数据时代这种情况难以实现，比如谷歌要使用检索词预测流感，必须一一征得数亿用户的同意，这会限制大数据潜在价值的挖掘，是不可能做到的；另外，如果一开始要用户统一所有的可能用途，也会太空洞而不能真正保护用户的隐私。其次，使用数据模糊化也是一种传统手段，可以避开某些关键数据，但实际上仍然逃避不了大数据的追踪。最后，数据匿名化，让所有揭示个人情况的信息都不出现在数据集里，比如说名字、生日、住址、信用卡号等；但是，仍然可以通过大数据分析，对于数据内容进行交叉检验，得到想要的结果的可能性还是很大。

2）数据可信度

关于大数据的一个普遍的观点是，数据自己可以说明一切，数据自身就是事实；但实际情况是，如果不仔细甄别，数据也会欺骗，就像人们有时会被自己的双眼欺骗一样。大数据把数据假设为没有任何差异的主体，忽视心理、智商、环境等因素在因果中的作用，可能把一个复杂问题简单化了。大数据只能研判一种现象可能出现的原因和趋势，这种依据的可靠性是不确定的。所以，大数据可能很多用于模糊评价，但不适合以科学名义标签化。大数据对变量选取是经验性的主观的，前提的可靠性也是要商榷的。大数据可以客观发现行为的习惯，能不能倒推出成功与习惯之间的关系则需要再思考。

大数据可信性的威胁之一是伪造或刻意制造的数据，错误的数据往往会导致错误的结论。若数据应用场景明确，就可能有人刻意制造数据、营造某种假象，诱导分析者得出对其有利的结论。由于虚假信息往往隐藏于大量信息中，使得人们无法鉴别真伪，从而做出错误判断。例如，一些点评网站上的虚假评论，混杂在真实评论中使得用户无法分辨，可能误导用户去选择某些劣质商品或服务。由于当前网络社区中虚假信息的产生和传播变得越来越容易,其所产生的影响不可低估。用信息安全技术手段鉴别所有来源的真实性是不可能的。

大数据可信性的威胁之二是数据在传播中的逐步失真。原因之一是人工干预的数据采集过程可能引入误差,由于失误导致数据失真与偏差,最终影响数据分析结果的准确性。此外,数据失真还有数据的版本变更的因素。在传播过程中,现实情况发生了变化,早期采集的数据已经不能反映真实情况。例如,餐馆电话号码已经变更,但早期的信息已经被其他搜索引擎或应用收录,所以用户可能看到矛盾的信息而影响其判断。

因此,大数据的使用者应该有能力基于数据来源的真实性、数据传播途径、数据加工处理过程等,了解各项数据可信度,防止分析得出无意义或者错误的结果。

密码学中的数字签名、消息鉴别码等技术可以用于验证数据的完整性,但应用于大数据的真实性时面临很大困难,主要根源在于数据粒度的差异。例如,数据的发源方可以对整个信息签名,但是当信息分解成若干组成部分时,该签名无法验证每个部分的完整性;而数据的发源方无法事先预知哪些部分被利用、如何被利用,难以事先为其生成验证对象。

3) 访问控制

大数据访问控制技术主要用于决定哪些用户可以以何种权限访问哪些大数据资源,从而确保合适的数据及合适的属性在合适的时间和地点,给合适的用户访问,其主要目标是解决大数据使用过程中的隐私保护问题。大数据给传统访问控制技术带来的挑战如下:

① 难以预设角色实现角色划分。在大数据时代的开放式环境下,用户来自多种组织、机构或部门,单个用户又通常具有多种数据访问需求,应如何设定角色并为每个用户动态分配角色,是个棘手的问题。在大数据的场景下,有大量的用户需要实施权限管理,且用户具体的权限要求未知。面对未知的大量数据和用户,预先设置角色十分困难。

② 难以预知每个角色的实际权限。由于大数据场景中包含海量数据,安全管理员可能缺乏足够的专业知识,无法准确地为用户指定其所可以访问的数据范围。而且从效率角度讲,定义用户所有授权规则也不是理想的方式。以医疗领域应用为例,医生为了完成其工作可能需要访问大量信息,对于数据能否访问应该由医生来决定,不需要管理员对每个医生做特别的配置;但同时又应该能够提供对医生访问行为进行有效的检测与控制,限制医生对病患数据的过度访问。

③ 大数据面向的应用需求众多,不同的应用需要不同的访问控制策略。例如,在web2.0个人用户数据中,存在基于历史记录的访问控制;在地理地图数据中,存在基于尺度以及数据精度的访问控制需求;在流数据处理中,存在数据时间区间的访问控制需求。如何统一地描述与表达访问控制需求也是一个挑战性问题。

4.1.3 大数据面临的挑战

大数据技术的蓬勃发展给我们国家、社会和人民带来便利和发展,同时也日益成为病毒、黑客和网络攻击的重要目标。一旦大数据的信息泄露，造成的危害将会更大。当前，相较于传统数据安全问题而言，气象大数据的建设面临着更大的安全挑战。总结为如下几个方面：

1）更高攻击价值

在网络空间中，大数据成为更容易被"发现"的大目标，承载着越来越多的关注度。一方面，大数据不仅意味着海量的数据，也意味着更复杂、更敏感的数据，这些数据会吸引更多的潜在攻击者。另一方面，数据的大量聚集，使得黑客一次成功的攻击能够获得更多的数据，无形中降低了黑客的进攻成本，增加了"收益率"。

2）更大泄露风险

网络空间中的数据来源涵盖非常广阔的范围，例如传感器、社交网络、记录存档、电子邮件等，大量数据的聚集不可避免地加大了用户隐私泄露的风险。一方面，大量的数据汇集，包括大量的企业运营数据、客户信息、个人隐私和各种行为的细节记录，这些数据的集中存储增加了数据泄露风险，而这些数据不被滥用也成为人身安全的一部分。另一方面，一些敏感数据的所有权和使用权并没有明确的界定，很多基于大数据的分析都未考虑到其中涉及的个体的隐私问题。

3）更难存储防护

大数据存储带来新的安全问题。数据大集中的后果是复杂多样的数据存储在一起，例如开发数据、客户资料和经营数据存储在一起，可能会出现违规地将某些生产数据放在经营数据存储位置的情况，造成企业安全管理不合规。大数据的大小影响到安全控制措施能否正确运行。对于海量数据，常规的安全扫描手段需要耗费过多的时间，已经无法满足安全需求。安全防护手段的更新升级速度无法跟上数据量非线性增长的步伐，大数据安全防护存在漏洞。

4）更多攻击手段

在企业用数据挖掘和数据分析等大数据技术获取商业价值的同时，黑客也正在利用这些大数据技术向企业发起攻击。黑客最大限度地收集更多有用信息，比如社交网络、邮件、微博、电子商务、电话和家庭住址等信息，为发起攻击做准备，大数据分析让黑客的攻击更精准。此外，大数据为黑客发起攻击提供了更多机会。黑客利用大数据发起僵尸网络攻击，可能会同时控制上百万台傀儡机并发起攻击，这个数量级是传统单点攻击所不具备的。

另外，黑客能利用大数据将攻击很好地隐藏起来，使传统的防护策略难以检测出来。传统的检测是基于单个时间点进行的基于威胁特征的实时匹配检测，而高级可持续攻击（APT）是一个实施过程，并不具有能够被实时检测出来的明显特征，无法被实时检测。同时，APT 攻击代码隐藏在大量数据中，让其很难被发现。此外，大数据的价值低密度性，让安全分析工具很难聚焦在价值点上，黑客可以将攻击隐藏在大数据中，给安全服务提供商的分析制造很大困难。黑客设置的任何一个会误导安全厂商目标信息提取和检索的攻击，都会导致安全监测偏离应有的方向。

4.1.4 大数据的安全威胁

1）大数据基础设施安全威胁

近年来，数据基础设施频频受到攻击，数据丢失以及泄露的风险正在日益加大。数据中心、移动智能终端承载大量重要业务数据和用户个人信息，安全地位日益显现。然而，数据遭受攻击的频率和强度都在加强。2014 年 12 月，阿里云遭遇全球最大规模分布式拒绝服务(DDos)攻击，2015 年一家亚洲网络运营商的数据中心也遭到 334 Gbps 的垃圾数据流攻击。同时，一些恶意 APP、病毒和木马等也在日益增多，对用户隐私和财产安全构成极大隐患。2014 年全年，安卓用户感染恶意程序达 3 亿多次。破坏大数据基础设施安全威胁主要有以下几个手段：

① 破坏数据完整性，攻击者能够通过实施嗅探、中断人攻击、重放攻击来窃取或篡改数据；

② 传播病毒，就是传统的通过病毒感染的方式来进行传播，从而破坏系统数据；

③ DDos 攻击，通过干扰网络，改变其正常的作业流程或执行武官程序，导致系统响应迟缓，影响合法用户的正常使用，甚至使合法用户遭到排斥，不能得到响应的服务；

④ 非授权访问，没有预先经过同意，就使用网络或计算机资源，主要形式有假冒、身份攻击、非法用户进入网络系统进行违法操作，以及合法用户以未授权方式进行操作等；

⑤ 信息泄露或丢失，攻击者通过建立隐蔽隧道窃取敏感信息，最典型的有美国棱镜门(窃取世界各地公民信息)、阿桑奇事件、斯诺登事件。

2）大数据存储安全威胁

传统的关系数据库有着稳定的性能和强大的功能，久经考验且使用简单，同时关系数据库也积累了大量的成功案例。在互联网的发展时期，关系数据库是曾经的领导者，为互联网的发展做出了卓越的贡献。然而近几年，随着动态交互网站 web2.0 的迅速兴起，访问量不断上升，传统的关系数据库对此显得力不从心，尤其是在大数据量高并发的情况下，暴露了很多难以克服的问题。而非关系型的数据库 NoSQL 有着非常高的读写性能，能够解决海量数据集合下，对多重数据种类进行快速存储和读取的难题。NoSQL 数据库也有如下问题：

① 模式成熟度不够：目前的标准 SQL 技术包含严格的访问控制和隐私管理工具，而 NoSQL 没有；

② 系统成熟度不够，NoSQL 的漏洞比较多，几乎就像每种新技术一样，NoSQL 数据库在刚出现时还不够安全，它们当初缺乏加密、适当的认证、角色管理和细粒度的授权等，此外，它们还会出现危险的风险暴露和拒绝服务攻击；

③ 代码容易产生漏洞，这是计算机诞生时起就一直存在的问题，至今无法解决，只能不

断打漏洞补丁；

④ 数据冗余和分散问题，NoSQL模式下数据分散在不同地理位置、不同服务器中，以实现数据的优化查询和备份，在这种情况下，难以定位数据并进行保护。

3）大数据的隐私泄露

大数据时代，挖掘个人隐私的方法数不胜数，即使很简单的信息，多维度凑到一起也能发现你不可告人的秘密。个人信息安全已成为中国社会最为关注的公共议题之一，尤其是自震惊全国的“徐玉玉案”发生后。据不完全统计，我国2016年在黑市上泄露的个人信息达到了惊人的65亿条次，换句话说，平均每人至少有5次个人信息遭到泄露。

《中国网民权益保护调查报告(2016)》显示，国内网民因个人信息泄露而造成的经济损失多达915亿人民币。其中，78.2%的网民个人身份信息被泄露过。大数据中用户无法知道数据的确切存放位置，用户对其个人数据的采集、存储、使用、分享无法有效控制。例如实名注册一个社交网站后，用户信息将不再受用户本人支配，攻击者可通过攻击社交网站窃取用户信息。另外，一些公司在进行大数据分析的同时，侵犯了普通用户的隐私。微软的Windows10在提供个性化体验的同时，会收集大量的用户数据；在默认状态下，Windows10能够知道你所浏览的网页、所在的位置、所有的在线购物信息，甚至是你输入的文字和讲的话。这些数据追踪虽然的确带来了方便的功能，但同时也引起了用户对于个人隐私的担忧。

4）其他安全威胁

随着网络的发展，大数据容易成为攻击目标，如论坛、博客、微博等为黑客窃取个人信息提供了平台，黑客能够利用大数据技术最大限度地收集用户的敏感信息。另外，大数据还存在滥用、误用风险，有些信息源未经验证就被用来进行数据分析，所得到的结果往往也是有问题的，如从社交网站获取的个人信息如年龄、婚姻状况等。

4.1.5 保障气象大数据安全的措施

我国出台了《加强网络信息保护的决定》等法律法规，保密部门也加强了对网络和信息安全的检测检查力度，取得一定成效。但总体看，我国数据安全保护技术不足、数据安全评估不够等问题突出，数据安全保障能力亟待进一步提升。因此，应从大数据安全面临的挑战出发，多管齐下，多措并举，构建全面的数据安全保护体系，着力提升数据安全保障能力。为了保障我国气象大数据的信息安全，我们必须做好以下几个方面的工作。

1）加快标准体系建设

我国已经在多个层面制定大数据政策、法规，从政策层面促进大数据发展。在国家层面制定“十三五规划”等，加强顶层设计，进一步强化政策引导；在重点行业领域方面，各部委如国土资源部、国家发展和改革委员会等重视大数据发展应用，陆续出台与大数据相关的政策文件；在地方政府层面，目前已有20多个省、自治区、直辖市发布了大数据相关发展规划、促进条例和行动计划，主动谋求大数据发展。

在对气象大数据发展进行规划时，建议加大对大数据信息安全形势的宣传力度，明确气象大数据的重点保障对象，加强对敏感和要害数据的监管，加快气象行业信息安全技术的研究，培养气象大数据安全的专业人才，建立并完善大数据信息安全体系。避免出现气象行业各数据主管部门或企业按照自己的理解和想法建设本行业、本系统的大数据安全措施，造成的结果是并不安全和投资的浪费。

2）加快大数据安全技术研发

云计算、物联网、移动互联网等新技术的快速发展，为大数据的收集、处理和应用提出了新的安全挑战。建议加大对大数据安全保障关键技术研发的资金投入，提高我国大数据安全技术产品水平，推动基于大数据的安全技术研发，研究基于大数据的网络攻击追踪方法，抢占发展基于大数据的安全技术先机。

在国家层面上大力支持气象行业大数据应用环境的国产化。目前，气象业务部门大数据应用的软硬件设备大多数是国外产品，很多产品留有“后门”，数据有随时被第三方控制的可能，为此，国家正在加大信息安全技术研发投入，抓紧开发研制国产化产品，有望在不久的将来对气象行业内现有基础的和关键产品进行替代，从而对气象大数据的安全性作出基本保障。

3）加强对重点领域敏感数据的监管

海量数据的汇集加大了敏感数据暴露的可能性，对大数据的无序使用也增加了要害信息泄露的危险。在政府层面，建议明确重点领域数据库范围，制定完善的重点领域数据库管理和安全操作制度，加强日常监管。在企业层面，建议加强企业内部管理，制定设备特别是移动设备安全使用规程，规范大数据的使用方法和流程。

4）运用大数据技术应对高级可持续攻击

传统安全防御措施很难检测出高级持续性攻击。安全厂商要利用大数据技术对事件的模式、攻击的模式、时间和空间上的特征进行处理，总结抽象出一些模型，变成大数据安全工具。为了精准地描述威胁特征，建模过程可能会耗费几个月甚至几年时间，并耗费大量人力、物力、财力。建议整合大数据处理资源，协调大数据处理和分析机制，推动重点数据库之间的数据共享，加快对高级可持续攻击的建模进程，消除和控制高级可持续攻击的危害。

4.2 气象大数据安全体系

大数据安全和隐私保护技术体系中的安全防护技术可以分为四层，分别为设施层、数据层、接口层和系统层，如图 4－1 所示。

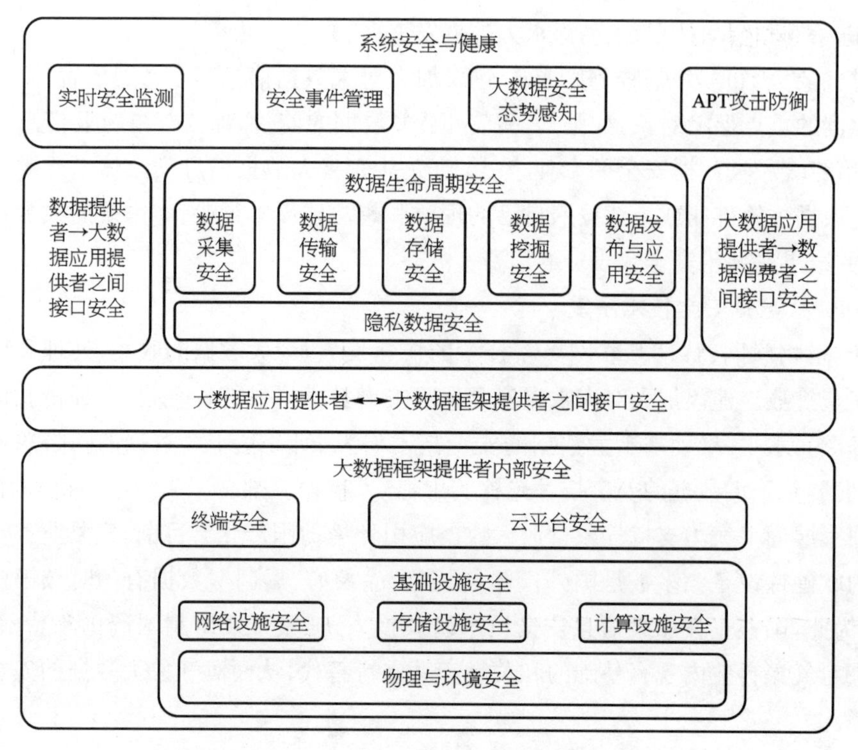

图4-1 气象大数据安全体系架构

4.2.1 安全体系结构

1) 设施层

设施层安全防护多指传统意义上的网络安全技术，主要应对终端、云平台和大数据基础设施设备的安全问题，包括平台崩溃、设备失效、电磁破坏等，采用的关键安全防护技术主要有终端安全防护技术、云平台安全防护技术和大数据基础设施安全防护技术等，大数据基础设施安全主要对大数据的网络设施、存储设施、计算设施以及其物理环境进行保护。

首先，对于利用大数据系统来分析气象数据的安全工具，安全部门必须了解传统安全修复工具和它们之间的基础设施差异。在现在的气象部门，用户并不难找到报告不同类型安全数据(试图查找问题的安全分析师会对这些数据感兴趣)的各种安全工具，日志记录工具、安全监控工具、外围安全设备、应用程序访问控制设备、配置系统、安全风险分析程序等，这些工具收集了大量信息，安全团队必须分解和规范化这些信息以确定安全风险。

虽然这些传统工具针对其特定类型的控制提供了数据视图，但这些系统的输出往往不是统一的，又或者这些数据被分解成汇总数据，并被输入到一个或者多个SIEM工具以在视觉上显示安全团队感兴趣的预定事件。一旦确定了某个趋势或者潜在事故，安全专业人士团队就必须从大量输出数据中筛选出证据以发现任何未经授权或恶意的活动。对于安全管理而言,这种“松散结合”的方法通常可行,但它速度很慢,很容易错过良好伪装的恶意事件,并且要在对大量历史数据进行收集、分析和总结后,才能发现严重的安全事件。

相比之下,大数据安全环境的创建需要依赖于前面提到的工具,为安全信息输入单一逻辑大数据安全信息仓库。这种仓库的优势在于,它将数据作为更大的安全生态系统的一部分,这个安全生态系统具有强大的分析和趋势分析工具来识别威胁,威胁需要通过检查多个数据集才能被确认,而不像传统的方法那样,通过虚拟放大镜来筛选松散耦合的数据集。

为了创建支持大数据环境的基础设施,我们需要一个安全且高速的网络来收集很多安全系统数据源,从而满足大数据收集要求。鉴于大数据基础设施的虚拟化和分布式性质,企业需要将虚拟网络作为底层通信基础设施。此外,从承载大数据的角度来看,在数据中心和虚拟设备之间使用 VLAN 等技术作为虚拟主机(已经部署了虚拟交换机)内的网络是最佳选择。由于防火墙需要检查通过防火墙的每个会话的每个数据包,它们成了大数据快速计算能力的瓶颈。因此,企业需要分离传统用户流量与构成大数据安全数据的流量。通过确保只有受信任的服务器流量流经加密网络通道以及消除之间的传统基础设施防火墙,这个系统就能够以所需要的不受阻碍的速度进行通信。

接着,这个安全数据仓库的虚拟服务器需要受到保护。最好的做法是,确保这些服务器按照 NIST 标准进行加强,卸载不必要的服务(例如 FTP 工具)并确保有一个良好的补丁管理流程。鉴于这些服务器上的数据的重要性,我们还需要为大数据中心部署备份服务。此外,这些备份还必须加密——无论是通过磁带介质还是次级驱动器的备份,毕竟在很多时候,安全数据站点发生数据泄露事故都是因为备份媒介的丢失或者被盗。另外,应该定时进行系统更新,同时,为了进行集中监控和控制,还应该部署具有正式运营中心的系统监视工具。

2) 数据层

数据层安全防护从狭义上说包括对用户数据的加解密,又可细分为存储加密和传输加密;还包括用户数据的脱敏,脱敏可以看作“轻量级”的数据加密。如某人的生日为“2014-12-12”,脱敏后的数据为“2014-x-x”,数据的轮廓依然存在,但已无法精确定位数值,脱敏的程度越高数据可辨认度越低,上述的例子还可脱敏为“x-x-x”,相当于完全对外屏蔽该信息。

广义上的数据层防护还有防止情报窃取、数据篡改、数据混乱等,采用的关键安全防护技术包括数据采集安全技术、数据存储安全技术、数据挖掘安全技术、数据发布与应用安全技术、隐私数据保护安全技术等。

3) 接口层

接口层安全防护主要解决大数据系统中数据提供者、数据消费者、大数据处理提供者、大数据框架提供者、系统协调者等角色之间的接口面临的安全问题,包括隐私泄露、不明身份入侵、非授权访问、数据损失等,采用的关键技术包括对数据提供者和大数据应用提供者之间的接口安全控制技术、大数据应用提供者和数据消费者之间的接口安全控制技术、大数据应用提供者和大数据框架提供者的接口安全控制技术、大数据框架提供者内部以及系统控制器的安全控制技术等。

4）系统层

系统层安全防护主要解决系统面临的安全问题，包括僵尸攻击、平台攻击、运行干扰、远程操控、APT攻击、业务风险等等，采用的关键技术包括实时安全检测、安全事件管理、大数据安全态势感知，高级持续性威胁（APT）攻击的防御等关键技术。

4.2.2 数据层技术

1）大数据采集安全技术

现今，数据的作用正在迅速膨胀并变大，它影响着气象业务工作战略的制定，虽然现在气象部门可能并没有意识到网络信息数据采集的不到位给自身工作带来的问题和隐患，但是随着时间的推移，人们将越来越多地意识到精确数据的重要性。对气象数据来说有两个方面：一个就是通过分析以后给公众的预报产品数据；另外一个就是部门内部用于业务处理。这些数据首先就要保证准确性，其次数据是不是涉及别人的隐私和安全问题。

数据分析和数据挖掘的重点都不在数据本身，而在于如何能够真正地解决数据运营中的实际问题。但是，要解决问题，就得让数据产生价值，就得做数据分析和数据挖掘。在数据分析和数据挖掘之前，首先必须保证采集到高质量的数据。只有通过对所需数据的全面准确采集，形成数据流规模，然后再对数据流进行分析，才能使分析出的数据结果对决策行为才有指导性作用。

采集数据源种类繁多且采集速度快，更是一个严峻挑战，因为采集过程本来就是数据质量问题的主要来源。采集数据源杂乱，采集速度又快，如果不能及时进行数据质量处理，就会导致数据质量问题的堆积，越来越严重。所以在采集环节，就必须引入实时数据质量监控和清洗技术，通过强大的集群和分布式计算能力，提高数据采集性能和数据质量监控性能，利用强大的分布式云计算技术，实现数据抽取、数据清洗以及数据质量检查工作。

海量数据在大规模的分布式采集过程中需要从数据的源头保证数据的安全性，在数据采集时便对数据进行必要的保护，必要时要对敏感数据进行加密处理等。安全的数据融合技术是利用计算机技术将来自多个传感器或多源的观测信息进行分析、综合处理的技术，不但可以去除冗余信息、减小数据传输量、提高数据的收集效率和准确度，还可以确保采集数据的完整性，进行隐私保护。

2）大数据传输安全技术

传输安全的目的是使数据安全保密传输，例如防止明文数据传输时被黑客截获所带来的安全隐患。常用方案有使用SSH加密以及建立特殊传输隧道等技术，实现简洁，基于当前传输协议，数据安全传输，不增加任何端口，所以也不要修改防火墙规则。但是，这样也增加了网络传输量、系统客户端和服务端的开销，但很幸运的是开销很小，也是任何一种安全措施不可避免的问题。在数据传输过程中，虚拟专网技术（VPN）拓宽了网络环境的应用，有效地解决信息交互中带来的信息权限问题，大数据传输过程中可采用虚拟专网技术建立数据传输安全通道，将待传输的原始数据进行加密和协议封装处理后再嵌套装入另一种协议的数据报文中进行传输，以此满足安全传输要求，其采用的安全协议包括 SSL 协议、IPSec 协议等。

3）大数据存储安全技术

大数据存储需要保证数据的机密性和可用性，涉及的安全技术包括非关系型数据存储安全的最佳方案、静态和动态数据加密以及数据的备份与恢复等。非关系型数据存储利用云存储分布式技术可很好地解决大规模非结构化数据的在线存储、查询和备份，为海量数据的存储提供有效的解决方案。对于大数据中需要保密性的敏感数据，静态数据是先加密再存储，动态数据的加密目前研究较多的是利用同态加密技术，其将明文的任意运算对应于相应的密文数据的特定操作，在整个处理过程无须对数据进行解密，解决了将数据及其操作委托给第三方时的保密问题。对于大数据环境下的数据备份和恢复一般采用磁盘阵列、数据备份、双机容错、网络附属存储（NAS）、数据迁移、异地容灾备份等。

4）大数据挖掘安全技术

大数据挖掘是从海量数据中提取和挖掘知识，在大数据挖掘的特定应用和具体过程中，大数据挖掘安全首先需要做好隐私保护，目前隐私保护的数据挖掘方法按照基本策略主要有数据扰乱法、查询限制法和混合策略，基于隐私保护的数据挖掘主要研究集中关联规则挖掘、隐私保护分类挖掘和聚类挖掘、隐私保护的序列模式挖掘等方面。其次，大数据挖掘安全技术方面还需要加强第三方挖掘机构的身份认证和访问管理，以确保第三方在进行数据挖掘的过程中不植入恶意程序，不窃取系统数据，确保大数据的安全。

5）大数据发布与应用安全关键技术

大数据发布与应用安全关键技术主要包括用户管控安全技术和数据溯源安全防护技术。

（1）用户管控安全技术。

在大数据的应用过程中需要对大数据的用户进行管理和控制，对他们进行身份认证和访问控制，并对他们的安全行为进行审计。大数据用户安全管控采用的身份认证机制一般采用基于 PKI 体系公共密钥的认证。随着身份认证技术的发展，融合动态口令认证和生物识别技术的强用户认证、基于 web 应用的单点登录技术得到广泛应用。大数据用户管控采取的访问控制主要根据访问策略或权限限制用户对资源的访问，通常采用自主访问控制、强制访问控制和基于角色访问控制的组合策略，这样可以将强制访问控制的执行扩展到巨大的用户群，限制对关键资源的访问。

（2）数字水印技术。

大数据用户管控的安全审计主要是记录用户一切与大数据系统安全有关的安全活动，

通过审查分析发现安全隐患，大数据系统通常优先选用网络监听审计技术，并结合其他审计技术来实现用户管控的安全审计。大数据领域内的数据溯源就是对大数据应用生命周期各个环节的操作进行标记和定位，在发生数据安全问题时可以准确地定位到出现问题的环节和责任，以便对数据安全问题制定更好的安全策略和安全机制。大数据系统中，数据溯源需要在多个分布式系统之间进行数据追踪，通常可采用数字水印技术。在大数据应用场景下强健水印类可用于大数据的起源证明，而脆弱水印类可用于大数据的真实性证明，通过对数字水印的提取可以确定数据泄露的源头，对数据进行追踪溯源。

数字水印是指将标识信息以难以察觉的方式嵌入在数据载体内部且不影响其使用的方法，多见于多媒体数据版权保护，也有部分针对数据库和文本文件的水印方案。

文本水印的生成方法种类很多，可大致分为基于文档结构微调的水印，依赖字符间距与行间距等格式上的微小差异；基于文本内容的水印，依赖于修改文档内容，如增加空格、修改标点等；基于自然语言的水印，通过理解语义实现变化，如同义词替换或句式变化等。

(3) 数据溯源技术。

数据集成是大数据前期处理的步骤之一。由于数据的来源多样化，所以有必要记录数据的来源及其传播、计算过程，为后期的挖掘与决策提供辅助支持。

早在大数据概念出现之前，数据溯源技术就在数据库领域得到广泛研究。其基本出发点是帮助人们确定数据仓库中各项数据的来源，例如了解它们是由哪些表中的哪些数据项运算而成，据此可以方便地验算结果的正确性，或者以极小的代价进行数据更新。数据溯源的基本方法是标记法，通过对数据进行标记来记录数据在数据仓库中的查询与传播历史。除数据库以外，它还包括XML数据、流数据与不确定数据的溯源技术。数据溯源技术也可用于文件的溯源与恢复，通过扩展LINUX内核与文件系统，可以创建一个数据起源存储系统原型系统，可以自动搜集起源数据。

未来数据溯源技术将在信息安全领域发挥重要作用。在2009年呈报美国国土安全部的“国家网络空间安全”的报告中，将其列为未来确保国家关键基础设施安全的三项关键技术之一。然而，数据溯源技术应用于大数据安全与隐私保护中还面临如下挑战。

① 数据溯源与隐私保护之间的平衡。一方面，基于数据溯源对大数据进行安全保护首先要通过分析技术获得大数据的来源，然后才能更好地支持安全策略和安全机制的工作；另一方面，数据来源往往本身就是隐私敏感数据。用户不希望这方面的数据被分析者获得。因此，如何平衡这两者的关系是值得研究的问题之一。

② 数据溯源技术自身的安全性保护。当前数据溯源技术并没有充分考虑安全问题，例如标记自身是否正确、标记信息与数据内容之间是否安全绑定等。在大数据环境下，其大规模、高速性、多样性等特点使该问题更加突出。

(4) 数据发布匿名保护技术。

对于大数据中的结构化数据(或称关系数据)而言，数据发布匿名保护是实现其隐私保护的核心关键技术与基本手段，目前仍处于不断发展与完善阶段。

匿名化方法是一种安全有效的数据隐私保护方法，它是数据发布隐私保护方法里基于限制发布的一种，它能很好地平衡数据的有效性和隐私保护之间的关系，是近年来数据发布隐私保护的一个研究热点。匿名化的基本思想是把原始数据表进行某种变换，使攻击者不能从变换后的数据表中轻易分析出某个元组的敏感属性值，从而不能识别敏感信息所属的具体个体，达到隐藏个体隐私信息的目的。

6）隐私数据保护技术

隐私数据包括个人身份信息、数据资料、财产状况、通信内容、社交信息、位置信息等，隐私保护的研究主要集中在如何设计隐私保护原则和算法，既保证数据应用过程中不泄露隐私，同时又能更好地利用数据的应用。数据匿名化技术是隐私保护技术中的关键技术，比如基于聚类的数据敏感属性匿名保护算法，既能对数据中的敏感属性值进行匿名保护，又能降低信息的损失程度；相对于数据匿名化技术，使用数据加密的隐私保护技术更能保证最终数据的准确性和安全性，其中密文检索技术是实现隐私数据安全共享的重要技术。此外，利用全同态加密直接对密文处理，更能保障隐私数据安全。

4.2.3 接口层技术

1）访问控制技术

访问控制指系统对用户身份及其所属的预先定义的策略组限制其使用数据资源能力的手段，通常用于系统管理员控制用户对服务器、目录、文件等网络资源的访问。访问控制是系统保密性、完整性、可用性和合法使用性的重要基础，是网络安全防范和资源保护的关键策略之一，也是主体依据某些控制策略或权限对客体本身或其资源进行的不同授权访问。访问控制的主要目的是限制访问主体对客体的访问，从而保障数据资源在合法范围内得以有效使用和管理。为了达到上述目的，访问控制需要完成两个任务：识别和确认访问系统的用户、决定该用户可以对某一系统资源进行何种类型的访问。

在大数据场景中，安全管理员可能缺乏足够的专业知识，无法准确地为用户指定其可以访问的数据。风险自适应的访问控制是针对这种场景讨论较多的一种访问控制方法。目前的研究有基于多级别安全模型的风险自适应访问控制解决方案。基于模糊推理的解决方案，将信息的数目和用户以及信息的安全等级作为进行风险量化的主要参考参数。当用户访问的资源的风险数值高于某个预定的门限时，则限制用户继续访问，针对大数据提供用户隐私保护的可量化风险自适应访问控制。通过利用统计学和信息论的方法，定义了量化算法，从而实现基于风险的访问控制。同时，在大数据应用环境中，风险的定义和量化都较之以往更加困难。

基于角色的访问控制(role-based access control, RBAC)是当前广泛使用的一种访问控制模型。通过为用户指派角色、将角色关联至权限集合，实现用户授权、简化权限管理。早期的 RBAC 权限管理多采用“自顶向下”的模式，即根据企业的职位设立角色分工；当其应用于大数据场景时,面临需大量人工参与角色划分、授权的问题(又称为角色工程)。

后来研究者们开始关注“自底向上”模式,即根据现有“用户-对象”授权情况,设计算法自动实现角色的提取与优化,称为角色挖掘。简单来说,就是如何设置合理的角色。典型的工作包括:以可视化的形式,通过用户权限二维图的排序归并的方式实现角色提取;通过子集枚举以及聚类的方法提取角色等非形式化方法;也有基于形式化语义分析、通过层次化挖掘来更准确提取角色的方法。

总体来说,挖掘生成最小角色集合的最优算法时间复杂度高,多属于 NP—完全问题,因而也有研究者关注在多项式时间内完成的启发式算法。在大数据场景下,采用角色挖掘技术可根据用户的访问记录自动生成角色,高效地为海量用户提供个性化数据服务;同时,也可用于及时发现用户偏离日常行为所隐藏的潜在危险。当前角色挖掘技术大多基于精确、封闭的数据集,在应用于大数据场景时还需要解决数据集动态变更以及质量不高等特殊问题。

2) 安全数据融合技术

安全数据融合技术,包括对各种安全手段得到的有用信息的采集、传输、综合、过滤、相关及合成,以便辅助人们进行态势/环境判定、规划、探测、验证、诊断。这对安全部门是否能及时准确地获取各种有用的信息,对系统运行情况和潜在威胁及其重要程度进行适时的完整评价,实施辅助决策与对黑客攻击的反击手段选择,都是极其重要的。影响反击决策的因素多且复杂,要求安全部门在最短的时间内,对系统情况做出最准确的判断,从而实施最有效的防护控制。这一系列“最”的实现,必须有最先进的数据处理技术做基本保证,否则会被浩如烟海的数据所淹没,或导致判断失误,或延误决策丧失时机而造成灾难性后果。

4.2.4 系统层技术

1) 实时安全监控技术

实时安全监控是传统的入侵检测、漏洞检测、审计跟踪与大数据技术的融合结合,从数据的整个过程出发,在数据的产生、传输、存储、处理的过程及时发现大数据安全威胁。面向安全的大数据挖掘可以根据及时发现安全隐患,展示大数据系统的整个安全运行趋势。大数据安全态势的评估,可以对大数据安全威胁进行及时响应和预警。基于大数据分析的安全事件管理须建立事前预警、事中阻断、事后审计的能力,在事前根据采集的各类数据,利用大数据分析技术对安全威胁进行分析,对安全趋势进行预测;在事中建立多维度的安全防御体系,从不同的角度来防护各种可能的攻击,并针对发现的攻击进行快速决策与阻断;在事后对攻击发生的过程进行分析,重构攻击场景,挖掘攻击模式,对攻击进行追踪溯源。对抗大数据的高级持续性威胁攻击需要建立对大数据系统设施层、数据层、应用层、接口层全方位的安全防御体系,以提高系统捕获数据、关联分析、深度挖掘、实时监控、预测趋势的能力。

安全监控通过实时监控网络或主机活动，监视分析用户和系统的行为，审计系统配置和漏洞，评估敏感系统和数据的完整性，识别攻击行为，对异常行为进行统计和跟踪，识别违反安全法规的行为，使用诱骗服务器记录黑客行为等功能，使管理员有效地监视、控制和评估网络或主机系统。

(1) 身份认证技术：用来确定用户或者设备身份的合法性，典型的手段有用户名口令、身份识别、公开密钥基础设施证书和生物认证等。

(2) 加解密技术：在传输过程或存储过程中进行信息数据的加解密，典型的加密体制可采用对称加密和非对称加密。

(3) 边界防护技术：防止外部网络用户以非法手段进入内部网络，访问内部资源，保护内部网络操作环境的特殊网络互连设备，典型的设备有防火墙和入侵检测设备。

(4) 访问控制技术：保证网络资源不被非法使用和访问。访问控制是网络安全防范和保护的主要核心策略，规定了主体对客体访问的限制，并在身份识别的基础上，根据身份对提出资源访问的请求加以权限控制。

(5) 主机加固技术：操作系统或者数据库的实现会不可避免地出现某些漏洞，从而使信息网络系统遭受严重的威胁。

(6) 安全审计技术：包含日志审计和行为审计，通过日志审计协助管理员在受到攻击后察看网络日志，从而评估网络配置的合理性、安全策略的有效性，追溯分析安全攻击轨迹，并能为实时防御提供手段。

(7) 检测监控技术：对信息网络中的流量或应用内容进行二至七层的检测并适度监管和控制，避免网络流量的滥用、垃圾信息和有害信息的传播。

2) 高级持续性威胁检测技术

高级持续性威胁(advanced persistent thread, APT)是指组织(特别是政府)利用先进的攻击手段对特定目标进行长期持续性网络攻击的攻击形式。APT 攻击的原理相对于其他攻击形式更为高级和先进，其高级性主要体现在 APT 在发动攻击之前需要对攻击对象的业务流程和目标系统进行精确的收集。在此收集的过程中，此攻击会主动挖掘被攻击对象受信系统和应用程序的漏洞，利用这些漏洞组建攻击者所需的网络，并利用 0day 漏洞进行攻击。

APT 威胁着企业的大数据安全。APT 是黑客以窃取核心资料为目的，针对客户所发动的网络攻击和侵袭行为，是一种蓄谋已久的“恶意商业间谍威胁”，这种行为往往经过长期的经营与策划，并具备高度的隐蔽性。APT 的攻击手法在于隐匿自己，针对特定对象，长期、有计划性和组织性地窃取数据，这种发生在数字空间的偷窃资料、搜集情报的行为，就是一种“网络间谍”的行为。防护手段包括以下几种。

(1) 使用威胁情报。这包括 APT 操作者的最新信息；从分析恶意软件获取的威胁情报；已知的 C2 网站；已知的不良域名、电子邮件地址、恶意电子邮件附件、电子邮件主题行；以及恶意链接和网站。威胁情报在进行商业销售，并由行业网络安全组共享。企业必须确保情报的相关性和及时性。威胁情报被用来建立“绊网”来提醒你网络中的活动。

(2) 建立强大的出口规则。除网络流量(必须通过代理服务器)外,阻止企业的所有出站流量,阻止所有数据共享、非法网站和未分类网站。阻止 SSH、FTP、Telnet 或其他端口和协议离开网络。这可以打破恶意软件到 C2 主机的通信信道,阻止未经授权的数据渗出网络。

(3) 收集强大的日志分析。企业应该收集和分析对关键网络和主机的详细日志记录以检查异常行为;日志应保留一段时间以便进行调查;还应该建立与威胁情报匹配的警报。

(4) 聘请安全分析师。安全分析师的作用是配合威胁情报、日志分析以及提醒对 APT 的积极防御。这个职位的关键是经验。

4.2.5 基于大数据的安全技术

1) 基于大数据的威胁发现技术

由于大数据分析技术的出现,企业可以超越以往的“保护—检测—响应—恢复”(PDRR)模式,更主动地发现潜在的安全威胁。例如,IBM 推出了名为 IBM 大数据安全智能的新型安全工具,可以利用大数据来侦测来自企业内外部的安全威胁,包括扫描电子邮件和社交网络,标示出明显心存不满的员工,提醒企业注意,预防其泄露企业机密。

棱镜计划也可以被理解为应用大数据方法进行安全分析的成功故事:通过收集各个国家各种类型的数据,利用安全威胁数据和安全分析形成系统方法发现潜在危险局势,在攻击发生之前识别威胁。

相比于传统技术方案,基于大数据的威胁发现技术具有以下优点。

(1) 分析内容的范围更大。传统的威胁分析主要针对的内容为各类安全事件,而一个企业的信息资产则包括数据资产、软件资产、实物资产、人员资产、服务资产和其他为业务提供支持的无形资产。由于传统威胁检测技术的局限性,其并不能覆盖这六类信息资产,因此所能发现的威胁也是有限的。通过在威胁检测方面引入大数据分析技术,可以更全面地发现针对这些信息资产的攻击。例如通过分析企业员工的即时通信数据、e-mail 数据等可以及时发现人员资产是否面临其他企业“挖墙脚”的攻击威胁;再比如通过对企业的客户部订单数据的分析,也能够发现一些异常的操作行为,进而判断是否危害公司利益。可以看出,分析内容范围的扩大使得基于大数据的威胁检测更加全面。

(2) 分析内容的时间跨度更长。现有的许多威胁分析技术都是内存关联性的,也就是说实时收集数据,采用分析技术发现攻击。分析窗口通常受限于内存大小,无法应对持续性和潜伏性攻击。引入大数据分析技术后,威胁分析窗口可以横跨若干年的数据,威胁发现能力变强,可以有效应对 APT 类攻击。

(3) 攻击威胁的预测性。传统的安全防护技术或工具大多是在攻击发生后对攻击行为进行分析和归类,并做出响应。基于大数据的威胁分析,可进行超前的预判,它能够寻找潜在的安全威胁，对未发生的攻击行为进行预防。

(4) 对未知威胁的检测。传统的威胁分析通常是由经验丰富的专业人员根据企业需求和实际情况展开，然而这种威胁分析的结果很大程度上依赖于个人经验；同时，分析所发现的威胁也是已知的。大数据分析的特点是侧重于普通的关联分析，而不侧重因果分析，因此通过采用恰当的分析模型，可发现未知威胁。

虽然基于大数据的威胁发现技术具有上述优点，但是该技术目前也存在一些问题和挑战，主要集中在分析结果的准确程度上。一方面，大数据的收集很难做到全面，数据是分析的基础，它的片面性往往会导致分析出的结果的偏差。为了分析企业信息资产面临的威胁，不但要全面收集企业内部的数据，还要对一些企业外的数据进行收集，这些在某种程度上是一个大问题。另一方面，大数据分析能力的不足影响威胁分析的准确性。例如，纽约投资银行每秒会有 5 000 次网络事件，每天会从中捕捉 25 TB 数据。如果没有足够的分析能力，要从如此庞大的数据中准确地发现极少数预示潜在攻击的事件进而分析出威胁这几乎是不可能完成的任务。

2）基于大数据的认证技术

身份认证是信息系统或网络中确认操作者身份的过程。传统的认证技术主要通过用户所知的秘密例如口令，或者持有的凭证例如数字证书，来鉴别用户。这些技术面临着如下两个问题。

首先，攻击者总是能够找到方法来骗取用户所知的秘密，或窃取用户持有的凭证，从而通过认证机制的认证。例如攻击者利用钓鱼网站窃取用户口令，或者通过社会工程学方式接近用户，直接骗取用户所知秘密或持有的凭证。

其次，传统认证技术中认证方式越安全往往意味着用户负担越重。例如，为了加强认证安全而采用的多因素认证。用户往往需要同时记忆复杂的口令，还要随身携带硬件 USBKey。一旦忘记口令或者忘记携带 USBKey，就无法完成身份认证。为了减轻用户负担，一些生物认证方式出现，利用用户具有的生物特征，例如指纹等来确认其身份。然而，这些认证技术要求设备必须具有生物特征识别功能，例如指纹识别，这在很大程度上限制了这些认证技术的广泛应用。

在认证技术中引入大数据分析则能够有效地解决这两个问题。基于大数据的认证技术指的是收集用户行为和设备行为数据，并对这些数据进行分析，获得用户行为和设备行为的特征，进而通过鉴别操作者行为及其设备行为来确定其身份。这与传统认证技术利用用户所知秘密、所持凭证，或具有的生物特征来确认其身份有很大不同。具体地，这种新的认证技术具有如下优点。

(1) 攻击者很难模拟用户行为特征来通过认证，因此更加安全。利用大数据技术所能收集的用户行为和设备行为数据是多样的，可以包括用户使用系统的时间、经常采用的设备、设备所处物理位置，甚至是用户的操作习惯数据。通过这些数据的分析能够为用户勾画一个行为特征的轮廓。攻击者很难在方方面面都模仿到用户行为，因此其与真正用户的行为特征轮廓必然存在一个较大偏差，无法通过认证。

(2) 减小了用户负担。用户行为和设备行为特征数据的采集、存储和分析都由认证系统完成。相比于传统认证技术，极大地减轻了用户负担。

(3) 可以更好地支持各系统认证机制的统一。基于大数据的认证技术可以让用户在整个网络空间采用相同的行为特征进行身份认证，而避免不同系统采用不同认证方式，且用户所知秘密或所持有凭证也各不相同而带来的种种不便。

虽然基于大数据的认证技术具有上述优点，但同时也存在一些问题和挑战亟待解决。

(1) 初始阶段的认证问题。基于大数据的认证技术是建立在大量用户行为和设备行为数据分析的基础上，而初始阶段不具备大量数据，因此，无法分析出用户行为特征，或者分析的结果不够准确。

(2) 用户隐私问题。基于大数据的认证技术为了能够获得用户的行为习惯，必然要长期持续地收集大量的用户数据。如何在收集和分析这些数据的同时，确保用户隐私是亟待解决的问题，这是影响这种新的认证技术是否能够推广的主要因素。

3) 基于大数据的数据真实性分析

目前，基于大数据的数据真实性分析被广泛认为是最为有效的方法。许多企业已经开始了这方面的研究工作，例如雅虎和 Thinkmail 等利用大数据分析技术来过滤垃圾邮件；Yelp 等社交点评网络用大数据分析来识别虚假评论；新浪微博等社交媒体利用大数据分析来鉴别各类垃圾信息等。

基于大数据的数据真实性分析技术能够提高垃圾信息的鉴别能力。一方面，引入大数据分析可以获得更高的识别准确率。例如，对于点评网站的虚假评论，可以通过收集评论者的大量位置信息、评论内容、评论时间等进行分析，鉴别其评论的可靠性。如果某评论者为某品牌多个同类产品都发表了恶意评论，则其评论的真实性就值得怀疑；另一方面，在进行大数据分析时，通过机器学习技术，可以发现更多具有新特征的垃圾信息。然而该技术仍然面临一些困难，主要是虚假信息的定义、分析模型的构建等。

4) 基于大数据的安全服务

前面列举了部分当前基于大数据的信息安全技术，未来必将涌现出更多、更丰富的安全应用和安全服务。由于此类技术以大数据分析为基础，因此如何收集、存储和管理大数据就是相关企业或组织所面临的核心问题。除了极少数企业有能力做到之外，对于绝大多数信息安全企业来说，更为现实的方式是通过某种方式获得大数据服务，结合自己的技术特色领域对外提供安全服务。一种未来的发展前景是，以底层大数据服务为基础，各个企业之间组成相互依赖、相互支撑的信息安全服务体系，总体上形成信息安全产业界的良好生态环境。

第5章

气象大数据在电力能源领域的应用

现代人在生产、生活中始终离不开电能。随着人民生活水平的提高以及各行各业现代化程度的提高，社会对于电能的需求量不断增大，电能的作用日益重要。

根据中国电力企业联合会(简称中电联)公布的《2017年全国电力工业统计快报数据一览表》，我国2017年发电量64 179亿kW·h，较2016年增加6.5%。其中，火电发电量45 513亿kW·h，占总发电量的70%以上；水电发电量11 945亿kW·h，约占总发电量的18.6%；风电发电量3 057亿kW·h，约占总发电量的4.7%；太阳能发电量1 182亿kW·h，约占总发电量的1.8%。火电、水电、风电、太阳能发电量分别较2016年增加5.2%、1.7%、26.3%、75.4%。从全国电力工业统计来看，火电发电量依然占据发电总量的主导地位，但是风电、太阳能发电等新能源的发展增速较快。

从行业相关来看，气象与电力能源之间存在着非常密切的关系。

首先，电能的需求量与天气有关。夏季高温炎热的天气，人们习惯开启空调或电扇来防暑降温，而温度升高、高温天数的增加导致耗电总量和峰值电量的增加；冬季低温严寒的天气，取暖电器的使用也使得用电量大幅上升。天气的变化与电力负荷和电力调度关系密切。

其次，供电线路及设备与天气相关。夏季的雷暴天气，可能会引起跳闸或者变压器损坏；大风容易刮断电线、吹倒电线杆，造成线路故障如线路交叉短路；冬季的强冷空气入侵容易出现雨凇，可使电线或铁塔积冰造成负荷超重，导致断线或铁塔倒塌事故，发生断电。

再次，电力线路巡检及设备检修与天气相关。变压器、开关、电缆头等设备检修须选择晴好和空气较为干燥的天气进行，雨天一般不能进行检修。空气相对湿度较大时，容易损伤变电器。

最后，新型电力能源的开发和利用也与气象有着重要的关系。比如被称为气象能源的太阳能、风能可转化产生电能。这种能量转化过程不会对环境产生过多负面影响，可以说取之不尽，用之不竭。

可以说，气象的相关影响贯穿了电力能源的规划、设计、运营、投资、调度、安全等各个方面，因此气象大数据在电力能源的应用也是多方面的。只有深入应用大数据技术和方法使用气象大数据，才能更深入挖掘其在电力能源上的应用价值。

5.1 气象大数据在传统电力负荷领域的应用

一般来讲，用电负荷根据应用行业和区域不同，可以分为工业负荷、商业负荷、城市民用负荷、农村负荷等。不同类型的用电负荷具有不同的特点和变化规律，除了受到天气变化的影响外，还受到社会经济发展、人民生活水平提高、节假日和特别事件的影响。因此，研究气象因素与电力负荷的关系，需要忽略不可预测的特别事件负荷分量和随机负荷的影响，并将受经济发展影响的基本负荷分量（简称“趋势负荷”）和受天气变化引起的用电负荷（简称“气象负荷”）进行分离。下文以上海为例介绍气象大数据在传统电力负荷领域中的应用。

5.1.1　电力负荷特征

1）逐日平均电力负荷

由上海 2004—2008 年逐日平均电力负荷（图 5 - 1）的变化趋势可以看出：① 电力负荷随时间呈现明显的增长趋势；② 电力负荷存在明显的季节变化，夏季高，冬季次高，春秋季较低；③ 负荷受节假日影响明显，“春节”、“十一”、“清明节”、“五一”、“端午节”、“中秋节”等假期电力负荷显著降低。日平均负荷趋势线方程为：

$$L_t = 2.5757d + 8771.7$$

其中，L_t 表示电力负荷长期变化趋势（MW）；d 表示日序数。

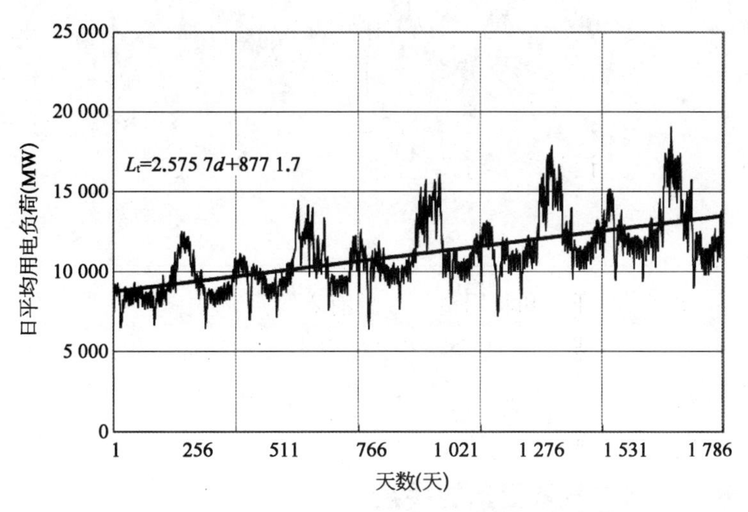

图 5 - 1　上海 2004—2008 年逐日平均用电负荷

2）日平均气象负荷率

忽略随机事件的影响，将实际日平均用电负荷（L）减去日平均负荷的长期变化趋势（L_t），得到日平均气象负荷（L_m），即 $L_m = L - L_t$。但电力调度最关心的是日平均气象负荷和当日趋势负荷的比值，称为“日平均气象负荷率（L_p）”，即 $L_p = L_m / L_t$。

图 5 - 2 分别给出了工作日和休息日的日平均气温和日平均气象负荷率，可以看出：① 夏季日平均气象负荷率最大，普遍在 30%左右，最高接近 50%；冬季次之，一般在 10%左

右；春秋季较低，一般为−10%～−5%；② 日平均气温与日平均气象负荷率之间存在显著的相关关系，夏季存在明显的正相关，冬季为负相关；③ 休息日的日平均气象负荷率比工作日低10%左右；④ 春节、清明节、端午节、中秋节等假日期间气象负荷率显著降低，在−30%左右，有时可低至−40%。

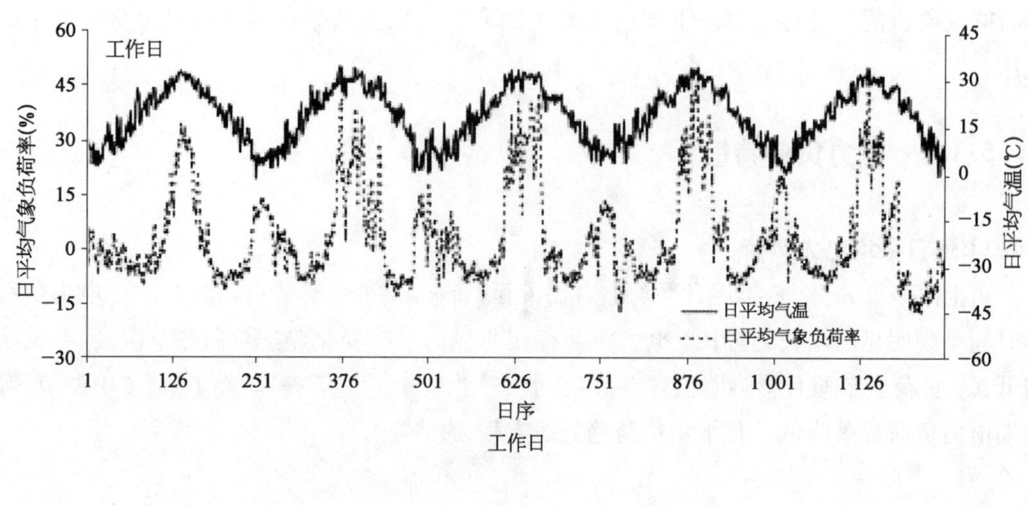

工作日

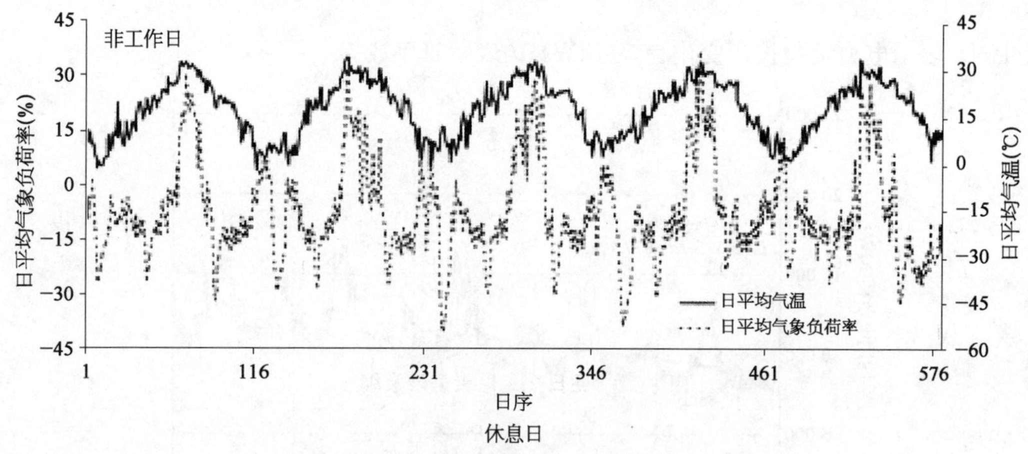

休息日

图5-2 上海市2004—2008年日平均气温和日平均气象负荷率

5.1.2 电力负荷与气象要素的关系

1) 日平均气象负荷率与日平均气温的关系

气象负荷受气温的影响最大，由图5-3可见：① 当温度 $T\geqslant25$℃时，日平均气象负荷率为正，日平均气象负荷率随着日平均气温的升高而增加；② 当 $25℃>T\geqslant18$℃时，日平均气象负荷率为负，日平均气象负荷率随着日平均气温的升高也增加；③ 当 $18℃>T\geqslant6$℃时，日平均气象负荷率为负，日平均气象负荷率随着日平均气温的升高而减小；④ $6℃>T$ 时，日平均气象负荷率为正，但变化幅度不大。

根据以上特征，按照日平均气温的变化，将一年分为四个阶段：① 盛夏，$T \geqslant 25$℃；② 春夏之交(夏秋之交)，25℃$>T\geqslant$18℃；③ 秋冬之交(冬春之交)，18℃$>T\geqslant$6℃；④ 严冬，$T<6$℃。

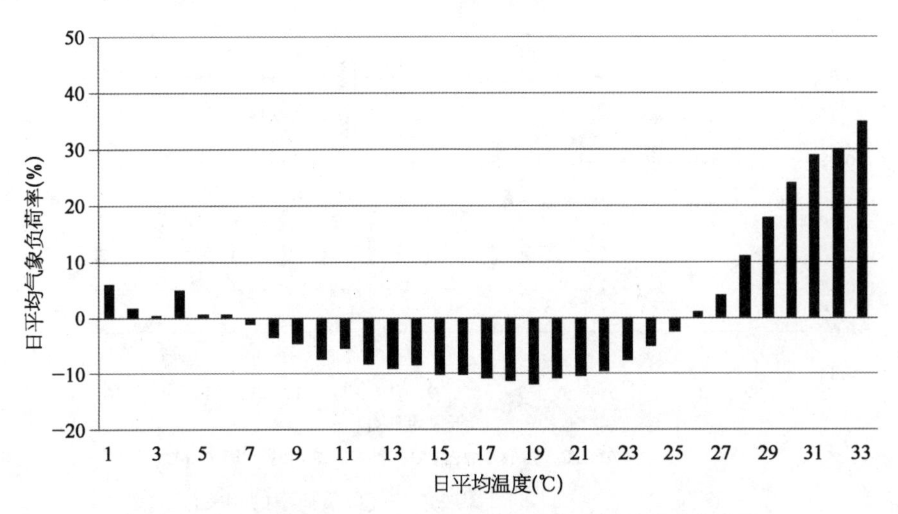

图 5－3 上海 2004—2008 年日平均气温与日平均气象负荷率

2) 日平均气象负荷率与气象要素之间的关系

选取 18 个逐日气象要素，分别为：08:00 和 14:00 时的总云量(C_{08}，C_{14})，日平均风速(w_s)，14:00 时气压(P_{14})，02:00 时、08:00 时、14:00 时、20:00 时的 6 h 累积降水量($R_{6\,02}$、$R_{6\,08}$、$R_{6\,14}$、$R_{6\,20}$)，日平均相对湿度(r_h)，日平均温度(T)，日平均温度的 5 日滑动平均(T_5)，日平均温度的 3 日滑动平均(T_3)，日最高气温(T_{max})，日最低气温(T_{min})，温度的日较差(T_{24})，体感温度(T_{body})，日最高气温的 24 h 变化量($T_{max\,24}$)和日最低气温的 24 h 变化量($T_{min\,24}$)，见表 5－1。

表 5－1 逐日气象要素列表及编号

要素	C_{08}	C_{14}	w_s	P_{14}	$R_{6\,02}$	$R_{6\,08}$	$R_{6\,14}$	$R_{6\,20}$	r_h
序号	1	2	3	4	5	6	7	8	9
要素	T	T_5	T_3	T_{max}	T_{min}	T_{24}	T_{body}	$T_{max\,24}$	$T_{min\,24}$
序号	10	11	12	13	14	15	16	17	18

按上面划分的四个季节阶段，计算各气象要素与日平均气象负荷率(L_p)的相关系数，分析结果见图 5－4。由图可见：① 各季节与气象负荷率最密切的气象要素是温度(包括 T、T_5、T_3、T_{max}、T_{min}、T_{body})，但与气温的日间变化(T_{24}、$T_{max\,24}$、$T_{min\,24}$)关系相对较小；② 除日较差总是为负相关外，夏半年和冬半年气象负荷率与气温的相关关系相反，且夏季两者为正相关、冬季为负相关；③ 白天云量与气象负荷率为负相关；④ 日平均风速与气象负荷率除盛夏为正相关外，其他季节为负相关；⑤ 夏半年气象负荷率与 14:00 时气压为负

相关,冬半年为正相关;⑥ 盛夏降水与气象负荷率的关系不大,其他季节为正相关,但冬季下午降水除外;⑦ 气象负荷率与日平均相对湿度除盛夏为负相关外,其他季节均为正相关。

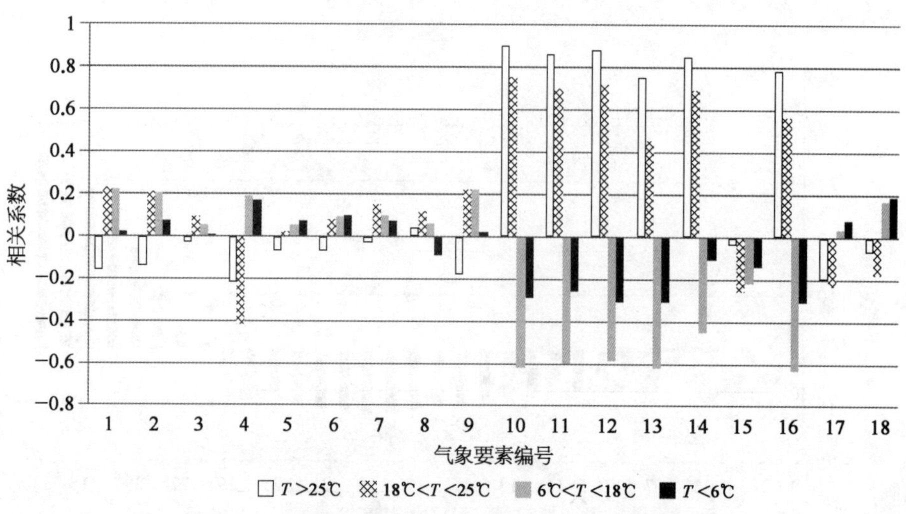

图 5-4 各季节不同气象要素与气象负荷率的相关性

3) 逐时气象负荷率日变化及其与逐时气温的关系

气温的日变化规律一般为 05:00 时前后最低、14:00 时前后最高,凌晨至 14:00 时为逐渐升温的过程,14:00 至次日凌晨为降温过程。工作日和非工作日各季逐时气象负荷率的平均日变化见图 5-5。可以发现:① 逐时气象负荷率的日变化规律与气温日变化规律十分一致,但变化幅度存在季节差异,盛夏季节最大,严冬季节次大,春秋季节最小(两者无显著差别);② 各季节工作日逐时气象负荷率虽然量值不同,变化幅度也有差别,但变化规律基本一致:4:00—5:00 时最低,7:00 时后急剧上升,11:00 时前后达到第一个高点,12:00 时前后略有下降(可能是午休原因),14:00—17:00 时维持在较高水平(出现第二个高点),18:00—19:00 时有所下降(可能是下班原因),20:00 时前后又有所回升,21:00 时以后至次日 4:00—5:00 时呈逐渐下降趋势;③ 非工作日各季的逐时用电负荷量值普遍比同季节工作日低(一般低 10%左右,夏季可达 15%以上),变化规律在 21:00 时至次日 11:00 时与工作日基本相同,最大差别在 12:00—16:00 时逐时用电负荷一直维持在较低水平(盛夏除外),15:00—20:00 时呈现上升趋势,并出现第二个高点(严冬季节最明显),这与冬季日落较早以及非工作日市民生活习惯有关。

4) 不同天气类型气温和用电负荷的日变化特征

由以上分析可见,气相负荷主要受温度的影响,特别是盛夏季节,温度的变化幅度较大,而同一季节温度的变化主要受到天空状况的影响,因此根据白天天空状况的不同将盛夏季节分为以下五类:① 全天有降水;② 仅上午有降水;③ 仅下午有降水;④ 全天无降水,上午阴到多云;⑤ 全天无降水,上午晴到多云。

下面以盛夏季节为例,对不同天气类型下工作日和非工作日的温度和用电负荷的日变

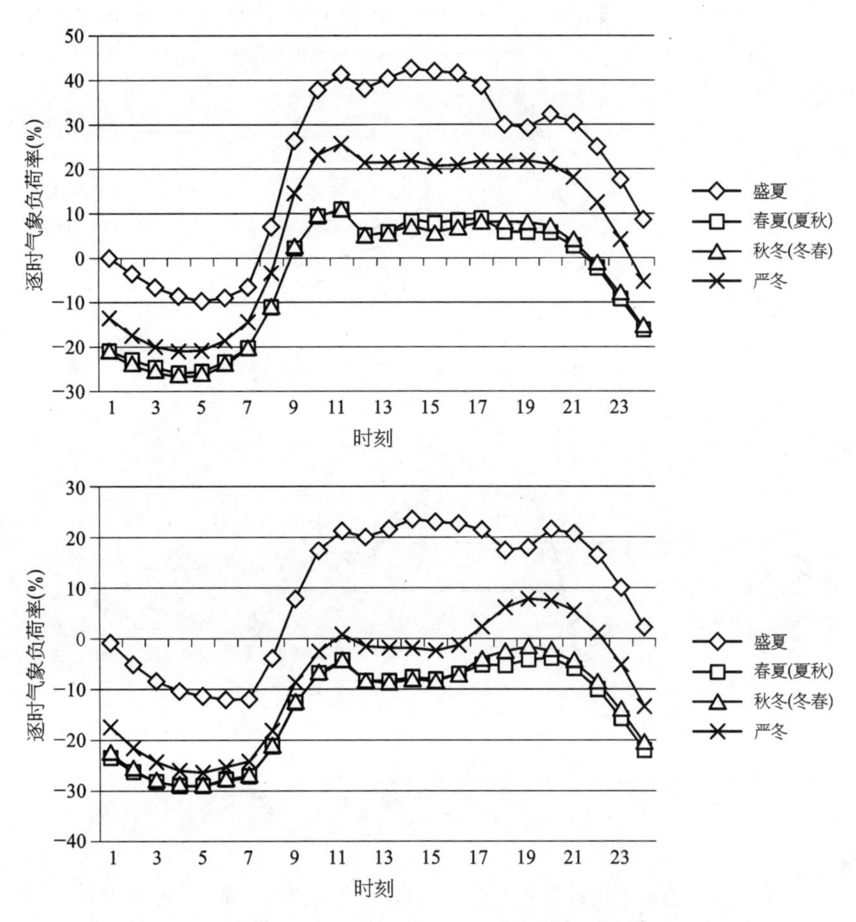

图 5-5 工作日(上)和非工作日(下)各季逐时气象负荷率的日变化

化特征进行分析。

盛夏季节工作日不同天气类型气温和气象负荷率的日变化情况见图 5-6。由图可见：① 白天全天有降水时，最高温度出现在 11:00 时前后，随后气温逐渐下降，且日较差较小；② 仅上午有降水时，最高温度出现在 14:00 时前后，随后气温逐渐下降，日较差也较小；③ 仅下午有降水时，最高温度出现在 11:00 时前后，11:00—14:00 时气温基本维持在较高水平，随后气温急剧下降，日较差较大；④ 白天无降水但上午阴到多云时，最高温度出现在 14:00 时前后，随后气温逐渐下降，日较差也较大；⑤ 白天无降水但上午晴到多云时，最高温度出现在 14:00 时前后，随后气温逐渐下降，日较差最大；⑥ 白天逐时气象负荷率的数值和日变化情况与温度十分类似：上午晴天时负荷率最大，且峰值出现在下午；仅下午有降水时负荷率次大，最大负荷率出现在 14:00 时前后；白天全天有降水时，最大负荷出现在 11:00 时前后，下午无明显回升；仅上午有降水和上午阴到多云的情况基本一致，这表明降水的影响并不大，天空状况的影响才是主要因素，变化趋势与上午晴到多云时一致，仅数值低了约 5%～8%。

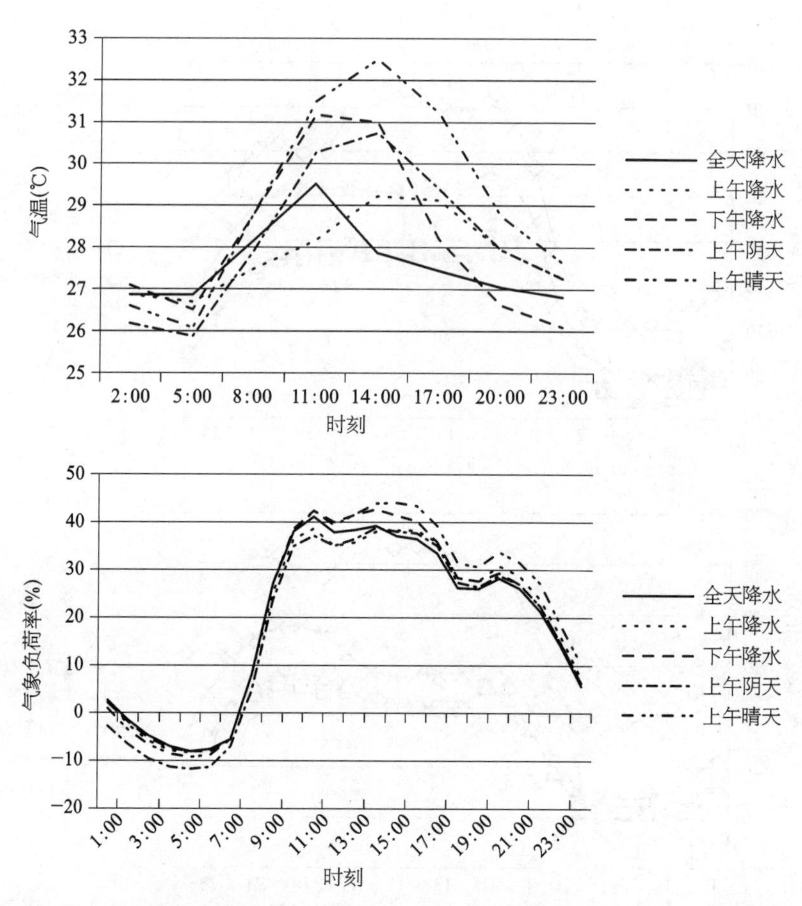

图 5-6 盛夏工作日各天气类型气温(上)和气象负荷率(下)的日变化

盛夏季节非工作日不同天气类型气象负荷率的日变化情况见图 5-7,因为样本数量较少,日变化曲线存在一定差别:① 上午晴天、上午阴天和上午有降水时白天日变化规律一致,阴天比晴天低 5%~6%,降水时比晴天时低 10%~13%;② 全天降水和下午降水时白

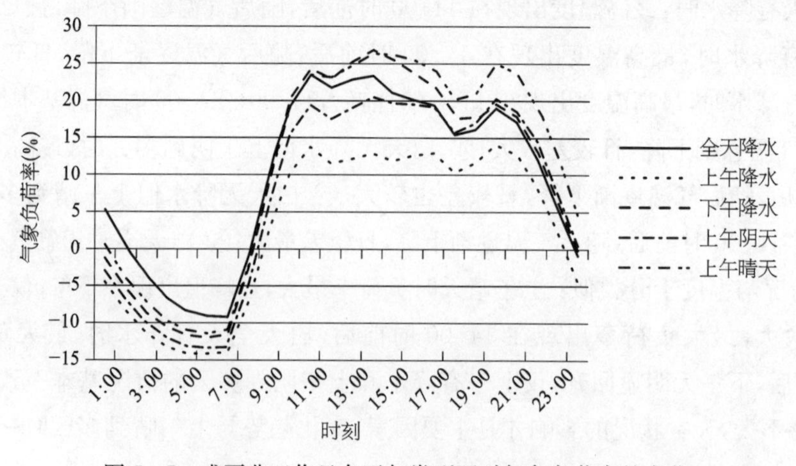

图 5-7 盛夏非工作日各天气类型逐时气象负荷率的变化

天变化规律也基本类似，但仅下午有降水时负荷率比全天有降水高 1%～5%；③ 上午有降水时全天的负荷率都处在最低水平。

5.1.3 电力负荷和高温案例分析

下文以上海 2013 年夏季高温事件为例，分析上海电网电力负荷与高温的关系。

根据上海徐家汇国家一般气象站观测资料，2013 年 6 月 1 日—9 月 30 日上海市高温日数(日最高气温≥35.0℃)共计 47 天(6 月 2 天，7 月 25 天，8 月 20 天、9 月 0 天)，其中有 24 个酷暑日，且有连续 15 天高温。在长时间极端晴热高温天气压力下，华东电网经受住了罕见持续高温、大负荷供电、电网安全生产和特高压工程建设等多重考验，最高用电负荷突破 2 亿 kW 并 12 次刷新历史纪录。2013 年 1—8 月，全网累计用电量 8 046.79 亿 kW·h，同比增幅 8.25%。

迎峰度夏期间，用电负荷最高达到 2.09 亿 kW，比 2012 年增加 2 400 多万 kW，同比增长 13.3%。华东电网所属的苏、浙、皖、闽、沪四省一市用电负荷均创历史新高。其中，上海 2 936 万 kW、江苏 7 748 万 kW、浙江 5 452 万 kW、安徽 2 658 万 kW、福建 2 798 万 kW。通过分析发现(图 5-8)，用电负荷峰值与最高气温密切相关。

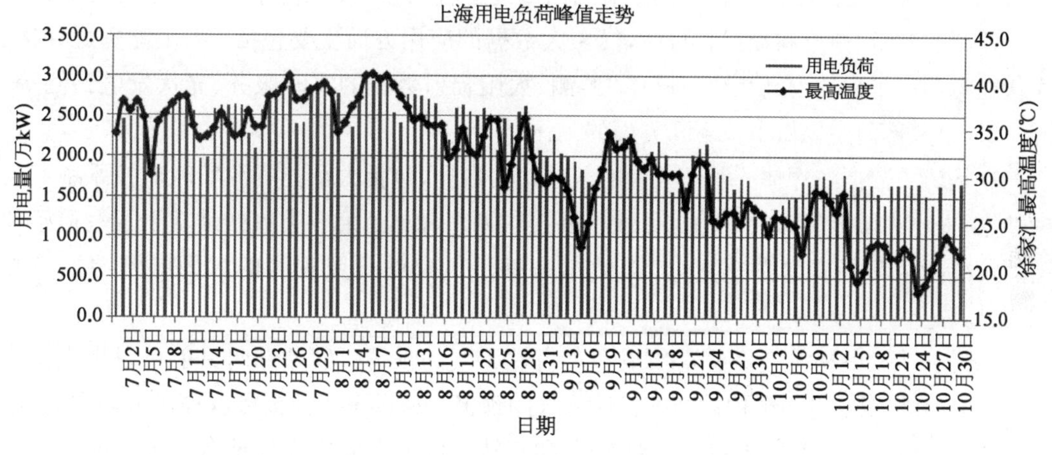

图 5-8　2013 年 7—10 月上海用电负荷与最高气温时序图

5.2 气象大数据在光伏新能源领域的应用

太阳能开发利用是“靠天吃饭”，气象条件的影响贯穿光伏新能源的前期设计、中期建设和后期运行，必须充分考虑相关影响，以低投入换取高收益。从天气和气候两个层面来说，都会对光伏电站的投资运营和安全产生影响。气候是指气象要素的长期变化，比如说旱涝、冬冷夏热等长期变化，主要影响到光伏电站的投资安全；天气则是指气象要素的短期变化，比如说晴、雨、沙尘、台风等短期变化，主要影响到光伏电站运营安全。

第一层面是气候对于电站规划和投资收益的影响。首先，电站的投资是长期的，气候将会对投资收益产生非常大的影响。太阳辐射的长期变化有地域性的特征，这种地域性特征对未来电站投资运营影响非常重要。其次，电站投资运营必须考虑气象数据误差带来的不确定性，必须经过严密科学的分析，才可能对未来的投资、运营进行相对正确的考虑。采用一系列科学方法和准确的数据可以使光伏电站投资风险控制在比较低的水平。

第二个层面是天气变化对电站运营的影响，主要有两个大的方面。一是发电不稳定对电网的影响，最终会影响到电网对光伏发电产生限电的情况。考虑影响太阳辐射的相关气象因素作用，比如，持续的阴雨天气的影响，阴雨天气下的太阳能辐射只有通常情况下的20%，对强沙尘暴天气来说也是如此，太阳辐射要削弱80%，浮尘天气削弱25%；另外还有高温天气的影响。所有这些影响最终都反映到光伏发电功率的曲线上，导致它的发电非常不稳定，使得电网限电，影响投资收益。二是灾害性天气的发生将影响电站的运营安全。比如，阴雨、沙尘、高温等都不会对电站产生破坏性的影响，而台风、沙尘暴、雷暴、泥石流等会对电站产生破坏性的影响，甚至直接毁坏电站。

气象基础数据的准确与否直接影响到太阳能工程的效益评估，应该以科学态度对待太阳能资源的测量、评价和预报。目前，气象大数据的应用方面主要包括：太阳能资源评估、光伏能源预产量评估、光伏性能评估和监测、太阳辐射数据的实时服务、光伏发电预测等。近年来，气象部门主要做了以下几方面的工作。

一是历史数据的评估。基于大量的气象站的数据，包括太阳能资源实时监控系统产生的数据，提供太阳能资源的评估。目前主要提供两个数据：第一类数据是基于卫星遥感和地面校准的太阳能资源数据；第二类数据是基于气象站日照观测的太阳能资源推算数据谱。

二是光伏发电相关气象要素预报和灾害性天气的预警。气象部门目前可以提供未来3～7天的太阳能发电功率预报和灾害性天气的预警。通过这些预报可以提供太阳辐射、温度、风等要素的报告，为行业提供一些参考和支持。例如上海中心气象台的太阳能光伏预测服务系统包括数据质量控制、数值天气模式与客观订正方法、太阳能光伏产品数据库和系统管理等部分，提供各类气候地理和天气条件影响下的全国或区域（站点）的太阳辐射和气象要素预测，为太阳能光伏用户提供特色化的定制解决方案。

5.2.1 气象大数据在太阳能资源评估中的应用

我国属太阳能资源丰富的国家之一，全国总面积 2/3 以上地区年日照时数大于2 000 h，年辐射量在 5 000 MJ/m^2 以上。据统计资料分析，中国陆地面积每年接收的太阳

辐射总量为 3.3×10^3～8.4×10^3 MJ/m^2，相当于 2.4×10^4 亿 t 标准煤的储量。由于我国幅员辽阔，地形复杂，各地的太阳能资源量存在较大差异。通过考虑大气辐射量、天气状况、云况、日照时数、大气成分等因素，可以对各地太阳能可利用资源量进行评估，这是典型的气象大数据的应用。

根据中国气象局风能太阳能评估中心划分标准，我国太阳能资源地区分为以下四类。

一类地区(资源丰富带)：全年辐射量在 6 700～8 370 MJ/m^2，相当于 230 kg 标准煤燃烧所发出的热量。主要包括青藏高原、甘肃北部、宁夏北部、新疆南部、河北西北部、山西北部、内蒙古南部、宁夏南部、甘肃中部、青海东部、西藏东南部等地。

二类地区(资源较富带)：全年辐射量在 5 400～6 700 MJ/m^2，相当于 180～230 kg 标准煤燃烧所发出的热量。主要包括山东、河南、河北东南部、山西南部、新疆北部、吉林、辽宁、云南、陕西北部、甘肃东南部、广东南部、福建南部、江苏中北部和安徽北部等地。

三类地区(资源一般带)：全年辐射量在 4 200～5 400 MJ/m^2，相当于 140～180 kg 标准煤燃烧所发出的热量。主要是长江中下游、福建、浙江和广东的一部分地区，春夏多阴雨，秋冬季太阳能资源还可以。

四类地区：全年辐射量在 4 200 MJ/m^2 以下，主要包括四川、贵州两省，此类地区是我国太阳能资源最少的地区。

5.2.2 气象大数据在太阳能光伏发电中的应用

太阳能光伏发电系统的发电量受当地太阳辐射量、温度、太阳能电池板性能等方面因素的影响。其中太阳辐射强度的大小直接影响发电量的多少，辐射强度越大，可发电量越大，可发电功率越大。

太阳辐射受季节和地理等因素的影响，具有明显的不连续性和不确定性特点，有着显著的年际变化、季节变化和日变化周期，且大气的物理化学状况如云量、湿度、大气透明度、气溶胶浓度也影响着太阳辐射的强弱。

当前，对太阳能光伏发电预测的研究主要集中在太阳能辐射强度的预测上。太阳辐射分为直接太阳辐射和散射太阳辐射：直接太阳辐射是太阳光通过大气到达地面的辐射；散射太阳辐射是被大气中的微尘、分子、水汽等吸收、反射和散射后，到达地面的辐射。散射太阳辐射和直接太阳辐射之和称为总辐射，太阳总辐射强度的影响因素包括：太阳高度角、大气质量、大气透明度、海拔、纬度、坡度坡向、云层。

太阳能光伏发电预测是根据太阳辐射原理，通过历史气象资料、光伏发电量资料、卫星云图资料等，运用机器学习技术、卫星遥感技术、数值模拟等方法获得预测信息，包括太阳高度角、大气质量、大气透明度、海拔、纬度、坡度坡向、云层等要素，根据这些要素建立太阳辐射预报模型。

对于光伏发电量的预报，目前常用的有三类方法。

第一类是基于历史资料的大数据统计方法。通过对历史观测数据资料进行分析和处理，以历史发电量预报未来发电量。一般采用回归模型、神经网络等数学方法，建立光伏发电系统与气象要素相关性的统计模型，从而进行发电量预测。该方法模型构造及运算方法较为简单，对于发电量变化较大的时间序列，误差较大。

第二类是主要利用卫星遥感技术完成太阳辐射的预测。卫星遥感是指以人造卫星为传感器平台的观测活动，是通过勘测地球大气系统发射或反射的电磁辐射而实现的。高空间分辨率图像数据和地理信息系统紧密结合，为太阳辐射预测提供了可靠依据，但卫星遥感技术获取的小时地面辐射数据与地面观测的辐射数据偏差较大。

第三类是利用数值模拟方法进行预测。该方法根据描述大气运动规律的流体力学和热力学原理建立方程组，确定某个时刻大气的初始状态后，就可通过数学方法求解，计算出来某个时间大气的状态，就是通常所说的天气形势及有关的气象要素如温度、风、降水、辐照度等。数值模拟预测方法预测的时间较长；目前，可预测 72 h 甚至更长的数据。

如何在已有的科研成果基础上继续完善、不断改进和探索，找出影响太阳辐射的关键因素，准确预测，形成多层次、多信息融合的综合预报系统，是我国太阳能光伏发电预测的主要研究方向，气象大数据的应用可为提高光伏发电精度和效率提供有力的支持。

5.2.3 案例介绍

上海中心气象台目前为用户提供精准的光伏气象数据、软件系统和咨询服务。太阳能气象数据和软件系统有助于降低光伏发电厂的成本和技术不确定性、为客户节省资金和增加投资回报率。提供的咨询服务涵盖光伏领域的规划、项目开发、监控、性能评估及预测等环节，主要有：太阳能资源评估及选址、光伏能源预产量评估、太阳辐射和气象数据的实时监测服务、太阳辐射和光伏发电预测等。

目前，太阳能光伏预测服务系统包括数据质量控制、数值天气模式与客观订正方法、太阳能光伏产品数据库和系统管理等部分，可提供各类气候地理和天气条件影响下的全国或区域(站点)未来 72 h 内逐 15 min 间隔的太阳辐射和气象要素预测，为太阳能光伏用户提供特色化的定制解决方案。

5.3 气象大数据在风电新能源领域的应用

近年来，全球为保护环境都在减少煤炭使用量，转而用清洁能源来逐步代替，风力发电行业便在这一背景下快速兴起。我国对新能源发展的需求更为迫切，为了实现国家节能减排的目标，我国将继续大力推动清洁能源的高效利用，并大力开发新能源和可再生能源，风电无疑是其中的一个重要的开发方向。在政策大力推动下,风力发电行业突飞猛进,预计未来风电行业将保持高速增长趋势。

按照2016年底的风电累计装机容量计算,全球前五大风电市场依次为中国、美国、德国、印度和西班牙,在2001—2016年间,上述五个国家风电累计装机容量及年均复合增长率如表5-2所示。

表5-2 2001—2016年全球五大风电市场风电累计装机容量年复合增长率

国家	截至2001年12月31日风电累计装机容量(MW)	截至2016年12月31日风电累计装机容量(MW)	2001—2016年年均复合增长率(%)
中国	404	168 690	49.53%
美国	4 275	82 184	21.78%
德国	8 754	50 018	12.32%
印度	1 456	28 700	21.99%
西班牙	3 337	23 074	13.76%

从表5-2可见,我国已经成为全球风力发电规模最大、增长最快的市场。根据全球风能理事会统计数据,全球风电累计装机容量从截至2001年12月31日的23 900 MW增至截至2016年12月31日的486 749 MW,年复合增长率为22.25%;同期我国风电累计装机容量的年复合增长率为49.53%,增长率位居全球第一。

据调查,风电行业的各个环节都与气象条件密切相关,主要包括风电项目规划设计、风电场建设、风电生产、风电调度、风机维护、风电技术研究与开发等环节。

5.3.1 气象大数据在风能规划和工程中的应用

1) 中国风能区划

风能资源取决于风能密度和可利用的风能年累积小时数。风能资源受地形的影响较大,我国幅员辽阔、海岸线长,陆地面积约为960万km^2,海岸线(包括岛屿)达32 000 km,拥有丰富的风能资源,并具有巨大的风能发展潜力。根据中国气象局2014年公布的评估结果,我国陆地70 m高度风功率密度达到150 W/m^2以上的风能资源技术可开发量为72亿kW,风功率密度达到200 W/m^2以上的风能资源技术可开发量为50亿kW;80 m高度风功率密度达到150 W/m^2以上的风能资源技术可开发量为102亿kW,达到200 W/m^2以上的风能资源技术可开发量为75亿kW。

根据全国900多个气象站将陆地上离地10 m高度资料进行估算,全国平均风功率密度为100 W/m^2,风能资源总储量约32.26亿kW,可开发和利用的陆地上风能储量有

2.53亿kW，近海可开发和利用的风能储量有7.5亿kW，共计约10亿kW。如果陆上风电年上网电量按等效满负荷2 000 h计，每年可提供5 000亿kW·h电量，海上风电年上网电量按等效满负荷2 500 h计，每年可提供1.8万亿kW·h电量，合计2.3万亿kW·h电量。中国风能资源丰富，开发潜力巨大，必将成为未来能源结构中一个重要的组成部分。

就区域分布来看，我国风能主要分布在以下几个地区：

东南沿海及其岛屿，为我国最大风能资源区。这一地区，有效风能密度大于、等于200 W/m^2 的等值线平行于海岸线，沿海岛屿的风能密度在300 W/m^2 以上，有效风力出现时间百分率达80%～90%，大于等于8 m/s的风速全年出现时间约7 000～8 000 h，大于等于6 m/s的风速也有4 000 h左右。从这一地区向内陆，则丘陵连绵，冬半年强大冷空气南下，很难长驱直下，夏半年台风在离海岸50 km时风速便减少到68%。所以，东南沿海仅在由海岸向内陆几十千米的地方有较大的风能，再向内陆则风能锐减，在不到100 km的地带，风能密度降至50 W/m^2 以下，是全国风能最小区。但在福建的台山、平潭和浙江的南麂、大陈、嵊泗等沿海岛屿上，风能都很大。其中台山风能密度为534.4 W/m^2，有效风力出现时间百分率为90%，大于等于3 m/s的风速全年累积出现7 905 h。换言之，平均每天大于等于3 m/s的风速有21.3 h，是我国平地上有记录的风能资源最大的地方之一。

内蒙古和甘肃北部为我国次大风能资源区。这一地区终年在西风带控制之下，又是冷空气入侵首当其冲的地方，风能密度为200～300 W/m^2，有效风力出现时间百分率为70%左右，大于等于3 m/s的风速全年有5 000 h以上，大于等于6 m/s的风速在2 000 h以上，从北向南逐渐减少，但不像东南沿海梯度那么大。风能资源最大的虎勒盖地区，大于等于3 m/s和大于等于6 m/s的风速的累积时数，分别可达7 659 h和4 095 h。这一地区的风能密度，虽较东南沿海为小，但其分布范围较广，是我国连成一片的最大风能资源区。

黑龙江和吉林东部以及辽东半岛沿海，风能也较大。风能密度在200 W/m^2 以上，大于等于3 m/s和6 m/s的风速全年累积时数分别为5 000～7 000 h和3 000 h。

青藏高原、三北地区的北部和沿海，为风能较大区。这个地区，风能密度为150～200 W/m^2，大于等于3 m/s的风速全年累积为4 000～5 000 h，大于等于6 m/s风速全年累积为3 000 h以上。青藏高原大于等于3 m/s的风速全年累积可达6 500 h，但由于青藏高原海拔高、空气密度较小，所以风能密度相对较小，在4 000 m的高度，空气密度大致为地面的67%。也就是说，同样是8 m/s的风速，风能密度在平地为313.6 W/m^2，而在4 000 m的高度却只有209.3 W/m^2。所以，如果仅按大于等于3 m/s和大于等于6 m/s的风速的出现小时数计算，青藏高原应属于最大区，而实际上这里的风能却远较东南沿海岛屿为小。青藏高原、三北北部和沿海，几乎连成一片，包围着我国大陆。大陆上的风能可利用区，也基本上同这一地区的界限相一致。

云南、贵州、四川，甘肃、陕西南部，河南、湖南西部，福建、广东、广西的山区，以及塔里木盆地，为我国最小风能区。有效风能密度在50 W/m^2 以下，可利用的风力仅有20%左右，大于等于3 m/s的风速全年累积时数在2 000 h以下，大于等于6 m/s的风速在150 h以下。在这一地区中,尤以四川盆地和西双版纳地区风能最小,这里全年静风频率在60%以上,如绵阳为67%,巴中为60%,阿坝为67%,恩施为75%,德格为63%,耿马孟定为72%,景洪为79%。大于等于3 m/s 的风速全年累积仅300 h,大于等于6 m/s 的风速仅20 h。所以,这一地区除高山顶和峡谷等特殊地形外,风能潜力很低,无利用价值。

在上述地区以外的广大地区,为风能季节利用区。有的在冬、春季可以利用,有的在夏、秋季可以利用。这一地区,风能密度为在50～100 W/m^2,可利用风力为30%～40%,大于等于3 m/s 的风速全年累积在2 000～4 000 h,大于等于6 m/s 的风速在1 000 h左右。

2) 风电场选址

发电风机的有效运行有一定的风速要求,能使风机转动的风速被称为启动风速,各类风机都有一个设计风速,风力达到设计风速时,风机产生最大发电功率。当风速过大,可能破坏风力发电机时,风机必须停止转动。风力发电机组一般在3～25 m/s 风速区间可以进行发电,小于3 m/s 风速风机叶片虽然有转动但是机组仅做无用功,当风速大于25 m/s 时,考虑风机运行的安全性,需要停机。因此,风电场的设立和运行,对环境风速有着较为严格的要求。

风电场选址分为宏观和微观两个步骤。宏观选址是在较大范围内,通过对若干候选地点的风能资源和建设条件的比较,确定风电场建设地点。在宏观选址过程中,要综合考虑风的各种性能。如:风能质量好(年平均风速5 m/s 以上、测风塔最高处风功率密度200 W/m^2 以上、风频分布好、可利用小时数最好达到1 800 h 以上);风向基本稳定;风速日变化、年变化比较稳定;风速垂直切变较小;湍流强度小;避开灾难性天气频发地等。

风电场的微观选址指的是风力发电机安装位置的选定。根据风电场的具体地形地貌特点,以及风机排列方式,进一步评估风力发电效益。在微观选址过程中,需要对大气边界层中的风、湍流进行模拟,需要应用大气边界层微气象模型,对运营风功率进行具体测算。

总而言之,风电场的选址和气象条件密切相关。综合应用大数据进行分析,可以为风电选址提供科学支持。

5.3.2 气象大数据在风能预测中的应用

风力发电机所发的电能输送上岸后,距离我们的现实生活还有一步之遥,那就是不得不面对的"风电并网"问题,即如何才能汇入可供我们直接使用的电网中。广义上讲,"风电并网"中的"网"指的是包含发电、变电、传输的整个电力系统。风电接入电网要求要安全可控。

作为一种清洁的可再生能源,风力发电优点众多,可是在实际应用中并非一帆风顺。由于风能的波动性和预测的不确定性,接入电网后,将存在一定的运行风险。这也是全球新能源产业面临的共同挑战。

由于电网运行中可能出现一些意外的事故,会造成短时(100～200 ms)的参数波动。

面对这种小波动，风机需要具备一定的抗干扰能力，才能继续保持稳定供电。然而在我国的风力发电历史上，曾经发生过一些大规模风电脱网事故。经过对事故的分析调查，发现主要原因是风机的低电压穿越能力不合格。

近年来，风电机组的装机量屡创新高；如何更高效地消纳风电，成为风电业界关心的焦点。主要规避风险的方法可以是发展储能技术或者实时风电预测。假如风电场之外的电网发生故障，储能技术可以在最短的时间内提供电压的支撑，从而有效地保证电网运行的平稳性，但目前还没有一种经济有效的储能方法，世界各国都在积极探索更好的储能技术。

风预测系统可以对风电场的发电功率做出短期至中长期的预报，为电力系统实时调度提供依据。以前，人们对风电的利用充满了随机性，完全处于“等风来”的状态，非常被动。风力发电自身的波动性和不确定性也会给电网的安全稳定运行带来不利的影响，而风功率预测技术正是解决这一挑战的有效工具。风功率预测技术是根据风电场基础信息、运行数据、气象参数以及数值天气预报等数据，建立数学模型，对单个场站或区域场群于未来一段时间的输出功率进行预测的大数据应用技术。它将未来的风电出力在一定程度上量化，为“实时平衡”提供决策依据，有效支撑电网的调度。

中国电力科学院建立了国内首个面向电力生产运行的电力气象预报与发布中心，与气象领域的国际机构建立了长期的合作关系，针对风电场所在区域地形和气候特征，定制了高精度的数据产品。目前，风电工程师研发了 0～72 h 内的中长期风功率预测和 0～4 h 的超短期风功率预测系统，时间分辨率为 15 min。风电并网实现了初步的可预报、可调控，能为电力系统实时调度提供依据。

5.3.3 气象大数据在海上风电场台风影响论证中的应用

上海拥有良好的风电场建设条件和技术经济优势，已在奉贤、浦东和崇明沿岸带建立了中小型风电场。根据上海市风能资源评价报告，上海长江口及近海海域的年平均风速达 6～7 m/s，年平均风功率密度在 250 W/m^2 以上，3～25 m/s 的有效风时数为 7 500 h 以上，达到风电场良好开发价值的等级标准。

发展近海风电开发，必须预先进行海上风电环境评估，解决一些技术问题，其中一个重要的问题，即应先对海上可能出现的灾害性气象条件做出评价。东海大桥海区地处我国东南沿海，几乎每年均要受热带气旋的影响，历年来最大风速基本上都是热带气旋影响造成的，热带气旋对风电场的影响利弊兼有，强度不太强（如风暴量级）的热带气旋以及其外围环流影响的区域，可以给风电场带来较长的“满发”时段，但是强度较强的热带气旋，如强度达到台风级的，会给风电场带来破坏。因此，开展热带气旋影响下上海长江口及近海区域可能出现最大风速的评估，对海上风电场风机机型的选择、风机运行维护均有重要意义。

1) 影响台风的气候特征

根据国际统一标准，热带气旋强度以其中心附近最大风速来确定。分析中如无特殊说明，则“台风”指的是热带风暴、强热带风暴、台风、强台风和超强台风的总称。

(1) 影响台风的统计标准。

统计影响台风气候特征的气象记录取自距长江口江岸约 30 km 南槽铜沙滩引水船气象站以及中国气象局台风研究所整编的《台风年鉴》和《热带气旋年鉴》。

根据 1949—2005 年资料，考虑以进入小洋山 2.5 纬距范围内的台风作为对洋山港有直接影响的台风。为了便于分析台风对东海大桥风电场可能造成的危害性影响，确定了影响东海大桥海区的台风标准：引水船气象站出现 10 min 平均最大风速≥20.8 m/s(9 级及以上风力)。最大风速是指台风影响时 10 min 平均风速的最大值，极大风速是指瞬时风速(阵风)。

(2) 影响台风的频数分布。

1972—2005 年期间符合影响东海大桥海区标准的台风有 37 个，平均每年有 1.1 个。影响台风次数各年差别很大(图 5-9)，最多时，一年可出现 3 个；最少时，全年没有台风影响。各年影响台风数与西北太平洋台风发生数并不成正比，主要决定于当年大气环流形势是否有利于台风影响上海。

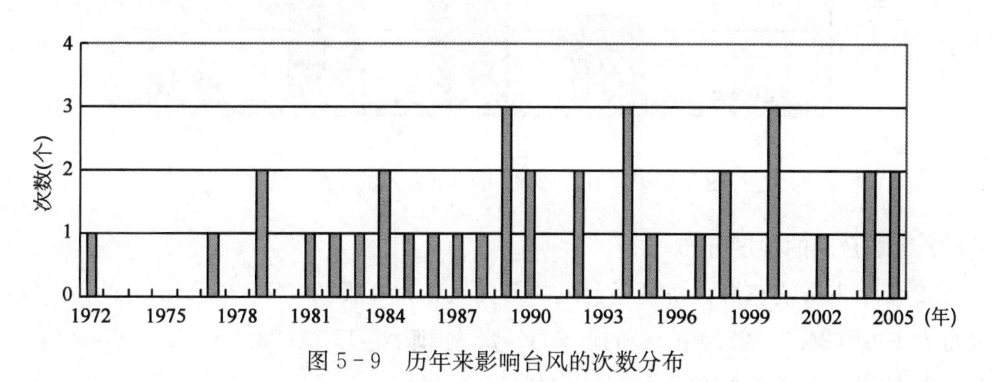

图 5-9 历年来影响台风的次数分布

按台风不同路径统计，1972 年以来影响东海大桥海区的登陆台风有 22 个，近海北上的有 15 个。其中在浙江登陆台风有 15 个，福建 4 个，上海 2 个，江苏 1 个。观测到的最大风速，登陆台风为 28.7 m/s(1995 年 8 月 25 日)；近海北上的为 30.3 m/s(1986 年 8 月 27 日)。

直接从上海地区登陆台风的很少(表 5-3)，1949 年以来出现过 3 次，它们分别是 1949 年 7 月 25 日台风在金山登陆；1977 年 9 月 11 日 7708 号台风在崇明登陆；1989 年 8 月 4 日 8913 号强热带风暴在川沙(浦东新区)登陆。另有 2 个台风是浙江登陆后穿越杭州湾在上海地区再次登陆(1959 年 7 月 15 日、1995 年 8 月 25 日)。

表 5-3 1949 年以来在上海地区登陆的热带气旋一览表

时　间	强　度	登陆地段	最大风速(m/s)
1949.7.25	台风	上海金山(直接)	28.8(陆)
1977.9.11	台风	上海崇明(直接)	20.7(陆)23.0(水)
1989.8.4	强热带风暴	上海川沙(直接)	16.0(陆)22.7(水)

（续表）

时　间	强　度	登陆地段	最大风速(m/s)
1959.7.15	强热带风暴	上海奉贤(再次)	17.1(陆极大)
1995.8.25	热带风暴	上海金山(再次)	12.3(陆)28.7(水)

1972年以来影响东海大桥海区的台风最早出现在6月，最迟在10月，其中以8—9月最为集中，约占全年的76%，8月为全年之最(51%)(图5-10)。台风影响上海平均持续2～3天，最长可达7天，最短为1天。

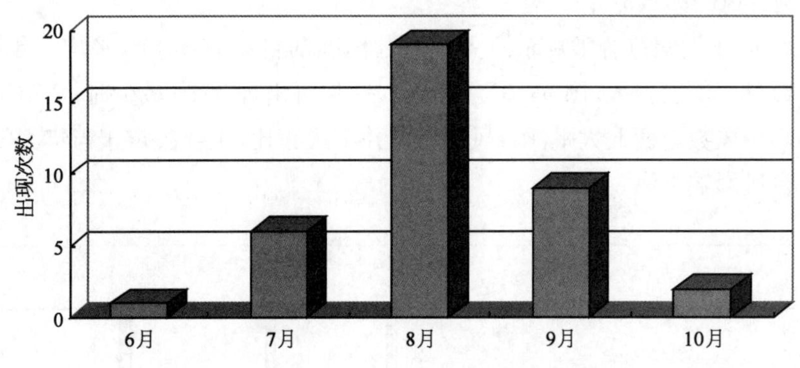

图5-10　1972—2005年影响台风的月际分布

(3) 影响台风的强度分布。

1972年以来影响东海大桥海区台风的最大风力为9级(20.8～24.4 m/s)的占70%，最大风力为10级(24.5～28.4 m/s)的占22%，最大风力达11级(28.5～32.6 m/s)仅有8%，没有出现12级及以上(≥32.7 m/s)的台风。

(4) 影响台风的风向分布。

东海大桥海区受台风影响时，大风的风向主要由台风的位置决定。当台风在浙江、福建登陆时，风电场在台风运动方向的右侧，大风的风向主要是东南风，ENE-E-ESE-SE四个方位风向频率占74%；台风近海北上时，风电场在台风的左侧，大风的主导风向是东北偏北风，NNW-N-NNE-NE四个方位风向频率占87%。无论何种路径，台风大风偏西的风向极少出现。

2) 东海大桥海区最大风速极值评估

计算不同概率下(重现期)最大风速的极值，提出既合理又安全的最大设计风速，对风电场环境的评估及风电机型的选择有重要作用。目前计算不同重现期极端风速值的方法为：先建立评估地区历年年最大风速序列，然后用统计方法(在风资料年代较短情况下一般用极值Ⅰ型)推算出风速极值；如果风资料年代较短，可用统计方法推断出的风速代表性较差；东海大桥海区是台风多发区，年最大风速主要是由台风引起的(表5-4)，台风年最大风速概率分布可以很好近似年最大风速概率分布；利用历年台风的探测资料，统计台风特征参数的概率分布，用 Monte - Carlo 随机抽样法产生台风，根据成熟台风的物理模型模拟给定地区在较长时段内年最大风速概率分布，从而确定给定地区的各重现期风速极值（台风危险性分析）；美国和澳大利亚有关部门都采用该方法来编制设计风速图。分析中用极值Ⅰ型和 Monte - Carlo 方法对东海大桥海区最大风速极值做评估。

表 5 - 4 引水船测站历年年最大风速 (m/s)

年份	1974	1975	1976	1977	1978	1979	1980	1981	1982	1983	1984
风速	22.0	25.0	20.0	23.0	20.0	25.0	23.0	26.7	24.3	24.0	25.0
系统	台风	低压	冷空气	台风	冷空气	台风	冷空气	台风	冷空气	台风	台风
年份	1985	1986	1987	1988	1989	1990	1991	1992	1993	1994	1995
风速	23.0	30.3	23.3	22.0	22.7	23.3	24.0	25.0	22.3	23.7	28.7
系统	低压	台风	台风	台风	台风	冷空气	冷空气	台风	冷空气	台风	台风
年份	1996	1997	1998	1999	2000	2001	2002	2003	2004	2005	—
风速	20.7	26.7	35.0	28.3	25.3	19.7	30.0	18.7	22.7	22.7	—
系统	冷空气	台风	龙卷风	冷空气	台风	台风	台风	台风	台风	台风	—

(1) 极值Ⅰ型的概率分布计算。

表 5 - 4 是引水船测站 1974—2005 年年 10 min 平均最大风速序列，该序列均值为 24.3 m/s，标准差 3.43 m/s。

极值Ⅰ型的概率分布函数为：

$$F(x) = \exp\{-\exp[-\alpha(x-u)]\}$$

其中，u 为分布的位置参数；α 为分布的尺度参数。

测站 n 年一遇最大风速 $V_{n\max}$ 按下式计算：

$$V_{n\max} = u - \frac{1}{\alpha}\ln\left[\ln\left(\frac{n}{n-1}\right)\right]$$

表 5 - 5 不同再现期最大风速的计算值

再现期	30 年一遇	50 年一遇	100 年一遇
风速值	33.0 m/s	34.7 m/s	36.8 m/s

(2) Monte - Carlo 模拟方法计算。

Monte - Carlo 方法也称随机模拟方法，能够应用它来模拟台风取决于两个方面的原因：首先，台风是随机现象，它的结构非常相似，其风场可以由几个关键的特征参数来确定，如中心气压差 ΔP、最大风速半径 $R_{\max}$、移动速度 V_{T} 等；其次是历年影响上海的台风的特征参数均有记录，或者可间接推断得到。

用 Monte - Carlo 模拟方法估计台风年最大风速概率分布主要有 4 个步骤：① 应用台风各特征参数的历史记录，形成各特征参数的概率分布；② 基于各特征参数的概率分布随机抽样产生台风特征参数值，每一组参数组成一个新的模拟台风；③ 根据台风的风场模式，计算每个台风在研究点各时次的风速，取风速中最大值作为此台风在研究点的最大风速；模拟计算足够多的台风后，产生一系列最大风速，它将作为估计台风年最大风速概率分布的基本资料序列；④ 以模拟计算得到的台风最大风速系列，通过概率统计方法估计台风年最大风速概率分布。

(3) 台风特征参数的统计。

所用的台风数据来源于中国气象局上海台风研究所整编的《台风年鉴》，记录资料包括发生年份、台风编号、台风名称、时期、时间以及中心纬度经度、中心气压、中心最大风速、最大风速半径的全过程记录，每天取 4 个观测时段。

① 中心气压差 ΔP 是台风中心气压 P_0(年鉴资料)和外围气压 P_∞ 为 1 010 hPa 之差；

② 台风移动速度 V_T 是根据台风移动时，台风中心前后两个时次的经纬度位置计算得到的；

③ 台风移动方向角是根据台风移动时，台风中心前后两个经纬度的位置计算得到(西行为 0°、北行为 90°、南行为 −90°)；

④ 最小距离 D_{min} 是模拟点与台风移动方向间的垂直距离；

⑤ 最大风速半径 R_{max} 一部分直接取自台风年鉴实测数据(飞机探测、卫星云图分析)；另一部分是根据藤田公式计算得到的。

(4) 台风特征参数的概率分布。

为使抽样时数据的合理性得到保证，统计分析前，先要对这些特征参数进行修正，剔除从历史资料来看不合理的参数值，使中心气压差 ΔP 为 0～135 hPa，最大风速半径 R_{max} 范围为 8～100 km，台风移速 V_T 范围 2～65 km/h。

用正态分布、对数正态分布、韦伯尔分布、冯·米塞斯分布、泊松分布模型和经验分布拟合各参数的分布。分布的拟合优度检验采取了 χ^2 拟合优度检验法和经验分布拟合优度检验法(K - S 等)，从而确定模拟抽样时所用的台风特征参数概率模型。表 5 - 6 给出了上海近海台风各特征参数概率分布及参数估计。

表 5 - 6 上海近海台风特征参数概率分布

参 数 名 称	概率分布函数
台风出现频率 λ	泊松分布 $\lambda=2.1020$
最小距离 D_{min}	经验分布
台风移动方向角 θ	冯·米塞斯分布 $\theta=81.7°$ $K=2.55$

(续表)

参 数 名 称	概率分布函数
台风中心气压差 ΔP	对数正态分布均值 3.495 8 均方根 0.459 4
台风移动速度 V_T	对数正态分布均值 3.028 2 均方根 0.344 0
台风最大风速半径 R_{max}	对数正态分布均值 3.985 9 均方根 0.429 4

(5) 台风风场模式。

台风风场模式是根据大气压力场与风关系的基本理论得到的，报告采用 Batts 风场模式。

① 最大梯度风速：

$$V_{gx} = K\sqrt{\Delta P} - (R_{max}/2)f$$

其中，V_{gx} 为最大梯度风速(m/s)；K 为系数，由经验资料求得，取 6.72；ΔP 为中心气压差(hPa)；R_{max} 为最大风速半径(m)；f 为科氏系数。

② 海面 10 m 高处 10 min 平均最大风速(10 min)：

$$V(10,\ R_{max}) = 0.865V_{gx} + 0.5V_T$$

③ 在台风最大风速半径内与台风中心相距 r 处距海平面 10 m 的风速(10 min)：

$$V(10,\ r) = V(10,\ R_m)\frac{r}{R_m}$$

$$V(10,\ r) = V(10,\ R_m)\left(\frac{R_m}{r}\right)^x$$

其中，在台风最大风速半径外与台风中心相距 r 处(距海平面 10 m)风速(10 min)指数 x 按不同台风在 0.5～0.7 间变化。

④ 离台风中心距离为 r，与直线 OM 夹角为 α，距海平面 10 m 处风速(10 min)：

$$V(10,\ r,\ \alpha) = V(10,\ r) - 0.5V_T(1-\cos\alpha)$$

令台风中心为 O，考虑一条与台风移动方向成 115°的直线 OM。其中，$V(10,\ r)$为在直线 OM 与 O 相距 r 处，距海平面 10 m 处风速(10 min)。$r(10,\ r,\ \alpha)$为离台风中心距离为 r，与直线 OM 夹角为 α，距海平面 10 m 处风速(10 min)。

(6) 模拟计算结果。

共模拟了 1 000 个年份共 2 179 个台风，由 Batts 台风风场模式，计算出了模拟点(上海近海)10 m 高度的台风年最大风速值，得到上海近海海域年最大风速序列，然后通过统计方法得到台风年最大风速概率分布，近海海域的不同重现期的年最大风速值列于表5-7。

表5-7 模拟方法得到的上海近海不同重现期年最大风速

分布类型	30年一遇	50年一遇	100年一遇
极值Ⅰ型	33.6 m/s	37.2 m/s	42.0 m/s
Weibull	32.9 m/s	35.9 m/s	39.5 m/s

当统计样本足够大时，用Weibull分布得到的概率分布与经验分布更接近，尤其在小概率事件发生上，即随着重现期的增长，用Weibull分布计算的风速增大速度较平缓，与实况相近。

两种不同方法推算结果比较，用Monte-Carlo法推算得到上海近海海域50年、100年一遇10 m高10 min平均最大风速，比用引水船测站最大风速序列推算值约大2～3 m/s，也是合理的，引水船位于长江口水面上，从近几年台风影响下最大风速分布实况来看，东海大桥海区的风速比长江口大。

3）台风影响时平均风速与极大风速的统计关系

通常所说的最大风速是指10 min的平均风速，极大风速是指瞬时3 s的风速，也称阵风；极大风速与平均风速的比值称为阵风系数。极大风速的记录短缺，给工程使用带来了局限和困难。建筑规范规定近海海面、海岸、海岛等A类地区阵风系数根据不同高度取1.39～1.63。下文以芦潮港和东海大桥海区2005年“麦莎”和“卡努”台风影响时8—9月的测风资料，统计东海大桥海区台风影响过程的平均风速与阵风风速的经验关系。

根据东海大桥海区离水面26 m高度2005年8—9月10 min平均风速≥16 m/s共2 501个样本资料，芦潮港测风塔50 m高度10 min平均风速≥16 m/s共278个样本资料，计算极大风速与相应时间10 min平均风速比值，并以平均风速3 m/s（相当于1级风速）间隔划分，统计分析比值随风速的变化，结果如表5-8、表5-9所示。

表5-8 东海大桥海区阵风系数的变化

风速范围(m/s)	阵风系数(26 m高)	样本数
16.0～18.9	1.22	1 080
19.0～21.9	1.23	815
22.0～24.9	1.24	397
25.0～27.9	1.26	138
28.0～30.9	1.20	70
31.0～33.9	1.19	1
平均	1.22	2 501

表 5-9 芦潮港海岸阵风系数的变化

风速范围(m/s)	阵风系数(50 m 高)	阵风系数(70 m 高)	样 本 数
16.0～18.9	1.21	1.21	115
19.0～21.9	1.22	1.21	47
22.0～24.9	1.23	1.23	84
25.0～27.9	1.23	1.23	32
平均	1.22	1.22	278

结果表明，阵风系数与 10 分钟平均风速比值，呈现“3 段式”变化，当平均风速在 16.0～27.9 m/s 之间时，阵风系数呈小幅上升，变化范围在 1.22～1.26；当风速达到 28.0 m/s 及以上时，阵风系数比值又出现下降，且降速较明显。50～70 m 高度的阵风系数比 26 m 高度的略小一些。阵风系数总体平均为 1.22。

4) 台风影响时最大风速随高度变化分析

建筑规范上风速随高度变化计算推荐用指数公式

$$V_z = V_{10}(Z_z/Z_{10})^a$$

其中，幂指数 a 的取值，近海海面、海岛、海岸等 A 类地区取 0.12。该公式是个经验公式，该公式及幂指数的取值是根据大量的实测风速，兼顾大小不同的风速情况下拟合推算出的。当受台风影响时，风力达 7～8 级以上时，风速随高度变化是否也遵循指数规律，或是幂指数如何取值，还值得商榷。下文利用近几年台风影响上海时，电力部门在南汇等沿海岸线设立的测风塔观测资料，进行分析讨论。

表 5-10 是 1997—2005 年台风影响上海时，以 10 m 高度的平均风速为基准按 1 m/s 间隔进行分级，统计风速在 14 m/s 以上时，南汇大治河口、崇明东旺沙测站 50 m 与 10 m 高度风速差值，横沙岛、芦潮港测站 70 m 与 50 m 高度风速差值以及前两项综合后 70 m 与 10 m 高度风速差值的变化，分析出现不同风速时，风速随高度变化的规律。

从表 5-10 中可看出，当地面 10 m 高平均风速从 14 m/s 起逐渐增大时，50 m 与 70 m 高度的风速与地面风速的差值并不是呈指数律线性增大，在地面风速 21 m/s 以下时，50 m 与 10 m 的风速差为 4.3～4.9 m/s，风速达 21 m/s 以上时，风速差还略有减小；70 m 与 50 m 的风速差则随着风速增加有所增加，但维持 1～2 m/s 范围内；随着风速增加，70 m 与 10 m 的风速差基本稳定在 5～6 m/s。上述结果表明，台风影响出现大风时，上海近海、海岸带近地(水)层 10 m 与 70 m 高度范围内，平均每升高 10 m，风速增大约 1 m/s。

2005 年 8 月 6 日，芦潮港 10 m 高的 10 min 平均最大风速为 24.6 m/s(因测风塔 10 m 高风速受环境影响偏小，用气象局自动站代替)；50 m、60 m 高度的最大风速分别为 27 m/s、27.7 m/s；70 m 高度架设两个风仪，最大风速分别达 27.8 m/s 和 28.8 m/s。

表 5-10 台风影响时海岸带不同高度风速差值变化 (m/s)

风速范围	50 m 与 10 m	70 m 与 50 m	70 m 与 10 m
14.0～14.9	4.3	0.79	5.1
15.0～15.9	4.4	0.88	5.3
16.0～16.9	4.9	1.01	5.9
17.0～17.9	4.8	1.21	6.0
18.0～18.9	4.8	1.01	5.8
19.0～19.9	4.7	1.14	5.8
20.0～20.9	4.8	1.21	6.0
21.0～21.9	3.4	1.46	4.9
22.0～22.9	4.0	1.54	5.5
23.0～23.9	4.1	1.83	5.9
24.0～24.9	—	1.76	—
25.0～25.9	—	1.75	—

5.3.4 案例介绍

国家气候中心基于多源海量气象观测数据和中尺度数值预报模式，运用观测资料同化技术，利用我国“神威·太湖之光”超级计算机，历时1年多，耗费150亿核时计算资源完成了高时空分辨率、长年代、多要素、精细网格的具有自主知识产权的四维风能资源大数据的计算。该套数据经过严格的质量控制和检验，具有科学性、精准性和实用性，可以替代国外同类风能数据产品。

中国四维风能资源大数据具有高时空分辨率特点，水平格点3 km×3 km，垂直分层38层，其中200 m以下垂直间隔为10 m，共有1.6亿个三维网格，覆盖面积超过2 500万km^2，涵盖我国陆地和海域以及“一带一路”主要国家和地区，包含1995—2016年、逐小时、30余种气候要素以及10余种能源衍生产品，数据总量达3 PB。

通过全国风能资源专业观测网实测数据检验，该数据集中近8成网格点70 m、100 m高度年平均风速相对误差小于10%。

此外，结合地理信息和大数据分析技术，利用中国四维风能资源大数据直接驱动计算流体力学模型，可以实现无塔条件下的风场微观选址和优化设计。

第6章

气象大数据在公路交通中的应用

在“大数据”这个概念提出之前，我国气象部门和公路交通部门已经在公路交通气象监测、跨行业数据共享、气象对公路交通的影响分析等方面开展了以“数据”为基础的各项工作，也取得了一些成果。

当然，严格来说，这些“数据”还是传统意义上的样本数据，虽然不是随机样本、少量样本，但跟“大数据”的全数据模式特点相比，还是有一定的差距。但是正是由于这种差距，使我们看到了公路交通气象应用领域的发展空间，希望通过引入“大数据”概念，应用先进算法技术，在公路交通和气象两个行业的大数据间，探索出目前公路交通气象新的发展方向，从而让气象大数据在公路交通行业发挥更大的作用，为交通安全、交通良性运转提供更科学的决策依据。本章主要从天气与公路交通事故数据分析开始，研究天气对公路交通的影响，确立了公路交通的高影响天气，并通过对公路交通预报技术及服务系统的介绍，展示气象在公路交通方面的应用。

6.1 公路交通对气象大数据应用的需求

6.1.1 我国主要地理特征和气候概况

1) 我国主要地理特征

我国地势西高东低，呈三级阶梯分布，地形复杂，山区面积广大，高原、山地和丘陵占有很大比重，青藏高原雄踞我国西部。平原面积小，主要分布在东部；东部平原间还散布着许多中山、低山和丘陵。不同水平地带内的山地各具不同的垂直带结构，加深了我国自然条件的复杂性和多样性，使我国自然地域差异具有世界罕见的独特性。

2) 我国气候概况

我国幅员辽阔，东西经度跨越62°，南北纬度相差50°，气候带从南热带、亚热带到北温带，还有高原气候区，距海远近及海拔高度的差异也很大。加之我国地形复杂，具有“十里不同天”的特点，全国各地都有自己各具特色的天气气候。

我国气候的三大特点：一是季风气候明显，二是大陆气候强，三是气候类型多种多样。东部是季风气候，大陆性季风气候显著，夏季高温多雨，冬季北方寒冷干燥，南方温暖湿润。西部是温带大陆性气候，气温年较差、日较差大，降水集中在夏季。夏季南北普遍高温，冬季南北温差很大。降水从东南沿海向西北内陆递减。

我国南方和沿海地区如华南大部、江南大部及湖北东部、四川盆地西部、云南西部以及华东沿海到辽宁东部等地区，在夏季和台风侵袭季节是暴雨、短时强降水的高发区；常造成江河洪水泛滥，不但淹没农田、城乡，而且损毁交通设施，冲毁交通干线，造成不可抗拒的交通事故。北方如西北地区的新疆北部、内蒙古中北部和东北地区的吉林中南部、辽宁北部、黑龙江中北部，在冬半年是我国寒潮侵袭频次最多的地区，由于寒潮频发，所带来的强风、积雪、低温冻害等灾害性天气对交通安全运输造成严重影响，甚至造成车毁人亡的交通事故。

秋、春季在我国黄淮、江淮、江南及河北、四川、云南、贵州、福建、广东等地区多雾，其中福建西部、浙江西北部、贵州西北部、云南南部等地更是浓雾多发区。

6.1.2 气象对公路交通的影响

气象对公路交通运输的影响涉及它的各个环节，从线路的规划设计、施工建设到运行，都对气象条件有不同的要求。公路选线要考虑当地气候状况，包括年降水量、平均气温、暴雨强度及地质灾害易发区域等因素；施工时要考虑极端最高和最低气温及年较差、最大风速、覆冰厚度、最大风速、年平均雷电日数等；在运营阶段，涉及的气象要素更为多样，例如降雨、降雪、公路结冰、高温、大雾、强风、雷电等的影响。近些年，由于极端天气事件增多，灾害性天气对公路交通安全运行的影响频率也有所增加，据交通管理部门统计，交通事故中有近30%是在恶劣天气条件下发生的。可见，气象对公路交通行业，尤其是对公路运行的影响是很大的，本章中讨论的气象在公路交通中的应用也主要侧重于公路交通运行方面。

6.1.3 用户对公路交通气象保障信息的需求

为了更好地分析用户对公路交通气象保障信息的需求，本书先对公路交通气象服务用户进行细化。众所周知，与公路交通密切相关的是公路交通的管理者、运营者和出行者。因此，公路交通气象服务的用户可以细分为公路交通管理者（公安部门、各级公路管理部门）、运营者（公路管理部门、运营公司）、出行者（长途客货运输公司、公交公司、出租车公司、旅游公司、个体运输者、车辆驾驶员及社会公众等）。不同公路气象用户在公路交通运行时承担的职责或活动不同，对气象的需求也不同（表6-1）。

表6-1 公路交通气象服务用户需求分析

用户分类	用户职责/活动	用户需求
管理者	负责制定公路交通运行的相关政策，提供公路路况信息，处置交通事故、特殊事件	需要保障公路正常安全运行、减少交通事故的公路气象管理决策支持数据

（续表）

用户分类	用户职责/活动	用户需求
运营者	负责日常运营维护，提供出行者各类服务，满足需求	需要安全、高效开展公路交通服务的气象数据支撑
出行者	公路交通的主要客户，使用或搭乘机动和非机动交通工具的运输者、社会公众	需要及时、准确的公路交通天气预报，公路天气导航，运输/出行路线规划、公路气象防灾等知识

6.2 公路交通的气象影响分析

6.2.1 天气与公路交通事故之间的关系分析

快速发展的高等级公路为人们的出行和经济建设发展提供了较大方便，但相应的交通事故也逐年增加，其中很大一部分交通事故与恶劣天气有关。恶劣天气会造成不良的路面状况，影响车辆的正常行驶，容易造成碰撞、翻车等交通事故。

随着经济增长及机动车辆保有量逐年增加，由于人为、路况、天气等原因所造成的公路交通事故总数也随之增长。

1) 辽宁省高速公路交通事故的调查分析

2005年1月—2008年12月的4年中，辽宁省高速公路共发生各类交通事故11 398起，其中由于天气原因及其造成的不良路况所引起的交通事故累计2 323起，占交通事故总数的20.4%，而绝大部分交通事故发生都是由于疲劳驾驶、酒后驾车及其他不良路况等原因造成(表6-2)。

表6-2 2005—2008年辽宁省高速公路逐年交通事故统计表

年份(年)		2005	2006	2007	2008	总计
各类交通事故数(起)		2 447	2 874	2 875	3 202	11 398
由天气原因及其造成的不良路况所引起的交通事故	交通事故数(起)	488	665	637	533	2 323
	比例(%)	19.9	23.1	22.2	16.6	20.4
	轻伤人数(人)	151	200	152	186	689
	重伤人数(人)	31	59	32	36	158
	死亡人数(人)	38	53	29	32	152

2005—2008 年四年因天气原因及其造成的不良路面所引起的各类交通事故年总数占各类交通事故年总数比例见图 6-1。

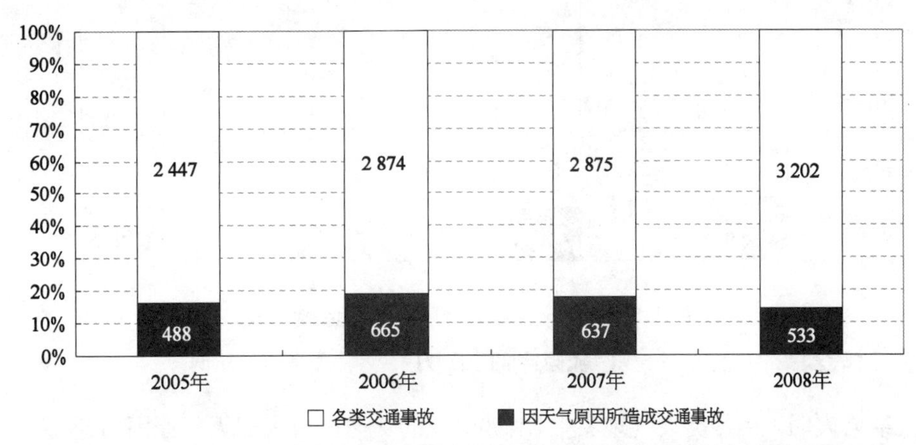

图 6-1 天气原因造成的各类交通事故年总数占各类交通事故年总数比例

(1) 天气原因造成交通事故性质分析。

通过对 2005—2008 年辽宁省高速公路各种性质交通事故资料普查，了解到(表 6-3)：在四种不同性质的交通事故中，由于天气原因及其造成的不良路况所引起的特大交通事故占特大交通事故总数比例最大，为 25.0%，重大、轻微交通事故基本持平，分别为 20.5%和 20.8%，一般交通事故所占比例最小，为 17.7%。天气原因造成交通事故占各类交通事故比例见图 6-2。

表 6-3 2005—2008 年辽宁省高速公路各种性质交通事故统计表

交通事故性质		特大	重大	一般	轻微	总计
各类交通事故数(起)		8	244	1 461	9 685	11 398
由天气原因及其造成的不良路况所引起的交通事故	交通事故数(起)	2	50	258	2 013	2 323
	比例(%)	25.0	20.5	17.7	20.8	20.4
	轻伤人数(人)	0	81	200	408	689
	重伤人数(人)	2	36	71	49	158
	死亡人数(人)	3	47	92	10	152

(2) 天气原因造成交通事故原因分析。

通过对几年来辽宁省高速公路发生的特大、重大、一般交通事故发生原因的调查中发现，意外情况(疲劳驾驶、超速行驶、车身隐患、突发事件等)、危险路况(一部分是由于天气原因造成的公路结冰、积雪、积水、霜等不良路况；另一部分是路段施工、路面有障碍物等)和天气原因(雾、降雨、降雪、大风等)是引起高速公路交通事故的三类主要原因。表 6-4 对特大、重大、一般交通事故中由天气及其造成的不良路况所引起的交通事故进行了天气状

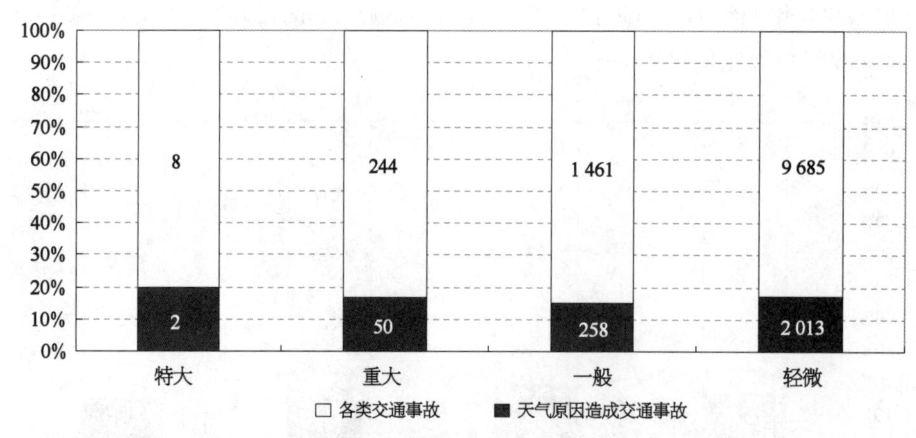

图6-2 天气原因造成交通事故占各类交通事故比例

况统计,结果表明:在各类天气现象中,因雾引起的交通事故占因天气原因引起特大、重大、一般交通事故总数(310起)比例最高,为41.0%,雨次之,为31.3%。

表6-4 特大、重大、一般交通事故中由天气及其造成的不良路况所引起的交通事故原因统计

事故原因	次数(起)	比例(%)
由天气原因产生的不良路面(冰雪路面、积水路面、湿滑路面)	57	18.4
雾	127	41.0
雨	97	31.3
雪	26	8.39
大风	3	0.97

(3) 辽宁高速公路交通事故与天气的关系。

随着气象预报准确率、交通气象跟踪服务水平、信息传递及时性的逐年提高,虽然辽宁省高速公路交通事故发生总数近年呈增长趋势,但是因天气原因所致交通事故数占交通事故总数比例却呈现下降趋势。在各类天气原因造成的高速公路交通事故中,雾导致的高速公路交通事故所占比例最高,雨次之。

2) 上海市公路交通事故的调查分析

根据1996—2002年上海交通事故相关数据,应用事故次数、死亡人数、受伤人数、直接物损四个因子加权分级制定的交通事故指数来分析上海高影响天气与公路事故之间的关系。

(1) 雨与交通事故的关系。

① 晴阴天、雨天、初雨日交通事故比较。

全年雨日的日均交通事故指数为4.83,比晴阴天高0.69,表明雨天的事故发生比晴阴天严重。另外值得关注的是，全年初雨日(连续 3 天以上无雨转雨的第一天为初雨日)的日均交通事故指数为 5.25，比雨天高 0.42，比晴阴天高 1.11。这是由于久晴转雨后，公路湿滑，而驾驶员、骑车人、行人思想麻痹大意，使交通事故上升。

② 不同日雨量的交通事故比较。

把日雨量(mm)≥0.1、5、10、15、20、25、30、35、40、45、50 的各级别日雨量与相应的日均交通事故指数作图，发现曲线呈抛物线形状，两者的数值关系近似为二次函数，用非线性回归分析法计算出它们之间的统计方程为 $y=-0.002x^2-0.0002x+4.9494$。

(2) 雾与交通事故的关系。

上海地区雾天多见于冬季，冬季雾天的日平均交通事故指数比无雾天高得多。但值得关注的现象是，全年轻雾天的日平均交通事故指数不仅比无雾天高，而且比雾天也高。造成这一现象的原因是轻雾天虽然比雾天环境条件好，但比无雾天要差，同时轻雾往往被司机忽略，出车率比雾天多，车速比雾天快，在能见度略差的情况下，易形成车祸。

(3) 雪与交通事故的关系。

虽然上海地区近年来冬季气温大多偏高，但冰雪天气还时有出现。由于气温偏高，雪下来就溶化，路面扫雪措施采取较好，积雪现象并不常见，因此下雪日的日均交通事故指数并不高。但下雪第二日的日均交通事故指数反而较高，比冬季日均交通事故指数高 0.36。这是因为经过下雪第一夜的冰冻，冰封大地，路面打滑，扫雪措施还没有及时到位，易引起侧滑横滑和翻车事故，使下雪第二日的日均交通事故指数上升。

(4) 湿温与交通事故的关系。

① 冬季最低气温变值与交通事故。

冬季强冷空气侵袭使气温骤降，温度突变不仅影响驾驶员、行人对环境反应的灵敏度，还会带来雨雪与冰冻，引起道路滑溜、车辆难行。用最低气温的变温(当日最低气温与昨日最低气温之差)反映冷空气的强弱，变值越小(绝对值越大)，冷空气越强。当最低气温的变温≤−4℃时，日均交通事故指数最高。

② 春季温湿与交通事故。

春季气温回升快且雨多，常出现较暖且湿度大的天气，此时驾驶员容易处于半睡半醒状态，同时路面也湿滑，极易引起车祸。研究表明：在日平均相对湿度≥85%情况下，日平均气温≥17℃时，日均交通事故指数最大为 4.69，比春季日均交通事故指数高 0.35。春季并非都是暖湿天气，也有受强冷空气侵袭出现比冬季还冷的严寒天气，这对交通影响很大。例如，1998 年 3 月 20 日，上海市出现雨雪、冰粒交汇的恶劣天气，车祸频频发生，日交通事故指数高达 5.2，比春季日均交通事故指数高 0.86。

③ 夏季温湿与交通事故。

上海地区最高气温≥35℃的日均交通事故指数为 4.51，略高于夏季日均交通事故指数，虽然 35℃以上高温酷暑会出现汽车轮胎爆胎、驾驶员中暑等易引起交通事故的因素，但高温期间外出车辆、人员减少，交通流量降低，事故发生率并不是很高。可是夏季常出现日最高气温≥28℃且<35℃、日平均相对湿度≥85%的闷热天气(高温高湿天气)时,驾驶员在行车中会觉得体力不支、头脑不清,易出现高速驾驶、盲目超车等错误行为,引发交通事故,同时因交通流量也比高温酷暑天气多,因此日均交通事故指数反而比高温酷暑高。分析得到:夏季日最高气温≥28℃且<30℃,日均相对湿度≥85%时,日均交通事故指数最高为4.78,比最高气温≥35℃的日均交通事故指数高0.27。

(5) 上海公路交通事故与天气的关系。

综上所述:上海雨日的日均交通事故指数比晴阴天日高,初雨日比雨日还高;冬季雾对交通影响的程度较大;轻雾天气日均交通事故指数比雾天高;下雪第二日的日均交通事故指数较高;冬季最低气温之变温值≤-4℃时,日均交通事故指数最高;春季较暖湿度大影响交通安全,冷空气侵袭也会严重影响交通;夏季高温高湿对交通影响比高温酷暑的影响更大。

6.2.2 天气对公路交通的影响

(1) 降雨。

降雨使路面湿滑,导致车辆侧滑和控制失灵。强降雨使地面能见度下降,增加交通事故。降雨损坏基础设施,影响交通通畅。强降雨使路面积水,造成车辆进水、熄火,影响车辆行驶。连日阴雨延误公路基础设施的建设进度,影响工程质量。连续降雨易使驾乘人员情绪烦躁,应变能力下降,诱发交通事故。

(2) 大雾。

突发大雾会使驾驶员反应滞后,应对不及时。浓雾生消具有局地性,不同路段能见度变化急剧、频繁,易引发交通事故。驾驶员一般对能见度的估值偏高,制动距离不足,容易追尾。大雾造成夜间路面湿滑,影响车辆制动效果。

(3) 温度。

高温、低温及气温变化剧烈都会使路面出现变形,影响路面寿命,也影响车辆运行。高温长时间行驶易发生爆胎。高温易引起驾驶员疲劳,造成交通事故。低温使车辆机械性能变差、故障增多,影响车辆正常行驶。低温造成的霜冻、结冰影响混凝土凝固,不利道路施工。

(4) 降雪。

大强度降雪使地面能见度降低,影响驾驶员视线。降雪使路面摩擦系数降低,车辆易打滑,发生危险。降雪导致路面积雪后,易造成交通拥堵。雪崩可能摧毁道路、桥梁,使交通阻断。

(5) 大风。

大风会造成行车阻力。大风引起的风沙或吹雪使能见度降低,影响驾驶员视线。侧向风会吹翻车辆,或使车辆偏离路线,诱发交通事故。大风吹倒路边设施,也可能造成交通事故。

(6) 雷电。

雷击可造成公路沿线通信中断、机电设备受损。雷击可能使道路野外施工人员伤亡。雷暴通常伴随冰雹、大风、低能见度,给车辆行驶带来威胁。

(7) 沙尘。

沙尘造成能见度降低,影响驾驶员视线。沙尘暴携带石子、沙尘,会损坏车辆、通信设施及电力设施。沙尘暴形式沙埋、沙丘移动,会导致道路交通中断。沙尘粒子的散射和吸收作用,影响道路无线电系统正常使用。

6.2.3 公路交通高影响天气的确立

气象条件对公路交通的影响是多方面的,主要表现为:气象条件对车辆本身、路面状况、驾驶员在行车过程中的判断和反应,以及驾驶员身体状况的影响,不同的气象条件对公路交通的影响是不一样的。

(1) 降水。

降水对公路交通的影响与降水的性质、强度,以及降水量的大小有密切关系。从降水性质上看,降雪和雨夹雪天气比降雨天气对公路交通的影响更加明显。降雪和雨夹雪天气中,由于气温低,路面易形成积雪、冰水和结冰,降低路面摩擦系数,造成车辆打滑和刹车失效。降雨时,路面的潮湿和积水也可降低路面摩擦系数,造成车辆的刹车效果下降。从降水强度和量级上看,降水强度和量级越大,对公路交通的影响越明显,尤其是强降水天气,会造成能见度明显下降,对公路交通产生重大影响。

降水对公路交通的持续影响也与降水的性质、强度,以及降水量的大小有密切关系。降雨强度较小时,路面不易形成大量积水,降雨结束后,很快蒸发或流走,因此对公路交通的影响较小。

强降雨发生后,如果排水条件较好,路面积水较快排除,对公路交通的持续影响较短;如果排水条件较差,易形成较深的积水,严重影响车辆行驶,甚至造成公路交通瘫痪。较强的降雪和雨夹雪天气后,易形成积雪结冰,如果不及时清除,对公路交通的持续影响较大。

表 6-5 所示为不同性质和强度的降水对公路交通的影响。

表 6-5 不同性质和强度的降水对公路交通的影响

降 水	路面状况	影 响 程 度
小雨	潮湿或有少量积水	路面摩擦系数稍有下降,影响不大。但久晴后的小雨,由于在雨水(水膜)和路面之间存在一层气泡,水膜和气膜会使路面的附着系数迅速降低,车轮易打滑,易多发事故
中雨	小部分积水	路面摩擦系数下降,车辆打滑,刹车效果下降;需限速

（续表）

降水	路面状况	影响程度
大雨	部分积水	路面摩擦系数下降，车辆打滑，刹车效果明显下降；需限速慢行
暴雨	大范围积水	路面摩擦系数明显下降，车辆打滑，刹车可能失灵；车辆难以行驶
	洪涝	交通中断
短时强降水	部分积水	能见度大幅下降，需限速慢行
小雪	基本无积雪	路面摩擦系数稍有下降，影响不大
中雪	有积雪	路面摩擦系数下降，车辆打滑，刹车效果明显下降；需限速慢行
大雪	路面积雪	需限速慢行
暴雪	深厚积雪	行车困难
雨夹雪	冰水混合物易结冰	行车困难易失控
冰雹	路面冰粒	降低摩擦系数，损坏车辆
冻雨	路面结冰	摩擦系数大幅下降

（2）气温。

气温对公路交通的影响与气温的高低、变化大小有密切关系（表6-6）。一般来说，气温为0～32℃时，对公路交通的影响较小，气温低于0℃或高于32℃时，会对公路交通影响较大。

表6-6 高温、低温对公路交通的影响

气温	影响程度
晴天气温高于32℃	路面温度可达40℃以上，摩擦系数增大影响车速
气温高于35℃	汽车水箱易开锅，发动机过热可能难以发动
	路面温度高，易爆胎
	通风条件差的车辆内，舒适度较差
气温低于0℃	要使用抗低温凝固的燃料
	路面易结霜，摩擦系数减小
	下雨雪时，易形成冰水混合物或结冰
气温低于-5℃	水箱易冻
	路面易滑
气温低于-20℃	车辆发动机启动困难
气温低于-35℃	车辆机械性能变差

(3) 风。

风对公路交通的影响与风力的大小、风向有密切关系(表 6-7)。7 级以上大风对公路交通带来明显影响,10 级以上狂风对公路交通带来严重影响。

表 6-7 大风对公路交通的影响

风 力	影 响 程 度
6～7 级	带来尘土或树叶,影响驾驶员的视线,减速行驶; 对高速行驶或行驶在大桥上的货车和大型车辆有明显影响
8～9 级	对行驶车辆有明显影响
10 级以上	对行驶车辆有严重影响

(4) 能见度。

能见度对公路交通的影响与能见度的大小有密切关系(表 6-8)。能见度是影响公路交通的重要因子,产生不良能见度的天气现象有很多。

表 6-8 能见度对公路交通的影响

能见度(m)	天 气 现 象	影 响 程 度
1 000～2 000	轻雾、小雪、中雨、吹雪、扬沙、浮尘、烟幕	对公路交通有一定影响,不利于高速行驶
500～1 000	雾、中雪、大雨、暴雨、雪暴、沙尘暴、烟幕	对公路交通有明显影响,减速行驶
200～500	大雾、大雪、暴雨、雪暴、沙尘暴、烟幕	对公路交通有明显影响,限速行驶
50～200	浓雾、大雪、暴雨、雪暴、沙尘暴	对公路交通有严重影响,低速行驶
<50	浓雾、大暴雨、雪暴、沙尘暴	难以分辨路况,行驶困难,交通严重阻塞

(5) 雷电。

雷电对公路交通的影响主要有:对驾驶员造成判断和反应影响;雷击折断行道树;造成设备受损,导致高速公路设备运行瘫痪;易造成野外施工人员伤亡。

根据上述分析,公路交通的高影响天气有:高温、低温、降雨、降雪、积雪、结冰、冰冻、冻雨、大风、大雾、沙尘、吹雪、冰雹和雷电。

我国地域辽阔、地形复杂,公路交通高影响天气不仅种类多,而且发生频繁、危害面广,各区域的发生种类也不相同(表 6-9)。在公路交通各种高影响天气中,降雨影响范围最广、时间最长,造成的损失也最大。

表6-9 不同区域的公路交通高影响天气

区域	高影响天气
东北	低温、降雨、降雪、积雪、大风、大雾、吹雪
华北	低温、降雨、降雪、积雪、结冰、冰冻、大风、大雾、沙尘、冰雹和雷电
西北	低温、降雨、降雪、积雪、大风、沙尘、吹雪
华中	高温、降雨、降雪、积雪、结冰、冰冻、冻雨、大风、大雾、冰雹和雷电
华东	高温、降雨、降雪、积雪、结冰、冰冻、冻雨、大风、大雾、冰雹和雷电
西南	降雨、降雪、冻雨、大风、大雾、冰雹和雷电
华南	降雨、冻雨、大风、大雾、冰雹和雷电

6.3 公路交通气象大数据应用

公路交通气象大数据的应用和其他专业气象服务一样，是涉及多学科的应用服务，包括公路交通、气象、材料、管理、决策等。在认识到气象对公路交通的重要影响后，针对公路和城市道路安全的需要，国内外气象部门与公路管理部门合作开展了一些公路气象领域的应用服务，可视为公路交通气象大数据应用的前期探索，例如美国加利福尼亚州 San Joaquin 谷地气象自动预警系统、芬兰自动气象预警系统、江苏省沪宁高速公路气象服务系统、陕西省公路交通预报预警服务系统等，在公路交通的防灾减灾和高效运行方面都发挥了较大作用。本节主要通过对上海公路交通气象观测、预报技术及服务系统的介绍，让读者对目前公路交通气象大数据应用的现状有初步了解，以期为今后大数据在公路交通气象领域中的深入应用奠定基础。

6.3.1 技术路线

目前公路交通气象大数据应用技术，还是遵循传统的专业服务思路：建立公路气象观测网及数据库，在基础气象预报产品上，结合公路交通气象特点，研发公路气象预报技术，并通过服务平台制作、发布公路气象预报预警产品。

6.3.2 监测系统

1) 上海市高速公路气象观测网

上海市高速公路气象观测网是作为公路交通行业管理部门的上海市公路管理处，根据上海地区的气象特点，在上海高速公路沿线设置的气象信息采集设备网。通过该观测网，可掌握部分高速公路沿线的气象实况，发布气象信息和相应的交通管理信息。上海市公路管理处十分重视灾害性天气对道路设施及道路交通安全所造成的威胁，将气象灾害的预防和气象事件的应急处置管理作为应急指挥体系建设的一个重要组成部分。

（1）上海市高速公路气象观测设备分布。

大雾是影响上海道路交通安全的主要气象因素，上海高速公路设置的气象信息采集设备目前以能见度检测仪为主，部分路段布有小型自动气象站，具体分布见表 6－10 和图 6－3。

表 6－10　上海市高速公路各路段气象观测设备分布表

路　段	序号	气象观测设备	设 置 地 点	备　注
G2 京沪公路	1	气象站	K0＋700	安亭收费站内
	2	能见度仪	K1＋200	G1501 立交
	3	能见度仪	K8＋295	嘉松立交
	4	能见度仪	K12＋115	G15 立交东
	5	能见度仪	K14＋000	
	6	能见度仪	K20＋190	江桥主线站东
	7	能见度仪	K26＋000	真北路立交
G15 嘉浏公路	1	能见度仪	K1264＋600	
G15 嘉金公路	1	能见度仪	K1311＋656	
	2	气象站	K1323＋203	
G1501 北环公路	1	能见度仪	K198＋665	
G1501 同三公路	1	能见度仪	K1＋970	安亭立交
	2	能见度仪	K22＋809	天马立交
	3	能见度仪	K35＋893	李塔汇立交北
G1501 南环公路	1	能见度仪	K11＋364	
G1501 东南环公路	1	气象站	K55＋450	四平立交
G1501 东环公路	1	能见度仪	?	近沪崇苏立交
G40 长江隧桥	1	气象站	K27＋657	长江隧道入口
	2	气象站	K42＋930	长江大桥
	3	气象站	K47＋115	长江大桥
G50 沪渝公路	1	能见度仪	K25＋380	
	2	能见度仪	K33＋250	
G60 沪昆公路	1	气象站	K27＋190	
	2	能见度仪	K37＋400	

（续表）

路　段	序号	气象观测设备	设 置 地 点	备　注
S1 迎宾公路	1	能见度仪	K33＋700	
	2	能见度仪	K40＋200	
S2 沪芦公路	1	能见度仪	K28＋900	
	2	能见度仪	K43＋400	
	3	能见度仪	K57＋900	
	4	能见度仪	K68＋200	
S4 沪金公路	1	能见度仪	K32＋720	
	2	能见度仪	K62＋737	
S5 沪嘉公路	1	气象站	K13＋100	
	2	能见度仪	K21＋236	
S19 新卫公路	1	能见度仪	K58＋364	
S20 外环线	—	—	—	—
S26 沪常公路	1	气象站	K2＋804	漕盈立交
	2	气象站	NWK0＋830	G1501 立交
S32 申嘉湖公路	1	气象站	K1＋815	
	2	气象站	K34＋315	
	3	气象站	K56＋490	
	4	气象站	K79＋190	
S36 亭枫公路	—	—	—	—
合　计		14 台气象站＋26 台能见度仪		

（2）上海市高速公路气象观测设备存在的问题。

目前上海市高速公路气象观测设备获取的部分高速公路监测点的数据，主要是能见度实况信息，一般发布在高速公路沿线的可变信息板上。由于没有统一的建设标准，这些气象设施从布设密度和质量上来看是参差不齐的；有些观测设备的布设位置也不尽合理，很难全面反映和及时掌握高速公路各路段或全路网的整体的实际气象状况。

2）上海市气象局综合气象观测网

（1）上海市气象局气象观测设备分布。

上海市综合气象观测网注重地面观测与卫星遥感相结合、固定与机动探测相结合、常规与非常规探测相结合，主要包括以下方面。

① 地面自动气象观测网。

由 228 个地面自动气象站构成地面自动气象观测网。近年新增加了中心城区 30 个加密自动气象站，考虑到路面、草地、水表等不同下垫面的区别，探测数据代表性更强。

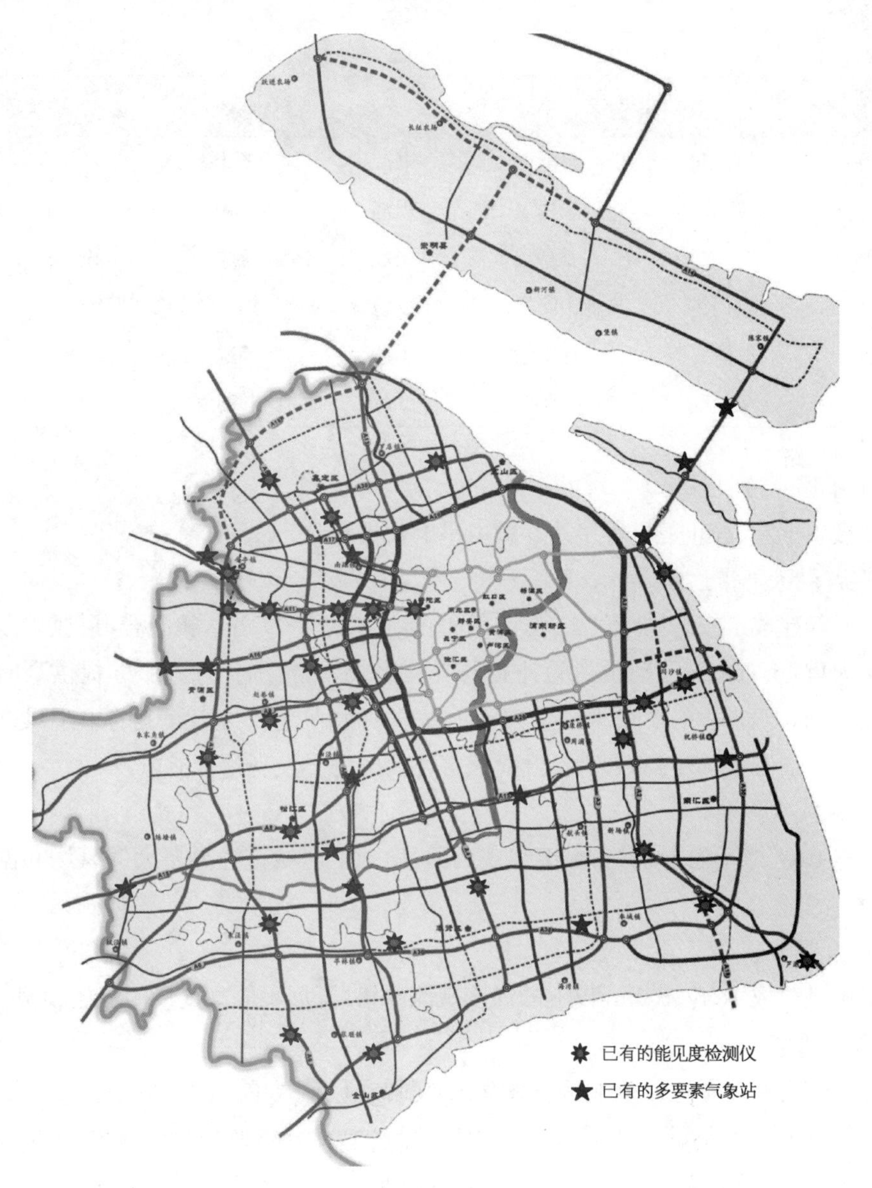

图 6－3 上海市高速公路网既有气象监测设备布点图

其中 12 个多要素站和 30 个四要素站的具体分布见表 6－11。

表 6－11 上海市多要素自动气象站分布表

多要素自动站分布			观测要素
徐家汇	嘉定区	浦东新区	气温、雨量、风、湿度、气压、地表温度、日照时数、露点、紫外线、能见度等
宝山区	金山区	青浦区	
崇明区	闵行区	松江区	
奉贤区	南汇区	南槽东	

(续表)

四要素自动站分布					观测要素
黄浦区	石洞口	封浜	书院	金桥	气温、雨量、风向、风速
普陀区	跃进农场	朱桥	周浦	孙桥	
杨浦区	前哨农场	安亭	张江	商榻	
静安区	南门港	金山防汛	凌桥	练塘	
罗泾	邬桥	六灶中学	川沙	华新	
横沙岛	奉新	芦潮港	三甲港	朱家角	

② 卫星遥感接收系统。

实现极轨卫星、静止卫星等多达9颗卫星的数据接收。

③ 多普勒天气雷达。

在青浦新建成了多普勒天气雷达，与南汇的WSR-88D雷达相配合，形成以双多普勒天气雷达为重点、双偏振移动雷达为补充的观测模式，为精细化气象服务提供高时空分辨率的探测数据。双雷达的模式将对生成于上海以西太湖流域与东海上的中小尺度气旋和强对流天气开展有效的监测，大大提升对灾害性天气的早发现预警能力。

④ 风廓线观测网。

布设有9台风廓仪组成城市风廓线观测网，增强上海城市边界层大气风场和温度场的观测能力。

⑤ 梯度观测。

上海市已建成13座100 m以上的梯度观测铁塔，开展不同高度风的分层预报。

⑥ 移动观测。

现有的1套移动雷达，1套台风监测车、3套常规移动气象监测车以及世博会前增加的5套机动式自动气象站。

(2) 存在的问题。

现有的气象观测业务体系中，一般观测站点远离交通线路，观测资料的时空密度不能满足公路交通气象服务的需要；观测项目的针对性不够，特别是关于能见度、路面状况等为公路交通部门所急需的主要观测项目极其欠缺，阻碍了公路交通气象服务工作的发展。因此，需要结合地理条件和气候特点，针对重点地区、重点路段的服务需求，加强公路交通气象条件和路面相关要素的实时监测。

3) 上海市公路交通气象观测站布设要求

(1) 上海市公路交通气象观测站布设思路及原则。

以对上海公路交通运输安全和效率有影响的气象灾害为着眼点，着重考虑地理特点、气象灾害分布规律、公路交通对气象服务的需求、公路交通建设现状及未来规划等，综合分析研究，统筹规划设计，制定实施方案，逐步建设公路交通气象观测网。

公路交通气象观测网的设计与建设遵循“点—线—面”模式，设计和安装功能完备的公路交通气象观测站点，以交通运输骨干线为主，合理布设公路交通气象观测站点，进而组成不同区域范围、不同级别、不同功能需求的公路交通气象观测网。

① 布局思路和方法。

依据上海公路交通发展规划，公路交通气象观测网的布局要服务于经济发展、社会进步和交通安全，服从于社会经济的可持续发展，兼顾各类专业气象网的集约利用。因此，上海公路交通气象观测网的站址选择总体上要依据经济、社会和交通发展需求进行布局，同时考虑投资、地理、环境等约束性条件，对站网进行优化布局。有针对性地发展能见度、路面状况、地面温度的监测，必要时可以布设单要素或多要素观测站。

在已建成的气象部门自动气象站观测网的基础上，充分利用公路交通运输部门建立的沿线气象监测设备和实景监控设备，实现信息共享。

② 布设原则。

公路交通气象观测网的建设规划原则应遵从以下三点：

第一，以当前公路交通运营网络为基础，兼顾交通未来的发展规划，把公路交通对气象的需求和各地气象灾害的特点相结合，着重考虑站址选择和观测要素配置两个方面，统筹规划和建设公路交通气象观测网；

第二，在实施交通气象观测网的建设规划过程中，以高速公路这一骨干交通运输对象的“线”状为基本设计单元；

第三，综合面上的公路交通气象观测站布设密度需求，考虑次等级公路、空白关键点等需要，进一步补充建设公路交通气象观测站点。

(2) 观测站点选址要求。

观测站安装站点的选择首先考虑开展公路交通气象服务的需要，充分考虑灾害性监测的要求，常常选择在横风极值区、浓雾易发区、陡坡路段等。

安装在公路交通线路上或附近的交通气象观测站的周边环境往往达不到气象观测规范中的有关技术要求。但是，最基本的要求是要能反映当地交通沿线上的气象状况，并能代表周边一定范围内的自然状况，且周边无高大林木、大范围稠密的灌木丛林和建筑物的阻挡，不受烟火源及强光源的直射光、反射光的干扰和污染等。

此外，公路交通气象观测站的站址选择还要考虑以下几个因素。

① 通信：GPRS/CDMA/3G 等无线网络能够正常覆盖；

② 供电：采用 AC220 V、太阳能或风能供电，对于采用太阳能或风能供电的观测站，应保证本站点的太阳能或风能的可利用效率，并做好电能储存备份工作；

③ 安全：公路交通气象观测站四周一般不设置围栏(具备设置围栏条件的除外)，尽量利用交通系统的基础设施条件，加强设备的防盗性能；

④ 维护：在站点选择中，应考虑日后的设备维护过程中，在交通线路上的维护施工所

需的操作场地空间;

⑤ 交通:考虑到观测站与附近交通运输的相互影响,与现场其他交通工程设备之间的相容性,还要考虑交通运输部门的特殊需求。

(3) 观测站点密度设置。

公路交通气象观测站点的密度设置,根据所处的地理位置、地表状况、气候背景、需要观测的气象要素、一个观测点可能代表的地域范围、交通运营状况及服务需求、经济状况等因素确定。

上海市质量技术监督局组织上海市气象局、上海市科技咨询服务中心、原上海市市政工程管理局等单位编制了地方标准《上海市高速公路自动气象站布设要求》(DB31/T480—2010),该标准明确了高速公路沿线布设气象设施密度设置的要求:

①"4.1.2 在地势平坦的平原,按平均间距10 km左右,重点地区为5 km左右的间距布设自动气象站";

②"4.1.3 易发生大雾和横切风等灾害性天气多发区和互通式立交桥为重点布设区,必须增设自动气象站"。

(4) 公路交通气象观测项目。

公路交通气象观测主要包括气象环境条件观测、路面状况观测、实景气象观测三个方面。

在公路交通沿线上的实景气象观测是交通气象观测的重点内容之一。交通气象实景监测可以通过与交通部门建立信息共享系统,将交通部门的视频监控图像信息实时地共享到气象部门,也可以在交通气象观测站中集成视频摄像装置来实现交通气象实景观测。

根据各地的气候特点、交通气象服务需求、布点规划要求等安装公路交通气象观测站,观测项目为:能见度、空气温度、相对湿度、气压、风向、风速、降水量、路面温度、路面状况、天气现象。

每个观测站的观测项目为上述多个要素的自由组合。观测项目的设置需要根据交通服务需求、所处区域、影响交通的气象灾害种类等因素来确定。一般应包括能见度、空气温度、相对湿度、风向、风速、降水量、路面或路基温度、路面状况观测要素。

在上述观测项目中,空气温度、相对湿度、气压、风向、风速、降水量、路面温度等可参照地面气象观测规范中相关技术要求执行。能见度、路面状况、天气现象观测按照如下规定执行。

① 能见度。能见度对交通运输质量和安全的影响主要是指由雾、沙尘天气、强降水而形成的低能见度现象,其分级和取值范围因服务对象和具体要求的不同而不同。公路交通重点关注的是小于200 m的能见度情况。

在公路交通气象观测站中需要实现能见度的自动观测,可选用的能见度传感器类型包括散射能见度仪、透射能见度仪、CCD摄像能见度仪三种,其中以散射能见度仪的应用最为成熟。散射能见度仪的优点是基线长度短,光源与接收安装在同一支架上,故仪器的体积较小、价格适中。

② 路面状况。公路交通道路路面状况的要素较多，包括路面干、湿润、潮湿、积水、积雪、结冰、冰水混合物、黑冰等表面状态，积水深度、冰层和积雪层厚度，以及路面温度、冰点、含盐量等。路面的干、湿润、潮湿、积水、积雪、结冰、冰雪水混合物、黑冰等状态可用"有/无"表示；路面的积水深度、冰层厚度、雪层厚度的单位为毫米(mm)，取整数；路面状况监测点宜选在公路路面上或与公路表面、路基材料同质且距离相近的地点。

路面状况传感器主要有两大类：一类是遥测类型的传感器，需要埋设在路面上，通过电源和信号线接到机箱内电源和采集器上；另一类是遥感类型的传感器，无须安装在道面上，而是安装在路侧的支架上，通过遥感路面上某一特定区域来实现观测。

③ 天气现象。在交通气象观测站中，对天气现象的自动观测主要指降水现象，即自动监测并判别出逐分钟内有/无降水、降水性质(雨、雪、雨夹雪)、降水强度(微量、小、中、大、特大)，记录降水起止时间(通过逐分钟记录自动整理)。

(5) 公路交通气象观测站的选型要求。

① 公路交通气象观测站的功能要求。

根据《上海市高速公路自动气象站布设要求》(DB31/T480—2010)，公路使用的自动气象站仪器应具有国务院主管部门颁发的使用许可证，或经国务院气象主管机构审批同意用于观测业务的仪器，并且能够实现组网上传实时资料。

自动气象站所配置的数据采集器应满足如下要求：

a. 数据采集器的数据采样速率及算法符合《地面气象观测规范》的规定；

b. 备用电源应能保证采集器正常工作 7 天；

c. 数据存储器至少能存储 30 天表 6-12 所列各项目的每小时正点观测数据；

d. 能够实时形成上述要素的每分钟数据；

e. 自动气象站数据传输可利用高速公路专用通信系统，或公共通信系统组网。

表 6-12　数据存储器需存储的每小时正点观测数据项目

项目名称	观测内容
风向	最低气温
2 min 平均风向	最低气温出现时间
2 min 平均风速	最小能见度出现时间
10 min 平均风向	相对湿度
10 min 平均风速	最小相对湿度
最大风速	最小相对湿度出现时间
最大风速出现时间	水汽压
瞬时风向	露点温度

（续表）

项 目 名 称	观 测 内 容
瞬时风速	本站气压
极大风向	最高本站气压
极大风速	最高本站气压出现时间
极大风速出现时间	最低本站气压
降水量	最低本站气压出现时间
气温	路面温度
最高气温	路面最高温度
最高气温出现时间	路面最高温度出现时间
瞬时能见度	路面最低温度
最小能见度	路面最低温度出现时间

② 公路交通气象观测站的主要技术性能要求。

自动气象站宜具有气压、气温、湿度、风向、风速、雨量、能见度和路面温度等气象要素观测项目，其性能要求见表6-13。

表6-13 气象要素观测项目检测的性能要求

测量要素	测量范围	分辨率	准确度	平均时间(min)	采样速率(次/min)
气温(℃)	−50～+50	0.1	0.2	1	6
相对湿度(%)	0～100	1	4(≤80%) 8(>80%)	1	6
气压(hPa)	500～1 100	0.1	0.3	1	6
风向(°)	0～360	3	5	3	1
风速(m/s)	0～60	0.1	(0.5+0.03V)	1 2 10	
雨量(mm)	雨强 0～4 mm/min	0.1	0.4(≤10 mm) 4(>10 mm)	累计	1
能见度(m)	0～1 000	1	10	1	6
路面温度(℃)	−20～+100	0.1	0.3	1	6

气压、气温、湿度、雨量、风向、风速、能见度、路面温度等气象要素传感器的安装应严格按照技术规定执行。

4) 上海市公路交通气象观测站布点规划

以现有高速公路交通气象观测站点为基础，结合气象部门的气象观测网，并根据上海市地方标准《上海市高速公路自动气象站布设要求》的要求，在高速公路沿线建设部分能见度观测仪和多要素自动气象站（气温、雨量、相对湿度、气压、风向、风速、能见度、地面温度、路面状况等），建设重点在大桥、隧道口和立交桥，弥补目前观测设施布点的不足。

依照图 6-4 所示，需增加 20 台多要素自动气象站（应有能见度、地面温度、路面状况等）和 5 台能见度仪。

图 6-4 上海市公路交通气象观测站布点规划图

6.3.3 公路交通气象预报技术

根据 6.2 节可知，影响公路交通的天气不仅种类多，有些高影响、灾害性天气产生的危害也重，因此公路交通气象预报在预报内容专业性、精细化、时效性、准确性等方面的要求都要高于公众预报，它的预报难度也更大。近年来，我国的公路交通预报技术取得了很大发展，但也必须认识到，在专业化程度、针对性等方面还需进一步摸索和提高。本节主要介绍下上海及长三角地区高速公路精细化天气预报、南京交通气象科研所的高速公路低能见度预报、上海地区冰雪交通灾害风险预报模型。

1）上海及长三角地区高速公路精细化天气预报

根据地理位置、路段岔口等特征，对上海主要干道、长三角地区6条主要高速公路（沈海高速、G2京沪高速、G42沪蓉高速、G50沪渝高速、G60沪昆高速、S32申嘉湖高速）进行了细分。按就近原则将不同路段与气象观测站相对应，以气象观测站的实况信息反映相应路段的气象信息；再利用数值预报输出的格点结果插值至高速公路路段，结合卫星、雷达、统计学、实况资料进行主观订正后，得出高速公路基本气象要素的预报产品，在基本产品预报基础上，应用高速公路专业气象产品（能见度、水膜、极端路面温度、路面摩擦系数）预报方法（转换模型），得出高速公路专业气象要素预报产品。

（1）高速公路路面极端温度预报方法。

路面极端高温、低温给高速公路运输带来了极大的威胁，从高速公路运营安全出发，迫切需要我们提供对路面极端温度的预报服务。另一方面，上海市高速公路仅A15安装了有路面温度的监测功能的气象观测设备，但其设备刚于今年完成调试，资料的时间序列短，还不能作为研究的基础数据，路面温度实测资料的缺乏严重制约了上海公路路面极端温度预报工作的开展。

在这种情况下，为了推动该预报工作的开展，我们借鉴广东省气象部门研究的混凝土表面温度预报研究方法作为路面温度的经验预报模型，在数值预报基础产品通过主观订正后形成的高速公路各路段气温预报产品基础上，形成高速公路分段路面极端最高温度、最低温度预报产品。

混凝土表面温度预报方法及路面温度预报经验模型介绍如下。

目前我国大部分气象台站只进行气温的预报，随着数值预报模式的不断改进，气温的预报精度不断提高。由于下垫面与空气的能量交换和热量传导，使得混凝土表面温度与百叶箱温度之间存在着密切的关系，因此只要确定出混凝土表面温度与百叶箱温度之间的匹配关系，便可以利用百叶箱温度来进行混凝土表面温度的预报。

对一年多的混凝土表面与百叶箱日平均温度、日最高温表面温度和百叶箱温度、日降水量、日总云量、日照时数等气象要素进行相关分析，结果表明混凝土表面温度同百叶箱温度的线性关系非常好，信度达0.01，同其他气象要素线性关系较差。混凝土表面日平均温度、最高温度同日照时数、日总云量的关系也不错，信度也达到0.01，而且与日总云量呈反相关关系。

为了表示混凝土表面日平均温度、最高温度与百叶箱日平均温度、日最高温度、日照时数的综合效应，首先将一年的混凝土表面日平均温度观测资料根据每日的日照时数划分为

0～1 h(阴天或阴天间多云)、1～4 h(多云间阴天)、4～8 h(多云或少云到多云)、8 h 以上(晴天或晴天间多云),日最高温度观测资料根据每日的日照时数划分为 0 h(阴天)、0.1～4 h(阴天间多云或多云间阴天)、4～8 h(多云或少云到多云)、8 h 以上(晴天或晴天间多云),然后采用一元线性回归方程建立不同时段的混凝土表面日平均温度、日最高温度的相关方程。

混凝土表面日平均温度预报模型:

$$
\begin{aligned}
&0\sim1\text{ h 为 } y = 1.027\,354x + 0.470\,35\\
&1\sim4\text{ h 为 } y = 1.073\,97x + 0.376\,794\\
&4\sim8\text{ h 为 } y = 1.159\,233x - 0.715\,64\\
&8\text{ h 以上为 } y = 1.251\,324x - 2.684\,58
\end{aligned}
$$

其中,y 为日平均混凝土表面温度,x 为日平均百叶箱温度,不同时段的相关系数均为 0.99,信度达 0.01。

混凝土表面日最高温度预报模型:

$$
\begin{aligned}
&0\text{ h 为 } y = 1.166\,03x - 0.520\,09\\
&0.1\sim4\text{ h 为 } y = 1.187\,979x + 3.770\,641\\
&4\sim8\text{ h 为 } y = 1.376\,091x + 0.368\,356\\
&8\text{ h 以上为 } y = 1.552\,754x - 4.794\,95
\end{aligned}
$$

其中,y 为混凝土表面最高温度,x 为百叶箱最高温度,不同时段的相关系数分别为 0.95、0.96、0.98、0.97,信度达 0.01。

由于混凝土表面与百叶箱日最低温度之间的线性关系相当好,而与日降水量、日总云量、日照时数关系不显著,因此直接利用逐日混凝土表面和百叶箱最低温度建立模拟方程为:

$$y = 1.106\,822x - 2.164\,028$$

其中,y 为混凝土表面日最低温度,x 为百叶箱日最低温度,相关系数为 0.99,信度达 0.01。

(2) 路面摩擦系数预报方法。

车辆在路面上行驶时,影响车辆制动效果和刹车距离的主要因子是轮胎与路面之间的摩擦系数。摩擦系数大,则制动效果好、刹车距离短,车辆行驶安全有保障;摩擦系数小,则制动效果差、刹车距离延长,容易发生交通事故。受雨、雪等不良天气影响时,由于路面与轮胎之间存在雨水、积雪甚至冰层等物质,对路面与轮胎之间的摩擦系数有明显影响。相关实地测试结果表明:同一路段,晴天摩擦系数为 0.172,雨天摩擦系数下降为 0.15,路面积雪摩擦系数下降到 0.14 以下。由此可见,天气变化能使路面摩擦系数明显减小,或者使路面摩擦系数在短时间内发生显著改变,是影响交通运输和安全的主要不利因素。采用吉林省交通科学研究所和长春市气象台共同研究的高速公路路面摩擦系数的经验公式,以路面平均气温预报值作为输入因子,对长三角高速公路进行了路面系数的预估。

路面与车辆轮胎之间摩擦系数的大小主要取决于路面状态和轮胎状态。路面状态包括：路面温度、杂质、磨损情况等；轮胎状态主要是指车辆轮胎表面的磨损情况。当路面或者车辆轮胎状态等因素不同时，摩擦系数可能有很大的差异。因此，车辆在行驶过程中，轮胎与路面之间的实际摩擦系数 μ 是影响车辆有效制动距离和行驶安全的主要因素，它主要与路面杂质 s、路面温度 t、路面磨损状况 μ_0、车辆轮胎状况 m 等因子有关，即：

$$\mu = f(s,\ t,\ \mu_0,\ m)$$

其中，μ_0 与路段有关。对于特定的路段，在短时间内 μ_0 变化不大，可视为常数；m 在不同的车辆之间存在差异，但对同一车辆来说，短时间内状况稳定少变。因此，对于同一车辆来说，m 可视为常数。对于不同车辆，当天气发生变化时，不论轮胎的状态如何，路面状况的改变对所有车辆的影响及变化趋势是一致的。因此，在分析天气影响时，即使对不同的车辆，m 也可视为常数。由此，上式进一步简化为：

$$\mu = f(s,\ t)$$

这个公式中，轮胎与路面之间的摩擦系数主要与路面杂质 s 和路面温度 t 这 2 项因子有关。因此，对于特定的道路和车辆，气象条件是影响路面摩擦系数的最主要因素。

以摩擦系数计算式为依据，在车辆轮胎状况 m 为半磨耗的条件下，分别对不同磨耗路面和不同路面状态进行测试，根据测试结果建立摩擦系数统计预报方程。对于干燥、潮湿和积水路面，其实际摩擦系数预报因子为基本摩擦系数和温度，其中，积水路面的实际摩擦系数计算方程：

$$\mu = \mu_0 + 0.13\mu_0(t - 20)$$

在积冰和积雪路面上，实际摩擦系数只与温度有关；其中，积冰路面的实际摩擦系数计算方程：

$$\mu = 18.96 - 1.39t - 0.028t^2$$

根据上述分析结果，可以在常规天气预报的基础上，进一步分析路面状态，计算和预测未来路面的摩擦气象指数及其对交通安全的影响程度。对样本的摩擦气象指数预测拟合率平均为 93%。

2）南京交通气象科研所的高速公路浓雾低能见度预报

南京交通气象研究所是国内最早开展公路低能见度监测、预报的业务单位之一。他们通过对沪宁高速公路 1999—2002 年因浓雾造成的低能见度而采取封路措施的 76 个事例资料分析确定了公路低能见度预报目标：定时（出现浓雾＜200 m 时段）、定点（沪宁线的分段）、定量（＜500 m、＜200 m、≤100 m）；相应的预报思路为：分析环流特征入型条件→卫星云图跟踪分析→数值预报产品应用→公路沿线自动观测站实况和能见度演变规律分析（结合周边自动站资料分析）→低能见度精细化预报结果（不同级别、时段、路段）。

(1) 浓雾低能见度入型模式。

根据历史封路浓雾出现个例的环流特征，归纳出浓雾低能见度入型条件如下：

① 500 hPa 环流特征：沿海槽后西北气流，弱冷平流；槽前西南气流暖平流或暖脊；

② 850 hPa 环流特征：入海高压后部、河套以东为暖脊；大陆高压，或弱高压脊；

③ 地面形势场：入海高压后部；南伸冷高压缓慢南压，华东均压场；变性冷高压，"L"形高压前部均压场；锋前暖区均压场。

在考虑环流形势是否入型时，需综合考虑 500 hPa、850 hPa 和地面形势场的条件。

(2) 浓雾临近预报技术。

临近预报主要采取连续跟踪形成浓雾的有关要素的实况演变规律和临界指数判断：

① 有利的晴空辐射条件：如 20:00 时南京、上海探空 500 hPa、700 hPa 的 $T-T_d \geqslant$ 20℃；自动站地面辐射降温率 2:00—4:00 时达 1.0～1.8℃/h，20:00—4:00 时总降温 $\geqslant$ 5℃，还需关注相对湿度等情况；

② 存在贴地和低空逆温：逆温层顶—逆温层底 $\Delta T \geqslant 2$℃，逆温层平均强度 $-\Delta T/\Delta h=-2.3\sim-0.8$℃/100 gpm。

③ 风的脉动作用：风的脉动有利于雾滴的增长，从而使能见度降低；一般 2 min 平均风速在 0.4～1.8 m/s 时最有利于低能见度浓雾的形成；当团雾影响时，平均风速大多在 0.8～2.0 m/s。

④ 能见度演变规律：除了浓雾的平流特征外，根据统计分析，浓雾具有波动性(先期象鼻)特征：能见度下降到＜100 m 过程中有时有很强的波动性，这一过程一般持续 45～60 min，最长可达 165 min。

分析 5 年多的监测资料和能见度图谱，发现能见度＜100 m(封路能见度)的浓雾出现前，往往会出现一个"象鼻"形的先期振荡前兆，它出现时间短，能见度值不稳定，一般在 100 (200)～800 m 之间波动，这是突发浓雾的前奏，具有一定的预报信息。

浓雾还有突发性特征：在浓雾低能见度的监测预报实践中，发现浓雾的生消变化不是一个渐变的过程，测站能见度从 1 000～2 000 m 降至 100 m 以下平均历时为 20～30 min，有时甚至几分钟内能见度出现急降，无论是平流雾、辐射雾或团雾，发生过程均有此特征。

风的脉动作用：在浓雾低能见度形成前风速具有显著的变化，称为风的脉动作用。在不均匀的风力作用下加剧了雾滴的碰并，使部分雾滴增大，雾滴的曲率半径越大其表面的饱和水汽压越小，促进小雾滴蒸发及空气中的水汽向大雾滴凝结。在达到饱和态时，雾滴表面的蒸发微弱，故在风力作用下雾滴迅速形成，能见度急剧下降。另外，经研究表明，风的脉动可引起扰动的不均匀，进而使近地层空气的降温不均匀。例如在晴朗的夜间，每一次风速较明显的峰值后都对应着一次较明显的降温，当一次明显降温使温度趋于露点时，空气达到饱和，浓雾形成。这可视为风在突发性浓雾形成时的热力贡献。

3) 上海地区冰雪灾害风险评判模型

2013—2014 年上海市公共气象服务中心开展了"上海地区冰冻雨雪灾害影响预评估"

课题研究，课题选取上海1960—2012年间每年12月到次年3月的降雪资料，在对上海冰冻雨雪特征分析的基础上，从致灾因子评估、脆弱性评估和暴露分析这三方面建立了冰雪灾害对上海交通影响的预估模型。

课题组将上海城市的交通大动脉（黄浦江上大桥、内环线、中环线、外环线、共和新高架路、南北高架路、延安高架路、沪闵高架路和逸仙高架路）叠加到累计积雪日数和累计积雪深度图上后得出：针对上海公路交通，积雪对中环线（西侧）、外环线（西侧）、延安高架路（西段）、沪闵高架路、徐浦大桥产生比较大的影响，影响大的高速公路则有：A7金山段、A30金山和奉贤西段、A15松江和闵行西段、A8沪杭高速、A16沪常高速。

（1）冰冻雨雪灾害风险因子的选择与计算。

① 致灾因子分析。

由于导致冰冻雨雪灾害的气象原因主要有降雪量、积雪深度、积雪持续时间及降雪后的道路结冰情况，其中后两项都与未来气温走势密切相关，因此课题将冰冻雨雪致灾因子主要归结三项（表6-14），分别为降雪量 *SF*、积雪深度 *SD* 和未来6～12 h气温 *Ta*。

表6-14 降雪量、积雪深度、未来6～12 h气温的评分值

降雪量	*SF* 评分	积雪深度(cm)	*SD* 评分	未来气温(℃)	*Ta* 评分
小雪	1	0.1～1.0	1	>4.0	1
小—中雪	3	1.1～3.0	3	2.1～4.0	4
中雪	5	3.1～5.0	5	0～2.0	8
中—大雪	7	5.1～8.0	7	<0	10
大雪	8	8.1～18.0	8		
暴雪	10	>18.0	10		

② 受灾体分析。

受灾体分析主要从受灾对象的脆弱度来考虑，具体可从4方面着手：下垫面温度；易受影响统计概率；交通集散作用；特大城市。

a. 下垫面温度。据研究表明，下垫面地温会很大程度上影响到积雪的融化速度和结冰的程度。上海市区和东部地区地温高于西部地区，积雪深度和结冰程度也小于西部地区。另外城市高架道路和大桥等因建筑材料和所处的高度不同，路面温度比一般道路要低，积雪和结冰的程度也会相对严重些。

b. 易受影响统计概率。从上文积雪空间特征分析结果可以得知，上海南部西部积雪多，因此该区域的道路冰雪灾害发生概率从气候概率来讲，要高于北部和东部。

c. 交通集散作用。位于长三角地区的上海，人口密集，交通发达，拥有公路、航空、轨道、航运等多载体交通方式，而一旦发生对交通不利的气象高敏感事件时，具有强交通集散功能的高速路、大桥、公路交通枢纽、旅游集散中心及城市大动脉受影响程度要高。

d. 考虑上海是特大城市，尤其中心城市的交通对市民日常生活和工作会带来重大影响，故考虑将级别提高一级处理。综合考虑以上因素，得出冰雪灾害对上海交通影响的受灾体脆弱度评分，参见表 6－15。

表 6－15 受灾体脆弱度评分值

脆弱度	路段	*TV*
		评分
一般	其他路段、上海长江大桥、崇启大桥	1
较脆弱	上海旅游集散中心南站分站、上体分站、东海大桥、上海长途客运站南汇站、虹桥交通枢纽、中心城区主干道、卢浦大桥、南浦大桥、南北高架	5
脆弱	中环线（西侧）、外环线（西侧）、延安高架路（西段）、沪闵高架路、徐浦大桥、A7、A30、A15、A8、A16	8

③ 孕灾环境分析。

孕灾环境主要考虑冰雪发生的时间和持续时间，冰雪灾害发生在不同时段对交通影响也有差别（表 6－16），比如夜间开始降雪，若持续至第二天早晨，可能会对早高峰交通带来明显的不利影响；傍晚降雪持续至夜间，则会在晚高蜂拥堵上叠加负面作用。由于夜间睡眠，公众接受气象预报预警信息能力较白天要弱，因此定义前者的孕灾评分更高些。另一方面，夜间降雪，由于气温低，车辆流动少更容易积雪和结冰。另外从上文分析可知，上海降雪及积雪发生的主要时段为 1 月、2 月，正与我国的春运时段相一致，因此在月尺度的孕灾环境上，不再单独考虑春节的假期效应，默认发生积雪时大部分时间都会对春运产生不利影响。

表 6－16 冰雪发生时间及持续时间的评分值

发生及持续时间	*Td*
	评分
其他	1
夜间持续至第二天早晨	9
傍晚持续至夜间	8

（2）冰冻雨雪灾害风险评估模型构建。

在上述冰雪灾害风险因子确定的基础上，通过气象首席服务官、首席预报员、交通气象服务及气象风险研判方面等专家对各评分指标相互之间重要性的评判，得出各因子的权重：降雪量为0.236，积雪深度为0.256，气温评分0.151，积雪发生时间及持续时间0.210，脆弱度0.147。从权重结果可知，积雪深度对冰雪灾害的影响贡献超过降雪量，为最重要因子，这主要是因为上海地区下雪时，有时地表温度并不在零度以下，经常出现雪花着地即化的现象，对交通影响并不明显，从这个角度出发，积雪深度更能直接反映出公路道面状态。积雪发生时间及持续时间的权重排名第三，且与第一、第二的得分相差不多，说明在冰雪气象交通服务中，我们要充分考虑服务对象的特性及灾害的累积放大效应。脆弱度的权重近0.15，说明在一定条件下它也能影响灾害发生的严重程度。

根据专家权重法，构建出上海地区冰雪灾害风险评判模型：

$$W = 0.236 \times SF + 0.256 \times SD + 0.151 \times Ta + 0.210 \times Td + 0.147 \times TV$$

其中，W为冰雪灾害风险评估值，SF为降雪量评分值，SD为积雪深度评分值，Ta为气温评分值，Td为积雪发生时间及持续时间评分值，TV为受灾体脆弱度。W值越高，冰雪灾害对城市交通运行的影响越大，并按以下分级标准，确定相应的冰雪灾害对城市交通运行的预估等级，如表6-17所示。

表6-17 冰雪灾害预警等级划分

影响等级	轻微	较严重	严重	特别严重
W值	<4.00	4.00～6.00	6.01～7.50	>7.50
评价等级值	1	2	3	4

通过模型评估结果对历史案例的分析，可知：

① 小雪对城市交通的影响一般模型评估为等级1—2。例如2012年12月29—30日的小雪天气过程由于气温较低，有一定积雪，凸显了发生时间，计算出的W值就高于其他小雪天气过程，从而使得评估结果2(较严重)。

② 中到大雪对城市交通的影响一般模型评估为等级2和4。例如2011年1月19—20日发生的中到大雪，天气过程虽然冰雪强度与其他中到大雪天气过程相近，但除了积雪深、气温低之外，它的交通脆弱性大，使其对城市交通运行影响大，所以评估为4(特别严重)。

③ 暴雪对城市交通的影响一般模型评估为等级3—4。例如2008年1月25日及之后几日的大到暴雪，模型对城市交通运行影响程度与评估结果为4(特别严重)，但在提前做出较准确的天气预报和道路结冰黄色预警前提下，城市提前做好扫雪除冰准备工作，使得实际评估降到3(严重)，显示了减灾能力和预警能力等非致灾因子的共同影响作用。

从结果分析看，实际评估一般比模型评估小1—2级，细究评估的过程可知，各因子的比例，即对各评分指标相互之间重要性的评判所得出各因子的权重存在一定的主观性差异。

另外,各因子之间的关系也可能随着降雪的大小而呈现动态的关系。模型评估比实际评估等级要大,可能与模型中气温因子和脆弱度因子的权重偏小有关。预报的准确性和服务的及时性以及提高受灾体的防御能力等都可以降低实际评估等级。

6.3.4 上海公路交通气象服务系统

1) 技术路线

上海公路交通气象服务系统采用串行通信、CDMA1X 网络、网络 TCP/IP 协议、WinSock 连接、SQL Server 数据库系统、GIS 系统及自行设计的数据中转、接收入库等应用软件实现气象局与高速公路管理署控制中心之间的实时双向数据传输,完成跨部门的资料采集及存储。利用上海市气象局现有的气象自动站及公路部门建立的气象观测站,初步构建上海交通气象监测网,并对交通要道进行了路段划分,在就近气象观测站反映公路不同路段气象实况信息的基础上,运用数值预报产品,结合不同的预报方法,对公路路段各气象要素进行了预报,对影响交通安全运营的能见度进行了分级预警,在公路交通预报上初步实现了空间上的精细化;为上海交通管理部门更好地运营,特别是在遇灾害性天气时做出及时的决策提供了一定的辅助作用。

2) 系统模块

上海公路交通气象服务系统共有三个功能模块:气象信息服务、地图基本操作、查询,如图 6-5 所示。

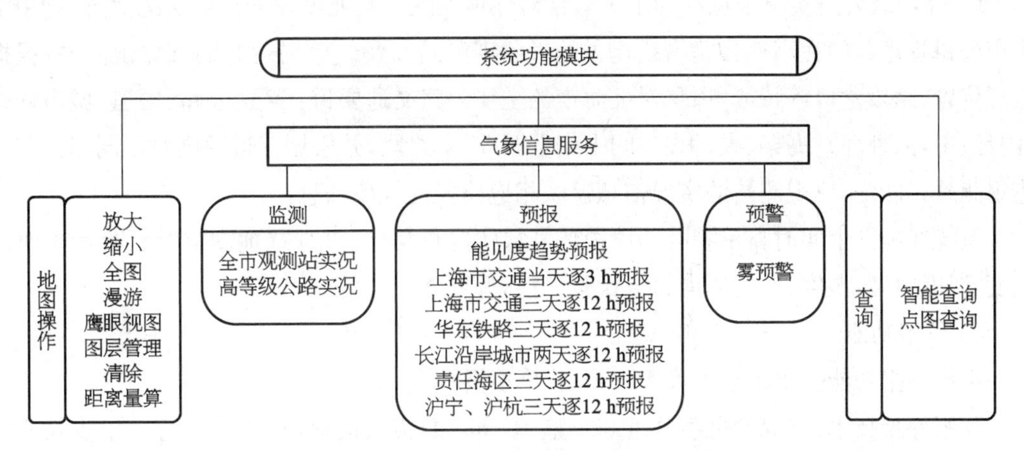

图 6-5 上海公路交通气象服务系统模块图

(1) 地图操作基本功能模块。

基本功能模块指的是与辅助的、不受任何业务限制的、能够无限重复使用的功能,主要用于改善当前地图的视觉效果,了解简单的地图信息。基本功能模块有 8 个功能点:放大、缩小、全图、漫游、鹰眼视图、图层管理、清除、距离量算。

图层管理的地图数据包括:

① 上海市基础地理信息，如行政区、内环线、外环线、高速公路、公路、主要河流等；

② 江浙基础地理信息；

③ 相关的自动气象站和气象信息。

(2) 查询功能。

① 智能查询。

智能查询在地理信息系统(GIS)中是最常用的功能，是对各个不同的地理数据进行模糊查询，返回给用户查找单位的具体信息和地理位置。用户可以对高等级公路、公路、自动站等信息进行查询。

② 点图查询。

点图查询在GIS系统中也是常用的功能，首先选择要查询的图层后，点击地图上的信息进行查询，返回给用户查找单位的具体信息和地理位置。可以对高等级公路、公路、自动站等信息进行查询。

(3) 气象信息服务功能。

系统在气象信息服务模块主要提供了上海市交通气象监测、预报、预警功能。

① 监测功能。

a. 自动站实况信息。在地图上实时显示所有上海气象自动站的气象信息，构建上海交通气象监测网，可便捷选择地图上是否显示瞬时能见度、温度、相对湿度、风速风向、1 h雨量、气压等要素。

b. 高等级公路实况信息。为了更有针对性地反映各交通路段的气象实况信息，利用上海市公路管理部门在高速公路沿线建立的气象观测站以及气象局现有的气象观测站，根据地理位置、路段岔口等特征，项目对上海市的主要公路交通要道：高速公路、国道、城市环线(内环、中环、外环)、高架、大桥在空间上细分了85个路段，并根据就近原则将不同路段与对应观测站相匹配，以观测站的实况信息反映相应路段的气象信息。

系统在地图上实时显示各公路路段的气象实况信息，并可选择地图上是否显示瞬时能见度、温度、相对湿度、风速风向、1 h雨量、气压等要素。

② 预报功能。

系统预报功能提供了能见度10 min趋势预报。

利用外推技术，选取能见度临近5个整10 min的实况资料，对曲线进行5个步长的线性拟合外推，对高等级公路各路段的能见度进行趋势预报。

③ 预警功能。

结合《上海市气象灾害预警信号及防御指引》关于大雾预警信号等级的划分，以及早期预警的需求，分别根据能见度实况信息及能见度趋势预报结果，在地图上分色显示0～50 m、50～100 m、100～200 m、200～500 m、500～1 000 m共5个级别的能见度实况预警及预报预警。具体颜色对应如表6-18所示。

表 6-18 大雾灾害预警等级划分

等　级	能见度(m)	雾的等级	对应显示颜色
1	0～50	强浓雾	红色
2	50～100	浓雾	橙色
3	100～200	大雾	黄色
4	200～500	雾	蓝色
5	500～1 000	轻雾	灰色

下阶段还将开展对高等级公路大雪及公路结冰预警、公路高温预警、强降水预警的开发研究工作。

第7章

气象大数据在航空工业中的应用

天气对航空工业具有非常直接和显著的影响。民航客机在大气中飞行，机场也时刻受到天气系统的影响，因此航空运输活动受天气因素影响较大。航空运行部门能否及时准确地获取气象预测数据直接关系到航空运输安全以及航空企业的经济效益。不利的气象条件，对航空运行，尤其是在飞机起降阶段的影响较大。天气对现代航空业的影响主要体现在安全与效率上。

本章将从气象大数据在机场建设、民用航空、民机试飞等方面进行论述。

7.1 概述

以现代民用航空为例，民用航空由机场、航空公司和空中交通管制组成。许多在普通气象中不十分重要的天气现象也会对民航运营产生重大影响，甚至造成大面积的航班延误，导致非常大的直接与间接经济损失。以美国为例，过去10年中有65%～70%的航班延误都直接与天气有关，而在因天气造成的航班延误中，24%是因为雷雨，17%是因为能见度，14%是因为风，14%因为低云，9%因为雪，8%因为冻雨，7%因为积冰，7%因为颠簸。根据中国民用航空局《2016年民航行业发展统计公报》(见表7-1)，因天气原因造成航班不正常占比超过50%，与去年相比增加了26.99%。

表7-1 2016年航班不正常原因分析

航班不正常原因	占全部比例	与上年相比增减
航空公司原因	9.54%	−9.56%
空管原因	8.24%	−22.44%
天气原因	56.52%	26.99%
其他原因	25.70%	5.01%

注：中国民用航空局《2016年民航行业发展统计公报》。

根据中国国际航空公司统计，2016年雷雨季节(6—8月)天气对航班运行的影响占比在60%以上，其中6月因天气原因造成航班运行不正常占比为75.3%。2017年前三季度全民航共保障各类分型3 783 743班，日均13 860班，天气原因导致延误占比53.51%；7月全国航班正常性为50.76%，影响航班正常的首先是天气原因，占延误航班的58.6%，7月我国进入盛夏，西太平洋副热带高压比常年同期偏强，华北、华南、西南等地区雷雨天气，较前期明显增多，广州、深圳、海口、成都、重庆、昆明、天津机场出现雷雨，日均达到10天以上。此外，7月共有5个台风影响我国，对广东、深圳、海口、三亚、福州、厦门等东南沿海机场的运行造成了一定的影响。

以往在分析影响航班运行的原因时往往归咎于单一原因，某一航班的备降同时存在着管制原因和复杂天气原因，但可能管制原因是主要因素，事后分析时该备降归类于管制原因而不是天气原因，从而忽视了该天气对航班影响的分析。例如，首都机场每日运行航班量居亚洲第一，约1 500～1 700架次，平均每小时60～70架次的起降，平均每50～60 s就有一个航班的起降；雷雨是夏季影响首都机场运行的最主要因素，且多出现在傍晚时间段，此时间段正是首都机场进港的高峰期；加之首都机场管制空域运行复杂，有1.9万km^2的管制区域，14个航路出入口，有时傍晚时间段持续0.5 h的雷雨天气，对机场运行的影响时间要长达2～3 h以上，需要到晚间20:00后机场运行才能逐渐恢复正常。虽然实际天气现象时间短暂，但是后续对于航班整体运行的影响却是长时间的，如果只是瞄准少数而忽略全貌的话，无法了解各种问题的真实诱因。

上海拥有上海虹桥国际机场（简称虹桥机场）和上海浦东国际机场（简称浦东机场）两座国际机场。上海空港是东方航空、中国国际货运航空、中国货运航空和中国最大的两家民营航空（春秋航空和吉祥航空）的主要基地。上海浦东国际机场位于上海浦东长江入海口南岸的滨海地带，距市中心约30 km。浦东机场的航班量占到整个上海机场的六成左右，国际旅客吞吐量位居国内机场首位，货邮吞吐量位居世界机场第三位。上海虹桥国际机场位于上海市西郊，距市中心仅13 km。上海两大机场都易受强对流、低能见度、大风和低云等灾害性天气影响，由于天气影响而造成的航班延误、流量管制、机场关闭对行业用户、政府部门和公众都造成了严重影响。

虹桥机场位于上海市西面，位于中纬度地区。该地区地处我国东南沿海长江入海口，属热带季风气候，并具有海洋性气候特点；全年气候温和、温润，雨量充沛。春季多雨、雾、多低云；夏季闷热高温、多雷暴、多阵性降水，经常受到台风、暴雨、雷电等灾害性天气的侵袭，对飞行影响很大；秋季和冬季多大雾天气，对进出港飞机影响较大。不同类型的灾害性天气对虹桥机场的影响频数如表7-2所示。

表7-2 不同类型的灾害性天气对虹桥机场的影响频数(2000—2014年)

影响天气类型	1月	2月	3月	4月	5月	6月	7月	8月	9月	10月	11月	12月	年平均影响天数(天)
雷电	0.1	0.9	1.6	2.1	1.1	3.4	7.3	8.4	2.4	0.3	0.4	0.1	28.1
大雾	2.7	2.4	1.5	1.5	0.5	0.9	0.1	0.1	0.1	1.3	3.4	3.4	17.9
大风	0.4	0.1	1.1	0.8	0.5	0.6	2.1	2.1	0.8	0.3	0.6	0.7	10.1
低云(＜60 m)	0.9	1.3	0.8	0.5	0.3	0.2	0.2	0.0	0.1	0.1	0.1	0.5	5.0

注：数据来源：民航华东空管局。

浦东机场位于上海市的东南面，东临东海，周围地形平坦、开阔，净空条件良好。每年10月至翌年5月多雾，冬季多辐射雾，多出现在后半夜到早晨，日出后1～2 h开始消散，春季多平流雾，一天中任何时间均可出现；11月至翌年6月多低云，云高常达150 m或以下，有时可低于90 m；6月至9月多雷暴，以7、8月最多，一般出现在午后到上半夜，强雷暴时常伴有大风和暴雨，风速可达8级或以上，暴雨时常出现低能见度；7月至9月受台风侵袭，受其影响最大风速可达10级以上；冬季多北风，夏季多东南风，年均大风日19.5天，大风风速一般8～9级，最大可达10级。不同类型的灾害性天气对浦东机场的影响频数如表7-3所示。

表7-3 不同类型的灾害性天气对浦东机场的影响频数(2000—2014年)

影响天气类型	1月	2月	3月	4月	5月	6月	7月	8月	9月	10月	11月	12月	年平均影响天数(天)
雷电	0.0	0.8	1.5	1.9	1.1	3.1	5.9	6.9	2.1	0.3	0.3	0.1	24.0
大雾	2.7	4.5	3.0	3.6	2.3	2.1	0.2	0.3	0.1	0.4	3.0	1.7	23.9
大风	0.8	1.0	2.1	1.6	1.5	1.0	2.4	2.7	1.7	1.3	1.3	2.1	19.5
低云(<60 m)	0.1	3.0	1.7	2.1	1.2	1.4	0.0	0.0	0.0	0.0	0.3	0.0	9.8

注：数据来源：民航华东空管局。

综合而言，对上海两场运行影响较大的灾害性天气主要有低能见度、低云、雷暴、强风等。

上海浦东和虹桥机场是两个国内最为繁忙的机场之一。其中浦东机场每日平均计划进出港航班数约在1 200架次，虹桥机场约在720架次。从时间分布来看，两场计划进出港繁忙时段大致相同，高峰时间在上午8:00—午夜24:00，浦东机场最高峰时接近80架次/h，虹桥机场接近50架次/h。可见，对于机场来说，高暴露度的时间区间主要在8:00—24:00，一旦在此期间遭遇到不利天气，将会给机场的正常运行造成极大的影响。

近年来，我国民航产业飞速发展，航空器性能不断优化完善，航班运行量激增，重要天气对于民航运行的影响越来越显著。航空气象基本工作是探测、收集、分析、处理气象资料、制作发布航空气象产品。准确、及时的航空气象服务可以提供民航活动所需的气象信息，有效保证飞行的安全、正常，同时也可以为旅客的出行提供天气参考。航空器的安全运行是旅客出行的基础，提高运行效率和正常水平，也可以使旅行体验更加便捷和舒适。

气象因素对通用航空活动也有着重要的影响。通用航空飞行高度较低，一般在3 000 m以下空域；低空的天气条件更加复杂多变，对飞行安全影响更大。同时，由于通用航空飞行速度慢、载油量少、机载设备简单、以目视飞行为主，相对于民用航空，面对恶劣天气时，其应对手段更加缺乏，对气象条件的变化也就更加敏感。

同时，气象对于客机制造行业也具有重要的影响。以客机试飞为例，试飞是指在飞机交付使用之前，对飞机进行飞行测试，采集飞机飞行数据，使飞机在交付之前处于最稳定的飞行状态,保证飞机飞行结果的准确科学。特殊天气试飞是其中一个重要的环节,指飞机要在相应要求的气象条件下完成的试飞科目,例如大侧风、高温高湿、高寒、自然结冰等。这些特殊天气具有极端性强、出现频率低的特点,在这种气候条件下飞行具有极高的挑战性。因此,试飞气象技术虽是整个试飞领域中的一个很小分支,但在整个试飞活动中起到了举足轻重的作用,特别是在近年国内进行民用客机研制任务的过程中,对于国内试飞气象环境的探索、认知和把握,气象技术之于试飞安全和试飞效率这两个重要方面所起到的关键性作用越来越不容忽视。

因此,在民用航空、通用航空、客机制造行业中,根据行业运行需求,如何挖掘气象大数据的潜在应用价值,对于航空运行安全、提高生产效率具有重要意义。

7.2 气象大数据在民用航空中的应用

参与民用航空中的用户包括航空公司、空中交通管制部门、机场、航空旅客等。

7.2.1 航空公司

1) 运行组织

航空公司是航空气象部门的主要用户之一,航空气象部门向航空公司的运行签派和飞行机组提供气象服务。运行签派部门利用相关的气象信息做飞行前计划、飞行中的重新计划以及飞行机组成员离场前的准备。飞行前,其为机组提供飞行文件,以便机组了解起飞、目的地、备降机场的天气,以及航路的天气概况。从飞机和机组排班的角度来讲,首先涉及的是机组机型区分,不同机型本身对于气象条件的要求限制不同。例如空客系列飞机,通过成千上万次的机型极限试验,才在对应机型的操作手册中对阵风值上有一定的限制,如果在航班落地时段机场阵风值超过手册标准,则禁止飞机落地。波音系列飞机手册中对阵风值没有相应的规定。除了厂商差异外,同一系列的飞机按照型号不同,对气象条件要求也不尽相同,波音 737 系列及 777 - 300ER 客机,按照跑道入口速度分类标准中分属 C 类及 D 类,对应的落地天气标准也按照机型分类分别对应。除此之外,机组的资质差异,如新机长、二类运行、特殊机场资质等限制也对其运行机场的气象条件会产生一定的影响。现阶段的机组调度调整基本属于短期临时调整,根据天气预判调整机组力量,或在已发生对航班有影响的天气情况时,对后续可能受影响的航班机组进行调整。如果可以有相对长期的机场预报产品,按照规章的要求,机组调度人员可以对后续至少 7 天各机场的天气情况加以考虑,将机场、航线天气与机型、机组资质相匹配,减少后期因天气原因造成的机组临时调整,提高机组运行效率。

航班飞行时,携带油量需要基于对于未来天气的预测进行合理规划。一次完整的飞行过程涵盖了滑行、起飞、巡航、着陆等阶段,对于国际长航线来说,一般的国内至欧美澳地区的航程时长达到10 h以上,运行和飞行人员在实际工作中参照整个飞行阶段,在不同的时间点上也需要对应分析不同空间维度的天气状况。特别是在飞行计划中的航程油量计算上体现得尤为显著,签派员对应航班载量和飞机性能,通过分析航程内各时间点不同高度层的风速和温度,以迭代计算出基础的巡航油量;在此基础上对应飞行中其他阶段,对起飞机场、目的地机场、备降机场、ETOPS备降场、航路天气等各种要素的天气标准与运行条件的综合评估,科学计算出整个飞行所需油量。

虽然科技日益发达,但航空业是“靠天吃饭”的产业,航空公司在签派放行时采用小时、分精度的气象数据,在飞行操控时采用分、秒精度的气象数据,并且同时需要充分理解和结合运行标准,大气物理量的任何改变都会或多或少对运行产生影响。

在航空运输业航班计划的制定过程中,充分考虑恶劣天气的年际、季节性规律和日变化情况、出现频率、持续时间等特征,既能保障民航飞行安全,又能充分利用有利的天气条件最大限度地编排航班、提高航空公司和机场的运行效益。

2) 新开航线及航线规划

航空公司在新开航线开始运营前,往往都需要对新开航机场、区域、航路的天气进行详细的调研,通过大量、多维度的气象数据积累、统计、分析,才能初步掌握其气候学的特征,以便为后续的运营打下良好的基础;特别是国际新开航线,需要在开航后继续对开航状态、运行稳定性等进行持续性的监控和信息收集,根据航班运行实际环境、天气因素及时调整新开航线运行的时刻、航路、机型以及商务政策,确保安全和效益。

首先是运行机场本身的气候特征,例如危险天气的季节性特征(影响航班进近、起降、巡航等阶段)、夏季高温时次(影响飞机载量)、冬季机场大风风向(影响机型和机组排班)会对航班运行有直接的影响。其次为航路天气特征,例如不同航线顺、逆风值大小对运行燃油成本及时间成本的影响、高纬度地区和极地运行的航路低温对于燃油冰点的影响、宇宙辐射值对于极地运行的影响、航线颠簸对于飞行舒适度的影响、危险天气绕飞对于燃油和时间成本的影响等。

实际运行中,国际新开长航线涉及高温载量的航线,气象部门对于机场历史气候温度及航路风向风速的统计结果,有助于商务部门确定航班起飞时刻,避开高温时段,并且在选择航路时,避开逆风大值区,节约时间和燃油成本。但受限于气象资料、气象模式、数学模型的影响,现有的分析方式和方法也暂时缺乏直接的可用性论证,这也是航空公司气象部门日后进行此项工作的重点问题。

3) 长期航班计划调整

由于某一机场或航路的气候特征相对固定,而且民航航班的班次、时刻都较为固定,当机场或航路的危险天气频发时刻与航班运行时刻较为接近时,容易在相当长的一段时间内出现航班受到同一种天气影响而出现持续的返航、备降等不正常情况。出现此类情况时,航空公司的气象部门需要通过长期的气象资料统计分析，总结机场、航路的气候特征，结合运行、飞行的实际经验，汇总案例；特殊情况时，可以安排有经验的气象人员、运行人员赴当地机场进行实地考察和调研，判断出影响运行的天气症结所在，而后由商务部门向民航管理部门申请新的航班时刻，避开容易出现影响运行天气的时段，确保航空公司的运行效率和效益得到提升。

4）民航气象数据的深度挖掘

在传统意义上来说，民航管理部门往往作为数据的提供商，而航空公司作为用户，且民航飞机均安装有性能较好的气象雷达、计算机等设备，飞行员通过这些设备可以实时了解航线气象信息，适时调整航线，避免恶劣天气影响飞行安全。例如，飞机在飞行中，飞机设备会将飞机的实时状态进行全方位的记录，通过飞机运行实况积累和对比，改进和提升气象保障水平。涡度耗散率即 EDR，是衡量大气湍流强度的指标，已被国际民用航空组织作为测量飞机颠簸强度的计算指标，需要在飞机 FMC 上编译部署颠簸计算程序，通过数据编译传输，加密颠簸探测数据，强化整个空域空中颠簸的监控能力，通过颠簸数据的积累和对比，完善航路天气预报模式与方法，提升航路颠簸的预报和预警能力。民航运行中收集的气象信息内容丰富，但仅能用于实时显示并服务于飞行员，未能进一步运用到地面运行中去。如果能把这些实时传输到地面，纳入气象大数据库，则将对提高精细化预报准确度具有重要意义；如能将这些气象信息与空管部门及后续航班进行分享，将大大提升航班飞行安全和运输管理效率，可以充分发挥海量航空气象数据的价值。

7.2.2 空中交通管制部门

空中交通管制部门从地面到高空、从机场到航路依次被分为塔台管制、进近管制、区域管制和流量管制，各管制部门指挥航空器飞行过程中的不同阶段，对航空气象服务的需求有所差异。塔台管制部门用户需要本场范围内 900 m 以下高度的天气情况，气象服务需要为其提供实时的自动观测数据（表盘和数字形式）和天气雷达，特别是跑道两端和中间点的风向、风速、气压等。进近管制部门用户需要了解飞机离地后或落地前低空 1 800～6 400 m 高度、半径 120 km 范围内天气情况，气象服务为其提供进近范围内对流天气、颠簸、积冰、乱流以及本场重要气象信息。区域管制部门需要了解 6 400 m 以上高空航路上飞行的天气情况，尤其是区域内雷暴及强降水的范围和发展趋势以及本场影响航班起降天气的发展状况、持续时间等，以便在预定落地机场天气不好时选择合适的备降机场。流量管理部门需要 24 h 或更长时效的精细化气象预报产品，为大面积航班延误响应机制（MDRS）提供科学的运行管理决策依据。

气象雷达及其拼图资料可以反映终端区雷暴和强降水的实况，覆盖终端区的 0～2 h 短时外推预报、2～6 h 外推和数值预报融合预报产品，包括反射率、垂直累积液态水含量和回波顶高等产品，有助于判断飞机能否飞越雷暴云团，有效进行空域可用容量评估，为空管部门提供有效的预报产品支持。

7.2.3 机场

机场主要关注雷暴、大风、冰雹、降雪等恶劣天气的演变信息。在沿海地区，夏季台风影响时，机场尤为关注雷暴、降水和大风等相关航空气象信息，确保外场设施和停场航空器的安全，最大可能地确保航班运行安全和效率。在北方，尤其是在降雪季节，机场需要提前了解相关降雪信息，制定保障方案，做好除冰除雪准备，减少航班延误。近年来，随着机场的改建、扩建和新建，机场面积越来越大，跑道数量也在增加，机场范围内的气象要素更加复杂，需要更加精细化的气象服务。

机场选址和建设初期，需要了解机场周边环境气候背景场的变化特征，如机场及周边区域的风、温度、湿度、气压、能见度、云等天气要素的长期基本特征，对影响飞行的主要天气因素，以及极端天气气候事件的发生概率及其产生的可能影响进行精细化评估。通过基于气象大数据的分析，一是可以利用温度、气压结合飞机性能确定跑道长度，根据风速、风向的日变化、季节变化，大风出现的频率、时间段、季节来确定跑道方向；二是分析气象条件对候选机场飞行的影响程度，雷暴、台风、低云、低能见度、大风、冰雹等恶劣天气均会影响机场的正常运行，各类天气现象都有明显的季节和日变化特点，通过分析连续的气象观测资料综合评估气象条件对机场飞行的影响程度可以有效地确定机场选址，减少天气对飞行的影响、提高飞行安全。如昆明长水机场在选址过程中对气象的重视程度不及其他要素，新机场场址较原来的巫家坝机场能见度差，在开始投入运行后，经历了多次大雾事件，导致航班延误、旅客滞留，对后期运行效率造成了不利影响。

机场选址气象分析工作中，一般利用较多的是常规气象观测资料，如果综合考虑气象大数据包含的各种资料，则能为机场选址提供更加全面的参考。如卫星、雷达、闪电定位资料具有一定的覆盖范围，可在一定程度上解决场址与已有的气象观测站相关程度不好确定，以及可分析常规观测资料较少但对飞行影响较大的气象要素，如雾、强对流天气等。

在机场选址中，不仅需要考虑当地历史气候特点，甚至还要评估未来气候变化可能对机场的影响。在气候变暖的大背景下，低海拔机场可能受到风暴潮的影响、水面上升可能导致机场跑道或航站楼洪水泛滥、机场混凝土跑道路面可能因为极端高温而爆裂、极端高温导致飞机无法正常起飞。以温度的影响为例，最热月平均最高气温是分析飞机性能及跑道长度设计的重要依据。当高温天数和热浪数量增加时，原来的跑道长度设计可能无法满足需求。如大型飞机在炎热环境下无法在 2 501 m 的跑道上降落，需要消耗更多的燃料在拥有 3 602 m 跑道的私人机场等待降落。

7.3 气象大数据在民机试飞中的应用

最近几年来,国产客机的发展取得了显著进展,这也对国内的民机试飞气象服务提出了新的要求。试飞是客机制造行业中重要的一环,飞机试飞中的气象保障工作分为特殊天气和常规气象保障。特殊天气是指要在相应要求的气象条件下完成的试飞科目;常规气象保障是指在一些无特殊气象要求的试飞科目中,气象工作人员要为试飞提供气象支持,帮助试飞团队避开危险天气,保证试验科目的正常试飞。常规天气保障类似于一般民航运行中的航空气象服务,但运行标准有较大差异。

民机试飞科目繁多,根据中国商用飞机有限责任公司民用飞机试飞中心(简称中国商飞试飞中心)对适航标准的解读,其中对气象环境条件有特殊要求的试验科目包括:自然结冰、大侧风、高温高湿、高寒、高原、噪声试验等。其中自然结冰和大侧风对气象条件有严格的限定,要求也最高,找到适合的时间和区域的难度也最大。因此,试飞气象服务的关键是如何准确地找到符合要求的气象条件,并准确预测。

利用气象大数据对各种试飞气象条件进行分析,确定各种试飞气象发生的频率、时间、空间以及发生特征,事先确定适宜试飞活动开展的时间、地点,甚至试验周期和成功的期望,可以有效提高试飞取证的效率。如对于常规气象保障时试飞空域的选择,利用雷达、闪电、机场观测等气象数据,结合试飞工程的需求(跑道逆风和侧风阈值、能见度、云、对流天气等),确定某个机场和空域的可飞天数,从而确定合适的机场开展试飞取证。

7.3.1 民机试飞气象服务的要求

1) 试飞大纲中关于特殊科目的气象条件规定非常苛刻

以自然结冰试验为例,根据《中国民用航空规章》第 25 部 运输类飞机适航标准(CCAR-25-R4)的条款规定,飞机必须而且能够在规定的连续最大(层云)和间断最大(积云)结冰状态下安全飞行,大气结冰状态的最大连续强度由云层液态水含量、云层水滴平均有效直径和周围空气温度三个变量决定。如图 7-1 所示,对于连续最大(层云)大气结冰状态,规定在一定的高度范围和水平范围内,当周围空气温度在 −10℃时,探测到的有效水滴直径和液态水含量需要满足结冰限制包线,平均有效水滴直径越小,相应的液态水含量标准越高。当水滴直径在 40 μm 时,液态水含量至少要在 0.16 g/m^3 以上;当水滴直径在 15 μm 时,液态水含量至少要在 0.60 g/m^3 以上。

《中国民用航空规章》第 25 部 附录 C 对自然结冰试验气象条件的规定与《美国联邦航空条例》FAR25 部 附录 C 的规定一致。附录 C 中的关于大气结冰条件的描述以及各

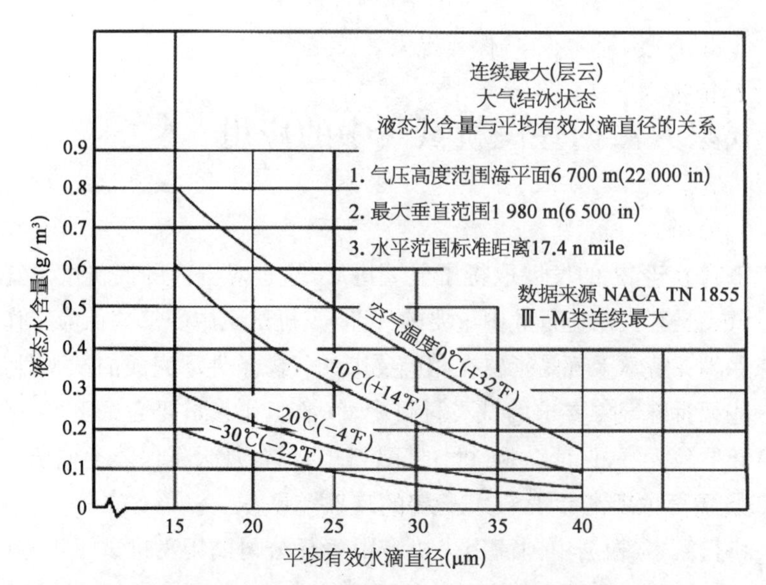

图7-1 连续最大结冰时，云层液态水含量、云层水滴平均有效直径和周围空气温度三个变量的相互关系

物理量之间的多张相互关系图首次发布于1949年，并沿用至今，主要是基于1945—1950年冬天在美国上空6 km(20 000 in)处5 560 km(3 000 n mile)飞行距离范围内对过冷云层的探测研究。需要指出的是附录C中规定的液态水含量(LWC)，特指“可能最大值”，即在给定水平距离、大气温度、云中液滴尺度的情况下，所有探测数据中99%的LWC平均值均小于此值，表征的是结冰“最严重”的状态。从另一个角度，试飞大纲对自然结冰试验气象条件各种云微物理参数的规定本身也是从一定样本的飞行气象探测试验中提炼出来的，是对气象大数据在工程中的一种应用。

我国目前缺少对大气结冰条件的前置研究，试飞大纲中关于过冷云层云微物理参数的标准是否具有普适性，尚没有明确的结论。ARJ21飞机在国内历经了四年的试飞，仅一个架次碰到了有效结冰气象，一方面固然有在试飞气象保障服务方面经验欠缺的原因，另一方面，我国自然结冰大气环境是否与北美类似，即两地达到试飞大纲规定的大气结冰状态的频率是否具有相当的量级，也是一个值得深入研究的课题。

2) 从气候到天气尺度的试飞气象服务

民机试飞是一项系统工程，牵扯到诸多方面，相对而言，工程因素占主导，但气象因素在实际操作中虽然靠后，却至关重要。从决策服务的角度出发，气象需要为试飞团队提供试飞气象条件可能出现的月份、区域和形态特征。因此，需要针对相关试飞科目，结合试飞大纲对气象条件的具体标准，对国内试飞气象条件开展解释和研究，开展气候条件分析，给出试验窗口期及试验场所建议，提高试飞效率。同时，由于民机试飞牵扯到诸多方面，包括飞机转场、飞行计划申报、设备调试、人员进场等，当确定试验时间窗口和区域之后，需要提前较长时间给出明确的试验决策建议。在试验临近时，需要根据现场试飞和天气情况，及时与试飞工程师和机组沟通，为现场保障提供决策支持。

3) 精细化预报技术支持

当具体的试飞试验开展时，针对短期和临近时效，需要气象人员提供高时空分辨率的精细化预报，明确给出气象条件能否达到试验要求的预测，以及试飞气象条件出现的起止时间和空间分布。一般而言，机场的某些气象要素，如风速，具有较强的局地性，与周边自动站观测存在着较大的差异；因此一般的公众气象预报难以满足要求。同时，在风力预报时，一般公众气象预报侧重于灾害性天气的预报，更关注极大风速，如西北风6级阵风7～8级，对平均风速的持续时间和稳定性则缺少关注；而在侧风试验中，只有一段时间内的平均风速达到某个阈值，才能符合试飞大纲要求，仅仅阵风较大是无法满足需求的。

4) 预报服务需要体现高命中率，对虚警的容忍度较低

试飞气象涉及气象和航空两个领域，气象保障贯穿于试验准备、试飞执行、航后分析各环节。如果对试飞气象条件的预报不能做到准确及时有效，就会极大地降低试飞取证效率，影响经济效益。试飞取证多在外场进行，对资源的耗费较大，一次试验飞行的经济成本也是相当可观。目前多采用"等天气"的做法，如果预报的命中率较低，而虚警率却偏高，将极大地降低试飞取证效率，造成资源的大量浪费。

7.3.2 气象大数据服务自然结冰试飞

从试飞对于气象服务的要求不难看出，气象探测数据、气象预报数据对于民机试飞均十分重要。以自然结冰试飞为例进行说明。首先试飞时，需要安装结冰环境气象参数测量设备，一般采用美国粒子测量公司的粒子测量系统，用于探测云微物理信息，如过冷水滴体积中值直径和云粒子浓度等。从气象研究角度，自然结冰探测试验是空天地一体的观测试验，需要地基、天基等观测设备提供支持。

以2016年3月的安庆自然结冰试验为例，该试验由上海市气象局、中国商飞试飞中心、中国气象局人工影响天气中心、安徽省气象局、池州机场、三星通航公司等单位共同参与，试验共计飞行两架次。该次试验是对自然结冰试飞气象保障模式的一次科学探索，并非民机适航取证试飞。使用的探测设备见表7-4。

表7-4 2016年3月安庆结冰探测试验时使用的观测设备

探测设备	主要用途
安庆探空观测	6 h一次加密探空，获取大气垂直风温湿信息
安庆多普勒天气雷达	探测降水回波信息
X波段移动双偏振多普勒天气雷达	可垂直扫描，主要探测回波、垂直液态水含量和降水相态

(续表)

探 测 设 备	主 要 用 途
MP-3000A微波辐射计	连续探测温度和水汽的垂直分布
"新舟60"飞机及机载气象探测设备（包括云凝结核计数器、被动腔式气溶胶粒子谱探头、云滴探头、后向散射云滴探头、云粒子图像探头、降水粒子图像探头和气象综合探头）	探测空中云粒子和降水粒子含量、飞行高度上各气象要素及结冰实况报告

飞机交付前需要完成自然条件下的结冰试验。因此首要的工作是寻找适合开展自然结冰试验的区域和窗口期。由于尚无系统性的飞机积冰报告制度和数据库，且民航客机一般按照固定的航路飞行，具有一定的局限性；因此直接利用飞机积冰报告，寻找自然结冰区域存在着较大的限制。基于气象大数据，发展积冰潜势诊断方法，进而利用历史探空观测和再分析资料回算过去数年乃至数十年的积冰概率，从而确定各区域飞机积冰发展的频率和特点，对于开展自然结冰试飞具有重要的意义，且能达到事半功倍的效果。

为了更好地服务国产大飞机的取证试飞，上海中心气象台利用美国国家环境预报中心提供的近年(2002—2011年)的实时全球分析资料(FNL)，对我国近年的飞机积冰时空分布特征进行了分析，并与飞机自然结冰试飞条件比较理想的北美五大湖地区进行了对比。

研究表明，当飞机在−14～0℃区间飞行，遇有较大过冷水滴时最易积冰，强积冰区通常发生在−9～−5℃。根据容易积冰的温度、湿度范围，国际民航组织推荐如下构建的飞机积冰指数 Ic：

$$Ic = 2(RH - 50)[T(T + 14)/(-49)]$$

其中，RH 为相对湿度(%)，T 为温度(℃)。公式的前半部分用相对湿度线性拟合水滴的数量、大小的增长过程，RH 越接近100%，取值越接近最大值100；公式的后半部分用温度的二次方来拟合水滴的增长率，当 $T=-7$℃时为最大值1，$T=-14$℃和0℃时取最小值0。RH 低于50%或者 T 超过−14～0℃范围的，水滴增长率判断为0，认为无积冰发生。

因此，积冰指数 Ic 输出范围为0～100，数值越大，表示积冰越强；$RH=100$%和 $T=-7$℃时，积冰指数取得最大值100。具体积冰强度判据为：$0 \leqslant Ic < 50$，有轻度积冰；$50 \leqslant Ic < 80$，有中度积冰；$Ic \geqslant 80$，有严重积冰。

1) 近十年中国飞机积冰的逐月分布特征

利用前文所述的资料，计算了近年来我国逐月积冰频率的分布。FNL资料垂直方向上共有21层，对于某一格点上，如果任意层次出现积冰，则认为该时次该格点发生积冰事件，其中强度以该格点所有垂直层次中最强积冰强度计。

资料显示，1月积冰频率的大值区主要有3个区域，分别位于我国长江流域地区，在北纬30°左右，频率在0.7以上，川渝一带甚至有超过0.8的大值区；另外一个大值区在我国新疆北部地区,频率超过了 0.8;青藏高原东部也有一个频率超过 0.8 的相对大值区,但范围较小。到了 2 月,1 月的三个大值区基本维持,但长江流域的大值区有所减小,频率也有所降低。3 月,前文所述的三个大值区还维持,其中长江流域的大值区频率降低,新疆北部的大值区的范围显著缩小;同时,东北地区出现了频率超过 0.8 的相对大值区。4 月,4 个相对大值区仍然存在,但新疆北部与长江流域的积冰频率进一步减小。到了 5 月,随着副热带高压的北抬,华南进入汛期,与此对应,华南地区出现了超过 0.7 的大值区,而长江流域的大值区消失。6 月,随着副热带高压的进一步加强,华南地区的积冰频率达到了 0.8 以上,青藏高原的积冰大值区范围有所扩大,峰值在 0.9 以上;东北的积冰频率则有所下降。7 月和 8 月,随着我国大部进入盛夏季节,大部分地区的积冰频率均在 0.6 以上,青藏高原此时作为大气热源,对流频发,积冰概率最大,在 0.9 以上。到了 9 月,我国东北地区的相对大值区开始出现,青藏高原的大值区开始缩小,整体上我国大部的积冰频率小于 7、8 月。10 月,东北地区的积冰频率大值区进一步南压,青藏高原的大值进一步缩小,局限在高原东部和我国西南地区,与此同时,长江流域的相对大值区开始自西向东扩张。11 月,4 个相对大值区开始出现,其中新疆北部和东北地区较强,而青藏高原东部的范围较小,长江流域的频率偏小。到了 12 月,分布形式与 1 月类似,东北的大值区逐渐消失。

从逐月的分布演变来看,我国积冰分布的季节变化较为明显。全年而言,我国有 4 个相对大值区,分别位于新疆北部、青藏高原东部、长江流域和东北地区,各区域的范围和强度随季节均有较为明显的变化,如我国东北地区,在冬季由于高空气温偏低,湿度条件也较差,积冰频率较小。

严重积冰的地理分布与普通积冰分布相似,但频数大大减小,仅为所有积冰事件的 1/10 左右。从资料可以看出,1—3 月,虽然与普通积冰类似仍有 3 个大值区,但新疆北部与青藏高原东部的严重积冰频率地理分布均十分零散,仅长江流域有大范围的大值区。1 月时峰值在 0.2 以上;3—4 月,我国东北地区的严重积冰频率开始增加,而长江流域的则有所降低;5—6 月,华南华东南部开始出现相对大值区,与普通积冰频率相对,大值区更靠近沿海区域,而东北地区的大值区逐渐消失;7—8 月,随着雨带的北抬,我国东部地区的严重积冰大值区随之有季节性北抬,但频率大大降低;9—11 月,有季节性的南落;到了 12 月,维持在长江流域地区,且频率大大增加。

与普通积冰相比,严重积冰对湿度和温度的要求严格地多,因此频率也大大降低。对于新疆北部和青藏高原东部,严重积冰频率的地理分布十分零散,对于试飞来说,不易捕捉。我国东部的相对大值区随季节的变化南北漂移十分明显,理想的积冰频率大值还是主要分布在冬季的长江流域。

2) 中国和北美地区积冰事件发生特点的对比

自然结冰试飞科目是所有科目中对气象条件要求最高,也是最难完成的科目之一。国产 ARJ21-700 的试飞过程长达 6 年,获得适航证前最关键的自然结冰试飞在乌鲁木齐苦寻了4年,仅一个架次捕捉到有效结冰气象;2014年4月,远赴北美五大湖地区才得以完成,直接影响了ARJ21-700飞机进入市场的时间表,也耽误了后续机型的研发进程。同样的试飞,巴西航空工业公司ERJ190、美国波音777飞机的试飞效率均远高于国产ARJ客机,主要的原因就是在国内无法找到有效的结冰气象条件,致使多次试飞无功而返。

因此,有必要计算北美地区的积冰事件分布频率,并与我国的积冰事件频率进行对比分析。从年平均积冰事件发生频率来看,北美积冰事件频率较高,纬向特征比较明显,其中五大湖地区的频率在0.7以上。我国的积冰频率分布比较复杂,有南北差异,也有东西向地形变化引起的差异,相对大值区位于我国东北、新疆北部,青藏高原东部和长江流域,但大部分地区的频率较小。

从年平均严重积冰事件发生频率来看,五大湖及其以北地区严重积冰频率达到0.2~0.3,且分布范围广,随纬度变化明显。与普通积冰相似,我国的严重积冰频率大值区主要还是4个区域,但新疆北部和高原东部的严重积冰大值区分布零散,且下垫面复杂。我国东北和长江流域的大值区频率较低,仅为0.1~0.15。这意味着捕捉积冰事件的难度也相对较大。

对比我国和北美严重积冰分布的差异,五大湖地区纬度高,气温也较低,且东西两边均为海洋,自身下垫面为湖泊,水汽来源充沛,因此较容易形成积冰。与五大湖地处同一纬度的我国东北和北疆地区的积冰概率分布则并不理想。北疆地区可能由于深处内陆,水汽条件较差,且大值区分布零散。东北地区也无大的水体,虽然部分地区有大于0.15的概率分布,但区域也较小。

为了进一步对比我国与北美的积冰分布特征的差异,在五大湖地区和我国的3个相对大值区选取典型代表站,分析各个地区的严重积冰概率随高度和月份的分布特点。从图7-2可以看到,五大湖的积冰概率大值区基本集中在冬季,且发生层次较低,为800~950 hPa,峰值在0.2以上。我国西南地区常年有频率大于0.1的时间段,但随季节变化明显,且发生层次较高,峰值在0.1以上,发生季节在夏季,高达500 hPa高度,推测应该多以对流性天气引起的积冰为主。长江中下游流域在冬季也能维持较长时间的大于0.1的大值区。新疆地区大值区代表站的频率更大,1—9月,均有大于0.1的分布,其中峰值更是达到0.3,同样出现在夏季,发展高度为500~600 hPa,以对流性降水为主,缺点是分布零散,往往只有周边一两个格点有概率相对高值,难以捕捉。东北地区代表站的概率较小。由于飞机自然结冰试验既要寻找符合试验要求的结冰气象,又需要考虑试飞的安全,所以夏季的对流性降水云中的大直径过冷却水引起的积冰对于试飞活动并非最为理想的条件。综合对比可知,我国的飞机结冰试飞自然条件不如北美五大湖地区,相对而言,我国冬季的长江流域条件稍好。2016年在安徽安庆开展了自然结冰探测试验,这次探测试验作为一次科学探索,基于重新发展的自然结冰潜势预报方法,成功预测了两架次试验飞行,并准确预测了结冰层的高度。由于设备、时间等条件所限,此次试验捕捉到的飞机结冰云层相关云微物理参数并未达到试飞大纲规定,但有效地验证了自然结冰试飞预报方法和保障模式,并为捕捉冬季长江流域的结冰云层提供了有效的启示。

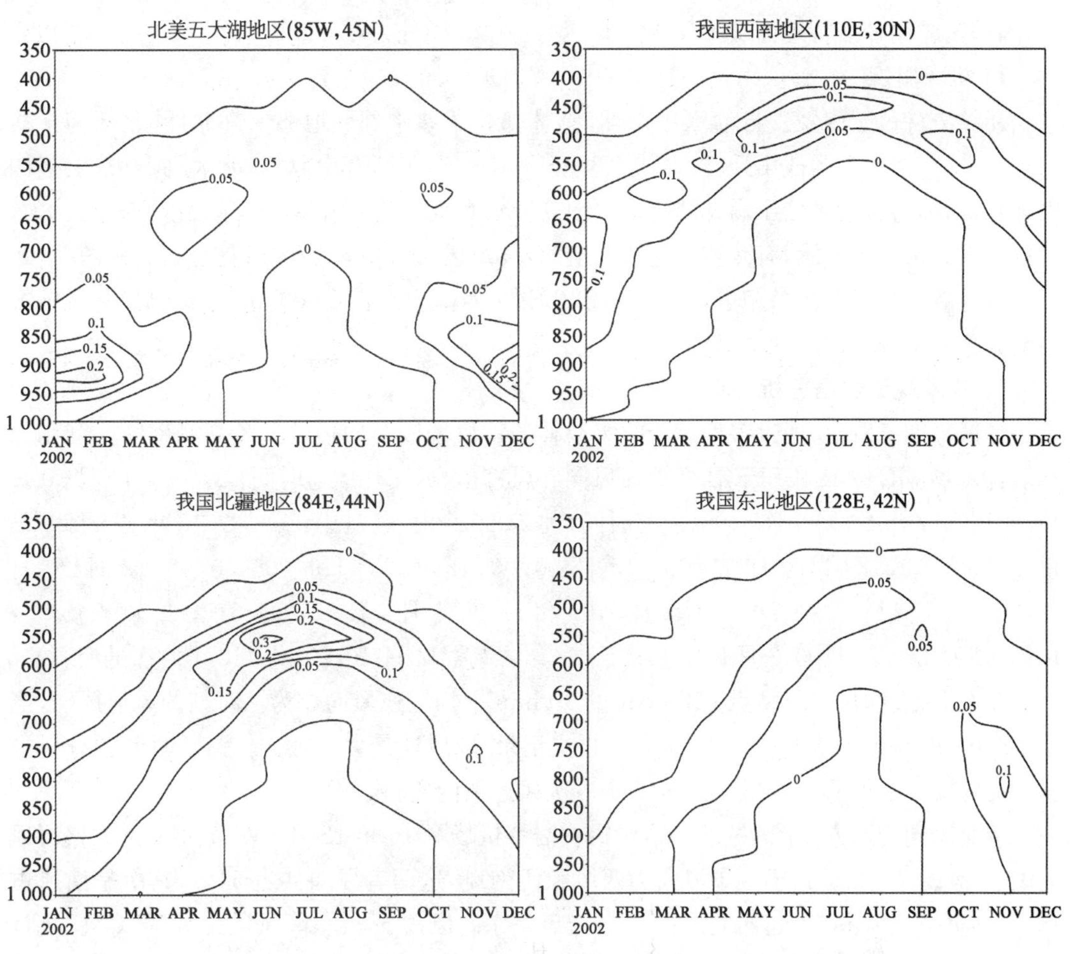

图 7-2 几个典型代表站严重积冰概率随高度和月份的分布图

7.3.3 气象大数据分析在侧风试验中的应用

大侧风试验是对气象条件要求较高的另一个试飞科目。该试验的难度主要在于：需要垂直于飞机(地面试验)或者跑道(空中试验)的侧风，同时对于某一个试验点而言，在试验期间的平均风速不能小于目标值，且一个试验点往往需要持续较长时间(如 30 min)。

ARJ21-700 飞机已经于 2010—2013 年在甘肃鼎新机场和嘉峪关机场进行了多次地面和空中的大侧风试验，其中地面试验基本达到了最大侧风 25 kn 的要求，空中试验取得了侧风 20 kn 的数据。2016 年底，为了扩展 ARJ21-700 的飞行包线，中国商飞试飞中心进一步开展地面大侧风试验，计划将目标风速由 22 kn 提升至 27 kn。根据全国大风区域和锡林浩特机场气象自观系统数据分析，选定锡林浩特机场作为扩展 ARJ21-700 的飞行包线，开展地面大侧风试验的机场，确定春季(3—5 月)为易出现满足试验条件大风的窗口期。

2017 年 4 月，中国商飞在锡林浩特开展 ARJ21-700 飞机大侧风地面试验。通过五次试验，于 4 月 17 日将 ARJ21 发动机、APU 地面正侧风值皆提升至 30 kn，超过 27 kn 的目标值,圆满完成锡林浩特地面试验任务。

1）机场概况

锡林浩特位于内蒙古自治区中东部,锡林郭勒草原中部。地势南高北低,北部为平缓的波状平原,南部多为浅山丘陵,海拔1 000～1 300 m,东部有山脉阻挡(大马群山、七老图山等)。锡林浩特机场位于锡林浩特市西南9 km处,地势开阔平坦,风速较市区显著偏大。机场气象台预报员表示,有冷空气过境影响时,阵风风速常可达27 kn以上。

锡林浩特机场有1条跑道,方向04/22(东北-西南向),长2 800 m,宽45 m。起飞标准为能见度大于800 m。

2）气象观测数据分析

在试验准备阶段,通过多种途径收集锡林浩特机场以及周边的气象观测资料。利用锡林浩特机场METAR和SPECI的地面风向和风速信息,资料覆盖时间: 2016年11月30日18:00—2017年2月23日8:00(北京时间,共2 050个时次,其中: 缺少2016年12月09日11:00—10:10,12月14日11:00—15日10:00,12月23日9:00—10:00,12月30日12:00—31日11:00,2017年1月3日8:00和11:00,1月4日12:00—5日11:00,1月7日10:00,1月25日11:00,2月8日10:00—14:00,2月11日10:00,共110个时次的资料)。

在数据处理时,提取整点METAR的10 min平均风速风向作为该时刻的风速风向,当某小时中,同时出现METAR和SPECI报文记录,取风速最大的报文作为该时刻的分析数据。提取报文数据后,一共获得1 940个时次风速风向资料。

按照风向的八方位图(图7-3),对锡林浩特机场2016年12月—2017年2月的盛行风向做统计(图7-4)。机场主导风向为西风和西南风,这两者风向共占54%,其次是南风占15%,再次是北风占12%、西北风占8%,最后是东北风占5%、东南风4%、东风2%。统计结果与机场跑道方向和当地地形特征相符。

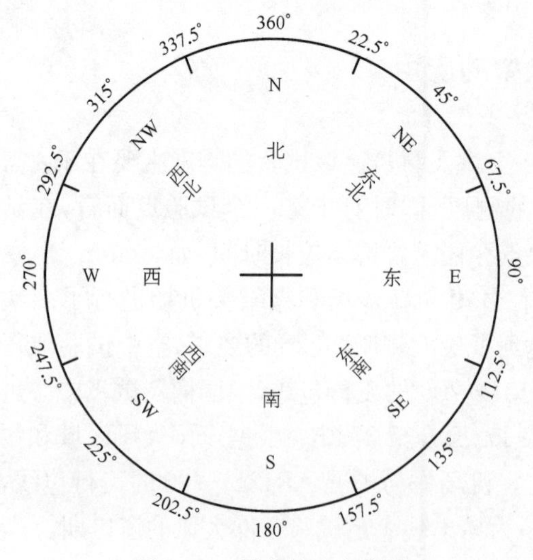

图7-3 风向的八方位图

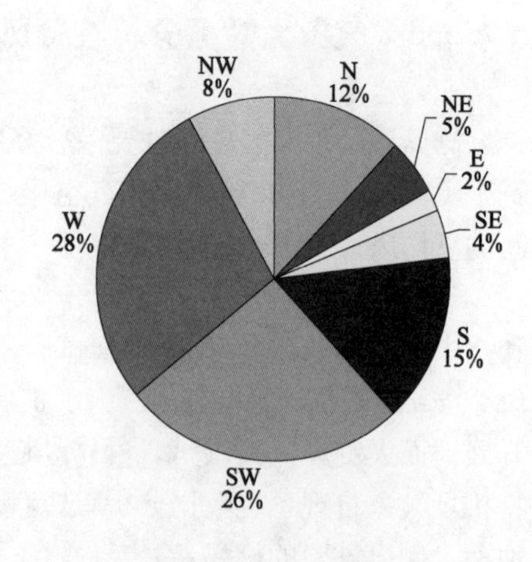

图7-4 锡林浩特机场2016年12月—2017年2月风向分布图

平均风速大于等于 8 m/s 时(图 7－5a)，有 319 时次，出现频率为 16.4%，其中西南风和西风占 76%，西北风占 12%，北风占 11%。

平均风速大于等于 10 m/s 时(图 7－5b)，有 105 时次，出现频率为 5.4%，其中西南风占 52%，其次是西风 34%，两者共占 86%。

从平均风速大于等于 12 m/s 及以上阈值的分布可以看出(图 7－6)：在 1 940 个时次

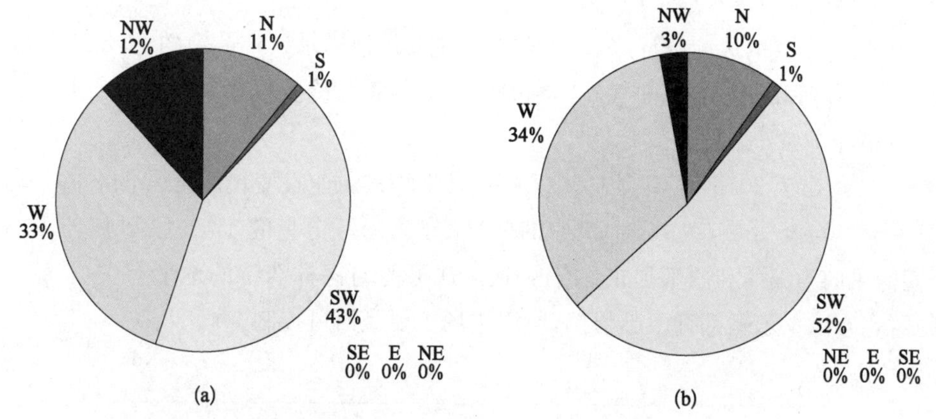

图 7－5　锡林浩特机场 2016 年 12 月—2017 年 2 月风向分布图

(a) 平均风速≥8 m/s；(b) 平均风速≥10 m/s

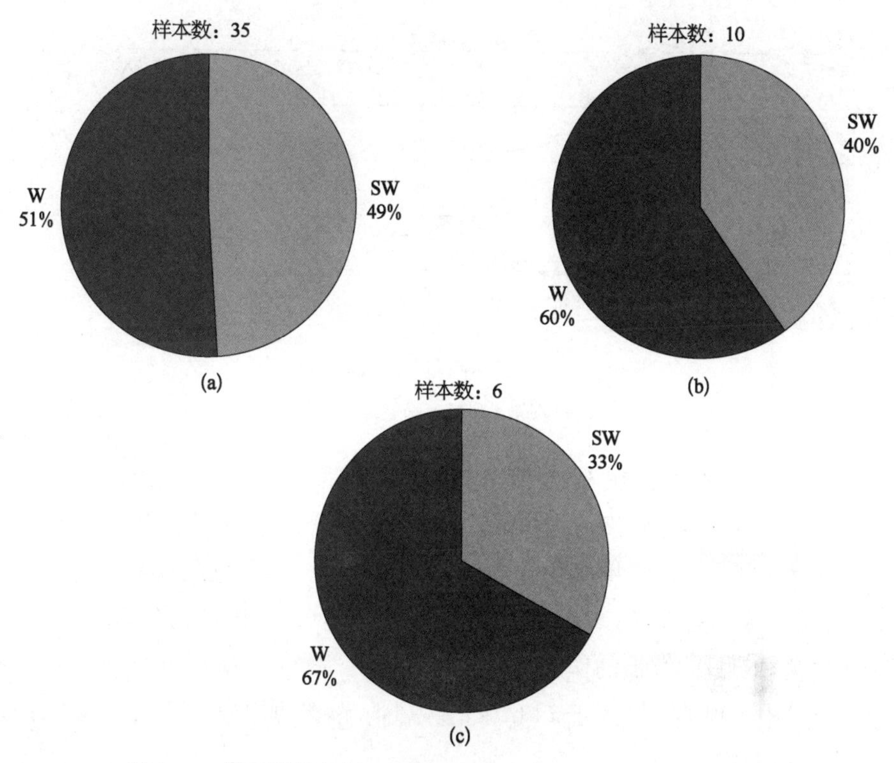

图 7－6　锡林浩特机场 2016 年 12 月—2017 年 2 月风向分布图

(a) 平均风速≥12 m/s；(b) 平均风速≥14 m/s；(c) 平均风速≥16 m/s

中,平均风速大于等于 12 m/s 的时次有 35 次,出现频率为 1.8%;平均风速大于等于 14 m/s 的时次有 10 次,出现频率约为 0.5%;平均风速大于等于 16 m/s 的时次有 6 次,出现频率约为 0.3%。

当平均风速大于等于 12 m/s 时,仅出现西南风和西风(图 7-6a),两风向各占一半比例。当风速的阈值继续提高时,符合要求的时次中西风所占的比例逐渐上升,当风速大于 16 m/s 时,西风占 67%。

因此,从 3 个月的风向统计来看,出现符合试验风速需求(14 m/s)的 10 min 平均风时,风向均为西南风和西风,与地面气旋影响时的风向相符。冷空气影响时的偏北风风速超过 12 m/s 的概率非常小。

图 7-7 给出了 2016 年 12 月—2017 年 2 月平均的风速日变化。全天 24 h 的平均 U 分量明显大于平均 V 分量,在 13 时(北京时间)U 分量是 V 分量的 4 倍,且 U 风与 V 风均为正,与盛行风向为偏西和西南风的结论一致。这可能与锡林浩特的地形有关,在锡林浩特机场的西北方以及东侧都有山脉阻挡,所以机场主要受西风控制。

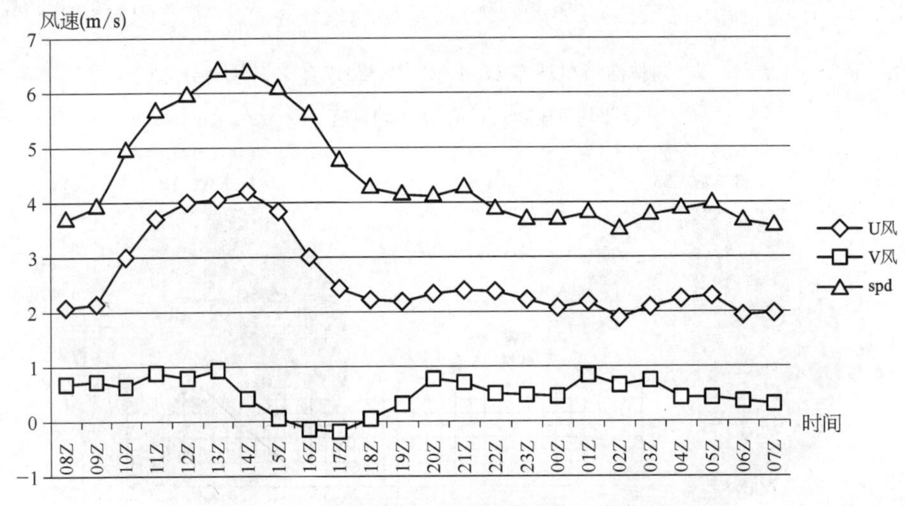

图 7-7 锡林浩特机场风速平均日变化图

(U 分量东风为负,V 分量北风为负)

风速的日变化主要体现在 U 分量上;对于 V 分量而言,日变化波动不大。夜晚时(18:00—次日 9:00),U 风一般为 2 m/s,上午 10:00 开始有显著增大,在下午 13:00—14:00 达到最大值(4 m/s),到傍晚 18:00 开始回落至 2 m/s。总风速的日变化与 U 风类似,13:00—14:00 风速最大(约 6.5 m/s),达到夜间风速(3 m/s)的两倍以上。风速的日变化体现了太阳辐射与日间湍流的作用。

通过 3 个月中出现的 4 次大于 14 m/s 的大风情况,推测出以下几条气象条件有利于出现 14 m/s 大风的天气:

① 有明显的闭合低压影响锡林浩特机场,且机场位于气旋底部或东南侧,地面风向为

西风或西南风，当低压在增强过程中，出现 14 m/s 大风可能性较大；

② 机场位于高压与低压之间，气压梯度较大处；

③ 当有利的地面系统对机场的影响时间为午后，天空状况较好，湍流交换最强时，可能对风力有增强作用；

④ 850 hPa 风速达到 20 m/s 且层结不稳定，有利于动量下传，增强地面风力。

3）气象预测数据分析

利用近年的观测资料（机场自观系统数据、机场观测报文）对锡林浩特机场的大风开展统计分析发现，大于 14 m/s 风速（10 min 平均）一般多出现在 3—5 月，且风向多为偏西和西南风。大风主导风向与当地机场跑道方向 04/22 基本一致，配合的天气系统多为蒙古气旋或冷空气，因此多出现在春季。同时受高原地面加热作用影响，风的日变化显著，午后风速最大，常是夜间风速的两倍左右。

数值天气预报是现代天气预报业务的重要基础之一，对于未来天气形势的预测是预报员开展决策分析的基础。基于气象观测和预报大数据，需要对数值模式预报的开展检验评估。同时，由于风的局地性较强，不同站点的风速观测往往存在着较大的差异，而且机场所处环境一般地形比较开阔，风速往往会偏大。目前数值模式对天气系统（冷空气、气旋）的预报具有较高的技巧，能够在中期时段提供较为可靠的过程预测。天气系统影响时间和区域随预报临近则不断发展调整，具体到某一气象要素则存在着一定的偏差，需要根据历史大样本的实况数据，对模式的误差进行订正。

如图 7-8 所示，以 2017 年 4 月的风速检验为例，欧洲中期天气预报中心（ECMWF）模

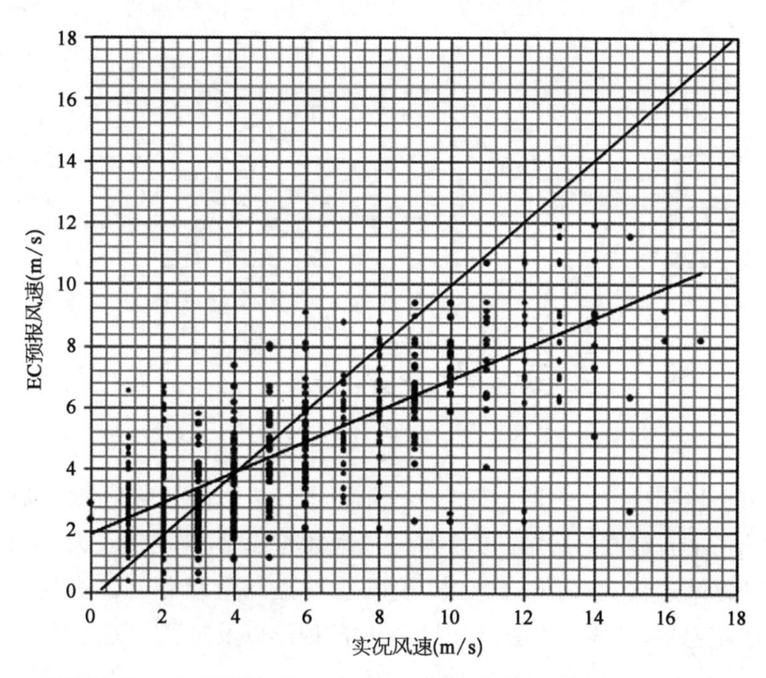

图 7-8 EC MWF 10 m 风预报（前一天 20:00 起报）与机场观测实况对比（2017 年 4 月）

式对机场局地风速预报存在较大的偏差,尤其当风速较大时,多以低估为主,且模式预报的最大风速仅为 12 m/s,与实况存在着较大的差距。在实际应用中,根据模式对天气系统的预报,考虑到高空动量下传以及风速的日变化,建立局地大风降尺度预报模型,可以显著提高机场大风的预报技巧。

如图 7-9 所示,以 2017 年 4 月 16 日的一次蒙古气旋天气过程为例,当日 14:00,受气旋和气温上升的影响,机场由西北风转西南风,风速由 6 m/s 迅速增大至 14 m/s,且一直持续到傍晚,17:00 机场报文显示 10 min 平均风速达到 17 m/s,阵风 22 m/s。在此期间风速、风向均稳定少变,是一次非常理想的侧风试验条件。从 15 日 20:00 起报的 ECMWF 模式来看,数值预报对气旋影响时间(转风时间)预报与实况一致,风速增大和减小的时间段把握也较好,但预报最大平均风速仅 9 m/s,最大阵风风速 18 m/s,与实况相比偏小。从模式预报的探空来看(图 7-10),由于预报的温度递减率接近干绝热递减率,层结不稳定,有利于高空的动量下传,地面风速与 700 hPa 风速相当。因此如果基于数值模式对天气形势和探空廓线的预报,结合对大样本实况资料的分析,可以提供具有较高预报技巧的机场局地大风预报。

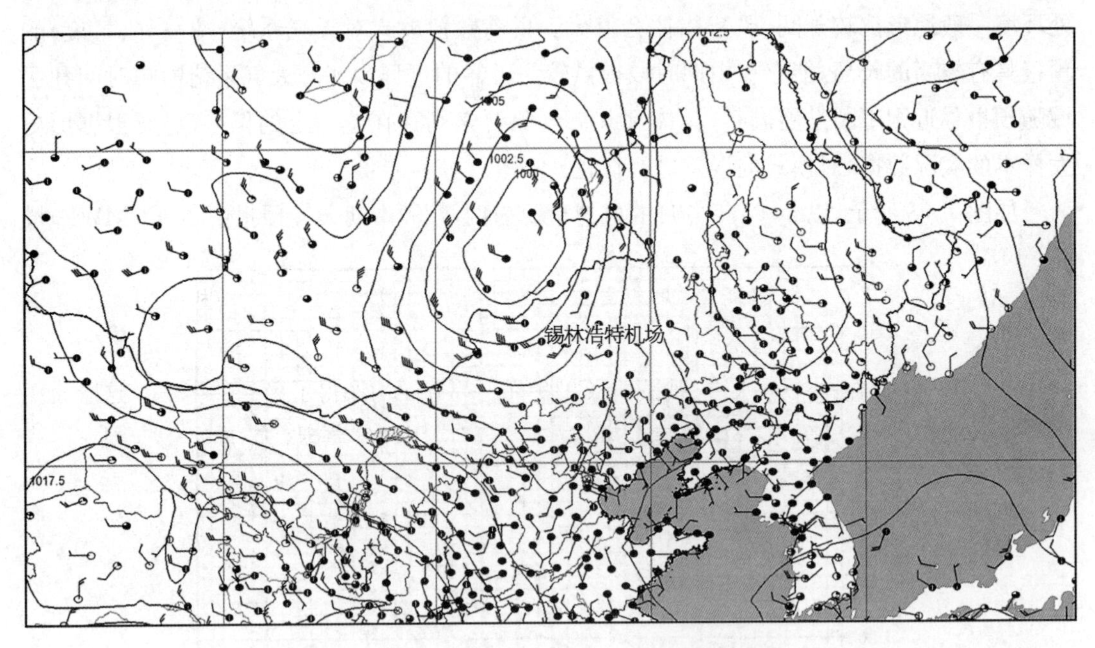

图 7-9　2017 年 4 月 16 日 17:00 地面天气形势

需要指出的是,本小节讨论的模式大风预报订正方法为针对锡林浩特机场的主观经验订正模型,并未考虑普适性的应用。由于风的局地性非常强,2017 年 4 月 16 日 17:00 锡林浩特本站观测的风速仅为 10 m/s,与模式风速预报的量级相当。机场与本站相距约 15 km,两者的探空廓线并无太大差异,因此局地的地形以及观测环境差异可能是影响风速的主要因素。

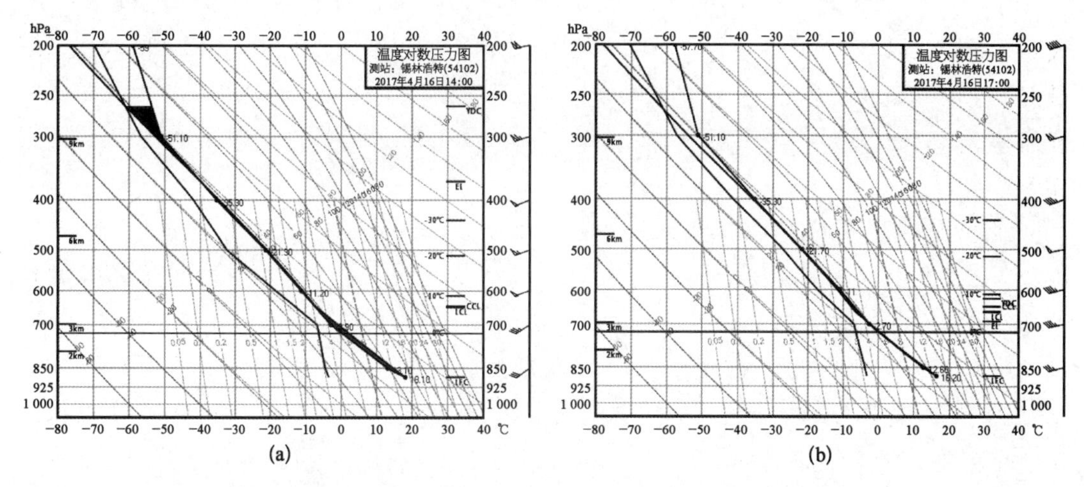

图 7-10 2017 年 4 月 16 日 14:00 和 17:00 ECMWF 探空预报

(起报时间 2017 年 4 月 15 日 20:00)

4) 小结

试飞气象服务保障虽然只是整个试飞领域中的一个很小分支,但在整个试飞活动中起到了举足轻重的作用,尤其在试飞安全和试飞效率两个重要方面起到关键性作用。准确可靠的试飞气象保障服务可以显著提高试飞取证效率和企业经济效益。基于气象大数据,试飞气象服务需要完成对适航标准中相关气象条件的解读,试飞气象的气候分布特征分析,提供从中期到临近的无缝隙预报服务,以及明确的精细化预报结论为试飞决策提供支持。

与民机制造行业一样,当前国内的民机试飞气象服务刚刚起步,在试飞气象前置研究、气候条件分析、预报方法和保障模式等诸多方面与国外先进水平均存在着较大的差距,是气象部门面临的一个全新课题,需要气象部门、科研院所、试飞部门以及客机制造企业共同合作,协力攻关,在实践中提高试飞气象服务水平。最近几年,上海市气象局与中国商飞试飞中心通力合作,在自然结冰、侧风试验、C919 首飞等方面均取得了可喜的进展。这既是试飞气象保障服务的有益探索,也是气象科技成果工程应用和气象现代化成果服务国家战略服务行业的有效实践。

第8章

气象大数据在人体健康和保险领域的应用

本书前几章，对气象大数据在交通、航空、能源等几个领域的应用做了介绍。气象大数据与人类社会生活、生产的许多方面都息息相关。传统气象服务中，气象大数据在农业、军事等领域有较广泛的应用，这些都已经有大量成熟研究，本书不展开介绍。随着社会经济发展和人民生活水平的提高，人们对健康和安全保障的关注呈上升趋势，气象大数据在健康和保险领域得以较以前更为深入的应用，本章就气象大数据在人体健康和保险领域的应用，进行简单介绍。

8.1 气象大数据在人体健康领域的应用

8.1.1 人体舒适度指数

人生活在地球大气环境中，大气变化对人体会产生多方面影响。对人体影响最大的气象要素首推气温，人是恒温动物，能将所吸收的营养转变为动能，并释放所生成热量。气温在一定变化范围内，人体会根据冷热产生适应与调节。例如，寒冷时肌肉会颤抖以产生热量，炎热时会出汗，通过汗液的蒸发达到散热的目的。据研究，人体保持健康的生理稳态和几个因素相关联：人体新陈代谢率、服装隔热性能、气温、风速、空气湿度、环境辐射温度。

因此，在考虑人体舒适感时，将气温、空气湿度、风速等作用的综合指标称为生物气温指标。目前流行的几十种人体舒适度公式，实际上都是生物气温指标的各种变形。各地气象部门根据当地的气候特点，开发出体感温度公式、人体舒适度指标等产品，开展人体舒适度预报。

类似舒适度指数的构建，考虑到特殊用途与特殊场合，又派生出暑热指数、中暑指数、着装指数、穿衣指数、采暖指数、空调指数、晾衣指数、晒衣指数、霉变指数等。根据公众需要，可以研制新的适合社会需求的各种变形或派生指数。

随着国民经济的迅速发展和人民生活水平的提高，以人体舒适度为基础，气象大数据在生产生活中的应用有广阔前景，应用范围包括：研究人体舒适度与着装的关系，指导衣着和季节性商品的生产计划；研究人体舒适度与野外施工、高空作业及高温高湿作业的关系，以减少事故，增加生产的安全性；研究人体舒适度与旅游区域与季节的关系，满足人们舒适旅游和安全旅游的要求；研究人体舒适度与气象疾病的关系，以减少发病率和死亡率，通过舒适度的年际变化可以确定各种疾病发生趋势，从而指导医药公司药品的生产和医院药物的购进量，最大限度地减少浪费，充分发挥药品的经济效益。

8.1.2 各种疾病发病条件等级

以往研究表明，天气会影响流行性疾病的发病，对呼吸系统、心脑系统疾病人群会产生影响。例如，冬春降温时，感冒易流行，寒冷天气可以加剧慢性支气管炎病情，温度的急剧下降易诱发心脑血管疾病；高温热浪、寒潮等气温极端事件会造成呼吸系统、心脑血管等多种疾病的发病率和死亡率的增加。大范围的气候变化会对病毒、细菌、昆虫等传染媒介产生影响，导致传染病发生和流行格局改变。国内外研究人员开展了疟疾、细菌性痢疾、感染性腹泻、麻疹、流行性乙型脑炎、流行性脑脊髓膜炎、流行性出血热、手足口病等传染病的气候变化影响的研究，探讨建立这些疾病流行的预警方法。空气质量的恶化对人体健康产生急性和慢性不利影响，儿童、老人与慢性病患者受到的危害尤其严重。

在世界气象组织和世界卫生组织的推动下，上海市气象和卫生部门与美国特拉华大学合作开展示范项目，探讨极端高温、“侵入型”气团和死亡率增加之间的关联，在此基础上建立上海热浪与健康监测预警系统，基于天气数值预报结果，预测“侵入型”气团和热浪引起的超额死亡数，并给出热浪影响的相应等级，提醒公众采取合理措施预防热浪。研究人员分析了气象因素对中暑发病的影响，采用逐步回归、最优子集回归、岭回归等方法构建多种中暑预报模型。

上海市气象局研究人员采用时间序列、病例交叉方法分析了气象条件对上海地区感冒、儿童哮喘和慢性阻塞性肺病(COPD)等呼吸系统疾病门急诊就诊的影响，疾病数据来自上海市医疗保险事业管理中心和三甲医院。研究发现温度和湿度是影响上述呼吸系统的主要气象因素，温度与感冒就诊人数有着非线性的负相关关系，不同年龄层对温度的耐受力不同，儿童对温度的耐受力差，冷空气会诱发哮喘发作。由于 COPD 患者大部分时间在室内度过，上海市气象局和多家医院合作开展了为期一年的随访研究，探讨室内外温/湿度对 COPD 患者的影响，发现湿冷的室内环境会使 COPD 患者症状加重，室内温/湿度对 COPD 症状有显著的协同效应，高湿天气会成倍增加低温的健康风险。研究还发现颗粒物和反应性气体是呼吸系统疾病的危险因子，PM10、PM2.5、黑炭、NO_2、SO_2、O_3 与儿童哮喘的就诊人数有着近似线性的暴露-反应关系。大气污染对不同性别、年龄人群呼吸系统疾病就诊风险不同，女性、儿童和老人更易受大气污染物的影响。根据气象条件、大气污染物对感冒、儿童哮喘和 COPD 的健康风险评估结果，确定各影响因素对上述呼吸系统疾病发病或加重的贡献和作用差异，以贡献比为权重对各要素作用进行综合判断，上海市气象局健康气象研究人员构建了感冒、儿童哮喘和 COPD 等疾病的风险预报等级标准，针对不同呼吸系统疾病编制预防指引。感冒、儿童哮喘、COPD 气象风险预报在上海地区进行了广泛的推广应用，在多家学校、医院、社区服务中心面向公众和易感人群常态化开展。其中儿童哮喘气象风险预报产品还通过儿童专科医院的微信和 APP 提醒患儿家长及时防范极端天气和大气污染带来的健康危害。

上海市气象局和上海市食品药品监督所的研究人员对上海地区细菌性食物中毒发生的地区、行业分布、食品、致病菌种类和气候特征进行分析。研究发现,发生细菌性食物中毒的行业、食品和致病菌较为集中,餐饮业发生最多,5—10月是上海地区细菌性食物中毒的高发季节。食品中细菌生长繁殖受到温度和水分的影响,细菌性食物中毒年均月度发生起数与平均气温、相对湿度呈明显的正相关。研究人员将细菌性食物中毒的逐日发生概率作为预报对象,选择平均气温和相对湿度作为预报因子,用概率预报法建立逐日细菌性食物中毒发生风险的预报模型。

依据气象数据与健康数据的关系研究,气象工作者还开发出了多种疾病发病气象条件等级预报产品,包括:感冒指数预报、呼吸系统疾病发病等级预报(上呼吸道感染、支气管炎)、循环系统疾病发病等级预报(高血压、冠心病、心肌梗死、脑血栓、脑溢血)。

然而,运用大数据的手段,对天气对健康的影响,可能得出不一样的结论。阴雨天导致背部、关节慢性疼痛加剧似乎对大多数人而言是常识。美国研究人员收集了全美1 100万老人与他们家庭医师的就诊记录,并将其与同期天气进行比对,发现老人主诉的背部、关节疼痛的频率在阴雨天与寻常并没有明显区别。

现阶段健康气象服务的产品多以指数类或风险等级类形式出现,适用于公众或某类人群,服务针对性不强,必须经过更多的大数据技术手段,充分挖掘潜在的社会需求,将健康气象服务与用户的需求紧密结合起来,研发个性化的服务产品,充分发挥健康气象服务的社会价值和经济价值。

8.2 气象大数据在保险领域的应用

我国是一个自然灾害频繁发生的国家,在各类自然灾害中,气象灾害占70%以上,在东部沿海发达地区,台风、暴雨和洪水等灾害引起的损失更为严重。保险、再保险在转移天气灾难事件风险中扮演重要角色,世界各国也非常注重利用保险手段来转移各类自然灾害风险。随着经济发展规模增长,气象因素导致的经济损失也在持续上升,保险业面临着很大的气象灾害风险和市场挑战。由此引起保险业的极大关注,保险业也在寻找减少保险损失的有效途径。从世界范围看,气象大数据在保险业的作用主要表现在:① 帮助保险公司、再保险公司进行风险控制和管理,控制经营方向,保证其足够的偿还能力;② 保险产品开发,计算区域性的风险概率,由此决定保险公司保险金的高低;③ 保险损失评估,开发更精确的财产损失评估;④ 帮助设计后援计划。

虽然起步较晚,我国气象大数据在保险领域的应用,已经在以下几方面开展研究工作。

8.2.1 天气指数保险

天气指数保险(index-based weather insurance),又称气象指数保险,是指把一个或几个气候条件(如气温、降水、风速等)对农作物损害程度指数化,每个指数都有对应的农作物产量和损益,保险合同以这种指数为基础,当指数达到一定水平并对农产品造成一定影响时,投保人就可以获得相应标准的赔偿。具体地说,天气指数保险产品以气象数据为依据计算赔偿金额,把一个或几个气候条件(如气温、降水、风速等)对农作物的损害程度指数化,在保险期间内,当实测气象数据达到约定触发值时,无论实际是否受灾,保险公司都会快速将赔款赔付到户。天气指数保险的概念最早出现在20世纪90年代后期。

在指数保险产品设计和指数保险赔付的过程中,气象大数据的应用是核心环节。在产品设计阶段,保险公司要搜集大量与被保农作物生长条件密切相关的气象数据(气温、降水、风、光照条件等),模拟各气象要素的概率分布特征模型,分析不利于生长的气象条件概率和农作物遭受气象灾害的概率,构造气象条件与作物生长的脆弱性曲线,在这个基础上应用保险精算技术设计相应的指数保险产品模型;在保险赔付过程中,气象数据提供了赔付的触发条件,是履行保险合同的关键环节。

我国现行的政策性农业保险由于引入保费补贴机制而解决了农业风险高损失、高保费的精算难题,从一定程度上激发了保险需求,但它并不能消除发展中国家小农经济结构下金融服务短缺、道德风险和逆选择突出的问题。天气指数保险与传统的农业保险相比优势突出。天气指数保险按实际天气事件(如降雨指数低于约定指数的偏差)支付,由于保单利益的依据是客观独立的气象指标与约定承保指标,保险权益的标准化程度非常高。相较传统保险产品,天气指数保险有三方面优势。

首先,逆选择和道德风险问题的根源往往是信息不对称,天气指数保险克服了信息不对称问题,有利于减少逆选择,防范道德风险。尽管投保人相对于保险人更了解自己的农作物状况,但天气指数保险并不以个别生产者所实现的产量作为保险赔付的标准,而是根据现实天气指数和约定天气指数之间的偏差进行标准统一的赔付。因此,在同一农业保险风险区划内,所有的投保人以同样的费率购买保险,当灾害发生时获得相同的赔付,额外的损失责任由被保险人自己承担。这种严格规范的赔付标准极大地解决了信息不对称问题,进而解决了逆选择和道德风险问题。

其次,天气指数保险管理成本远远低于传统农业保险。主要源于以下3方面原因:① 天气指数保险合同是标准化合约,无须根据参保人的变化来调整合同内容;② 天气指数保险不需要对单个农产品进行监督;③ 一旦发生保险责任损失,保险公司并不需要复杂的理赔技术和程序,只需从气象部门获取统计的气象数据,保户可直接按照公布的指数领取赔偿金。

第三,天气指数保险合同的标准化使得其易于在二级市场上流通,这不仅方便人们获取保单，而且使得其定价过程更为遵循市场供求规律。此外，较强的流动性有利于在条件成熟时将其引入资本市场，利用强大的资本市场来分散农业风险。

我国的天气指数保险于2007年首先由安信农险在上海南汇等四地区进行试点，主要承保西瓜连阴雨指数保险。近年来，我国天气指数保险试点不断增多，覆盖的范围也逐渐扩大。据不完全统计，目前全国正在实施的天气指数保险品种有十多种，区域覆盖各农牧区，在中东部地区开展项目较多，保险保障范围主要涵盖水产养殖业和种植业。在已实施项目中，安徽小麦和水稻的天气指数保险、江西南丰蜜橘气象指数保险、大连獐子岛海珍品风力指数保险和福建烟叶种植保险等都具有一定的代表性。

此外，天气指数保险在能源电力领域也有初步发展。比如，2012年广东梅雁水电股份有限公司发布了《关于购买降水发电指数保险的公告》，公告称公司与鼎和产险签订了《降水发电指数保险保险单》，就公司在梅州市地理范围内5座水力发电站2012年的预期总发电量进行投保。

8.2.2 巨灾指数保险

巨灾指数保险是指数保险中的一类，它针对的是发生概率小而社会经济影响大的事件。同指数保险类似，设计巨灾保险产品的关键离不开气象大数据的积累和分析，由于巨灾保险中的赔付面广、社会影响大，其产品模型的构造需要更多更加精细的气象大数据来参与保险精算建模。广东省积极推动全省巨灾指数保险试点工作，2016年在湛江、韶关、梅州、汕尾、茂名、汕头、河源、云浮、清远、阳江10个地市开展试点，每个试点地市预算3 000万元，保费由省市两级财政配套出资，提供风险保障23.47亿元。巨灾指数保险赔付触发机制基于气象、地震等部门发布的连续降雨量、台风等级、地震震级等参数。以汕尾市为例，巨灾保险以台风和强降雨作为保险责任，年度最高赔付限额2.02亿元，其中台风赔付限额1.5亿元，根据风力等级分5层赔付，强降雨赔付限额5 200万元，根据降雨量分4层赔付。在2016年10月份的“海马”台风中触发一次赔付，共支付赔款2 100万元。

2016年，黑龙江省启动农业财政巨灾指数保险试点，覆盖了28个贫困县干旱、低温、强降水及洪水等常见农业灾害。试点险种包括干旱指数保险、低温指数保险、降水过多指数保险和洪水淹没范围指数保险。针对各县不同灾害类型，设置了高、低两个赔付标准，分别对应百年一遇和六年一遇灾害，确保普通灾害下仍有一定保险赔付，理赔更加透明高效。依据客观的气象监测数据，当灾害程度超过设定阈值后，保险公司按合同约定将赔款支付到省财政指定账户，作为救灾资金的补充统筹使用。省财政厅代表省政府投保，合计保险金额达23.24亿元。试点首次将巨灾保险由地震拓展到农业扶贫领域，并利用保险机制平滑财政年度预算，有效解决以往救灾资金“无灾小灾花不出、大灾巨灾不够花”的问题，保障重点更加突出。2016年，农业财政巨灾保险试点夏、秋季多个阶段性指数触发，赔付金额超7 200余万元，为受灾贫困县补充救灾赈灾资金，缓解“因灾致贫、因灾返贫”方面发挥了重要作用。

8.2.3 水灾风险地图

为进一步提高保险公司风险识别和防范能力，提升防灾减损工作水平，指导保险公司科学合理地厘定企财险费率，增强保险行业保障经济社会发展和人民生命财产安全的能力，上海保监局于 2014 年初开创性地提出由行业牵头绘制“水灾风险地图”，为各财产保险公司在上海汛期和台风季节开展防灾防损工作提供了有效的数据支撑，这也是建立国内领先单项风险防范技术标准的一次全新尝试。

上海市水灾风险地图系统集中整合了沪上各家保险公司提供的水灾期间企财险出险及理赔信息数据。初期数据积累暂定为台风“海葵”“菲特”以及“9.13”上海特大雨灾期间 31 家财产险会员公司企财险出险报案及理赔信息 3 000 余条。同时，还获取了前述水灾期间上海典型气象信息收集站点收集的包括“12 h 最大降雨量分析数据”在内的多项气象信息和积水路段、水务防汛设施等相关信息。这些信息数据集中后与基于地理信息系统(GIS)的地理信息平台叠加，大大提高了水灾风险地图的科学性、实用性和针对性。

8.2.4 巨灾风险平台

2017 年 12 月，国内唯一的国有再保险集团——中再集团，正式发布中再巨灾平台 1.0，这一平台整合了包括地震、台风、暴雨、洪水等主要灾种的风险地图数据，集成了中国气象局的气象预警大数据信息，并辅助提供了中国 GDP、人口、地形、水系等基础数据，打造了中国国内保险业最权威的灾害数据平台。随着互联网技术的发展，国内天气指数保险发展进程加速：一方面，天气指数保险以客观气象数据作为理赔依据，整个流程可以在网上自动完成，让理赔更加自动化、效率更高；另一方面，互联网的兴起让保费和保额都相对较低的保险产品成为可能。2015 年 9 月，台风“杜鹃”让南方农作物受灾面积高达 8.463×10^{7} hm^{2}、成灾面积 2.785×10^{7} hm^{2}。安信农保在支付宝上推出的风力指数保险为遭受台风“杜鹃”袭扰的农作物进行了赔付，成为 2015 年 10 月 1 日互联网保险新规施行以来首批完成理赔的互联网保险产品。

指数保险的发展，为种植业、养殖业、畜牧业保险及巨灾保险提供了新的解决方案，随着试点工作的深入，也存在一些问题：① 精算建模的难度较大：巨灾指数保险的核心技术在于对起赔点、保险金额和赔付结构等进行精算和设计；精算建模需要将连续降雨量、台风等级等历史数据和受灾损失金额相关联，工作要求高、难度大，对气象数据积累和精算技术均提出了挑战；② 基差风险较难避免：基差风险(basis risk)本质为误差，是指有的承保地区触发理赔却未受灾，有的地区未触发理赔但遭受灾害，这在气象指数保险产品的定价和理赔过程中时常会出现，较难避免；产生基差风险的主要原因是由于我国基准和基本气象站总数整体偏少、分布不均衡导致,又由于我国地形地貌的复杂性,承保区域离基准和基本气象站网较远也会导致基差风险;目前,我国气象局共有气象观测站5万多个,其中基准和基本站约720个,且站点为离散型分布,呈东密西疏的布局;由于自动站的观测误差较大,一般不太适宜风险计算,基差风险需要采用先进的技术手段进行控制。

随着经济社会的发展,与气象服务密切相关的财产保险等领域已经出现新的发展趋势,从而给气象服务带来机遇,气象要素本身也可以成为保险业的险种、保险市场的竞争是技术和服务的竞争,与气象条件有关的农业、航天、能源、勘探等高科技领域都将成为险种的设计方向。

第9章

气象大数据的发展趋势

9.1 气象大数据的应用特点

大数据的广泛应用虽然只是刚刚开始，但是，气象大数据的应用已经不断深入和扩展。我们应该认识到，虽然大数据是一个热门的话题，大家都在谈论大数据；但是，并非大量的数据就是大数据，大数据要求具备很强的数据分析与挖掘运用能力，具备很强的资金投入。

大数据的发展强调以业务和客户为核心，进行合理的技术选型，社会企业使用大数据的目的是解决与自己业务密切相关的问题，大数据技术只是一个手段。气象部门使用大数据的目的不仅仅是发展自己的气象业务，而是应用分析气象大数据蕴含丰富的应用和研究价值，提升各类气象服务的水平。

气象数据的应用早于大数据的理念。气象数据应用在气象部门内部早已开展，主要有针对气象部门工作人员提供的气象数据查询、预报产品制作、气象数据分析等。有利用气象数据进行数值分析、气象灾害风险评估等服务功能；有对气象观测数据进行处理和分析，进而惠及人们日常生产、生活以及其他行业，包括海洋、农业、交通等。大数据的深入开发，使大数据的理念和技术迅速推广；气象数据通过大数据的技术方法，进行充分分析和挖掘，从而产生更多价值。

目前，气象大数据应用处于起步阶段，气象数据的社会开放和交易已经开始，相应的机制已经建立，但是对相关数据平台的开放和应用仍应持谨慎态度。以内部数据为主是气象大数据应用的主要特征，跨行业的合作正在进行，气象部门与相关行业签订了战略合作协议，为气象大数据应用提供保障。

气象大数据的管理、高可靠存储、分析、处理以及检索等面临着巨大的技术挑战。

9.2 气象大数据的发展趋势

气象数据是记录地球大气物理状态的资料。如何科学合理、最大限度地收集、保存和利用气象数据是气象大数据的首要任务。气象大数据的收集和存储需要大量的资金和技术的支持，具有很高的成本。气象部门既是气象大数据的拥有者和提供者，又是气象大数据的应用者，打通与各部门之间的数据堡垒，进行跨领域的数据整合，是气象大数据分析应用发展的趋势。

1）气象部门高度重视

气象部门作为气象大数据的拥有者，具有更大的条件重视、发展和应用大数据。为了集约化管理、优化资源配置和业务流程，促进业务现代化与产业结构发展，提升为政府决策和公共服务能力，气象部门将高度重视大数据的建设和发展。

2）多部门合作融合成为必然

单一数据难以称之为大数据，打通与各部门之间的数据堡垒，把不同来源、不同形式的数据汇集在一起，实现数据的同步更新、数据的交换与共享、元数据的建立与揭示，进行跨领域的数据融合分析与应用，才是大数据；多部门合作融合成为气象大数据发展的必要条件。

3）新技术的应用

气象大数据将与云计算、物联网、数据挖掘、人工智能、移动互联等新技术相结合，产生更多综合性运用。

4）智能技术的深度应用

结合深度学习和人工智能等相关技术，提升对气象数据的认知计算能力，使信息处理速度和水平大幅提高，使气象大数据产生更大价值。

9.3 气象大数据的应用展望

社会的进步、科技的发展、不断变化的用户需求，都给今后的气象应用服务发展带来了挑战和机遇。特别是“大数据”概念的提出，可以说为现有的专业气象服务打破了“天花板”，激发了气象和各行各业更深层次结合的可能性。这里的各行各业不仅包括传统意义上的气象高影响行业，例如农业、交通、能源、旅游、健康等，更可能是以前觉得毫无联系的行业。虽然不少人对大数据时代“相关关系比因果关系更重要”的观点不认同，但这并不妨碍把大数据技术作为一种新工具，利用它来进行拓展气象服务边界的尝试。

关于如何将大数据、云计算为代表的信息化新技术与气象融合这一新课题，我国气象部门已经开展了一些研究和讨论，并提出了“天气＋”这一气象服务新理念：从字面看，“天气＋”意味着围绕天气做文章，通过智慧创造和技术进步提高天气（气候）及其服务的附加值，为用户生产越来越多高品质的气象服务产品。从“天气＋”的概念边界、属性、技术基础，到它与其他资源的连接关系和产业意义，都体现出了有别于传统气象服务的创新意义。“天气＋”的提出，对气象大数据应用服务的发展具有指导性的意义。

为了更清晰地描绘气象大数据的应用前景，本书以具有时代特征的服务产品为标签，划分气象服务的发展阶段。

1）基础产品（no-made product）阶段

气象服务的起步阶段，气象基础预报信息、实况资料等直接被用来对外服务，严格来说，还没有真正意义上的气象服务产品。

2）预制产品(ready-made product)服务阶段

简单地说，此阶段通常按照如下流程进行对外服务：在分析气象对各行业的影响及了解用户需求前提下，研发专业服务产品技术，制作并发布有针对性的专业服务产品，收集用户反馈并重新分析用户需求，进而不断改进产品，提高产品与用户的贴合度。该阶段，产品研发、制作的主体为气象部门（或气象公司），产品虽然体现了不同用户的差异化，但还是经过主体预先制作好之后呈现给用户，类似服装店的成衣，图 9-1 为该阶段流程展示。

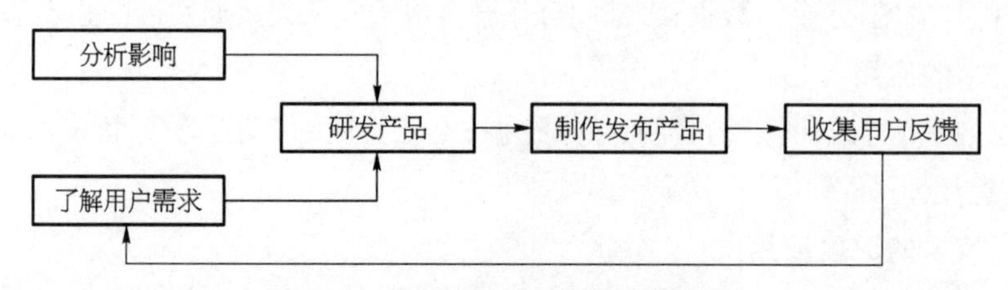

图 9-1 预制产品服务阶段流程图

3）定制产品(custom-made product)服务阶段

在这个阶段，需要建立一个面向用户的开放式、交互式的气象服务平台，该平台拥有气象大数据资源库，具有开放性行业/用户数据上传功能，集合多种大数据算法和可视化工具模块，并提供用户开发定制化服务产品。可以看出，该阶段与预制产品阶段的主要区别是：此时服务行为的主体由气象部门（或气象公司）转换成用户，用户可以直接应用预制产品，也可以上传自有数据，挑选部分气象大数据进行分析后，制定自有气象服务产品。

定制产品阶段，用户掌握服务主动权，可以设定最终产品的展现形式（文字、图形、动画等）、发布时间及渠道；选择算法，选择因子，甚至可以对气象数据观测、气象基础预报提出要求，从而使用户成为促进整个气象行业发展的推动力。

相应的，气象部门（或气象公司）的角色隐入后台，除了负责提供气象大数据（包括根据用户需求改进）的支撑，另外一个作用就是收集、分析、评估用户定制产品，并逐渐转入下一个阶段。

4）智能产品(AI-made product)服务阶段

通过学习用户定制产品，不断提高预制产品的质量，并且能和其他数据平台融合，可以实现自动收集用户数据（习惯），提供人工智能产品的功能。人工智能气象服务产品也可以说是高阶的预制产品，当然这需要其产品质量必须高于用户定制产品，并且具有不断学习提高的能力。

可以看出，目前气象服务的阶段属于预制产品阶段向定制产品阶段的过渡期，要实现定制产品，甚至智能产品，还有很多问题待解决，包括气象大数据的存储、云计算的介入、自我学习的技术、用户认知的提高、与其他数据平台的融合等，也需要有数据安全、用户个人隐私保护、支付方式等配套机制的建立。

气象大数据的真正应用还有很长一段路要走。

附录[①]

① 本附录内容摘自 GB/T 33674—2017。

附录1　气象数据集核心元数据字典

F1.1　元数据实体信息

行号	中文名称	英文名称	短　句	定　　义	约束/条件	最大出现次数	数据类型	域
1	元数据实体信息	metadateEntity	Metadata	定义有关数据资源的元数据实体	O	1	类	2—8行
2	元数据标识符	fileIdentifier	mdFileID	元数据文件的唯一标识	O	1	字符串	自由文本
3	元数据语种	Language	mdLang	元数据采用的语种	M	1	字符串	见GB/T4880.2
4	元数据字符集	characterSet	mdChar	元数据采用的字符编码标准	M	1	类	参见F2.1
5	元数据创建日期	dateStamp	mdDateSt	元数据创建的日期	M	1	字符串	YYYYMMDD
6	元数据标准名称	metadataStandard-Name	mdStanName	执行的元数据标准名称	O	1	字符串	自由文本
7	元数据标准版本	metadataStandard-Version	mdStanVer	执行的元数据标准版本	O	1	字符串	自由文本
8	元数据负责方	Contact	MdContact	对元数据信息负责的单位或个人	M	1	类	参见F1.3

F1.2　数据集标识信息

行号	中文名称	英文名称	短　句	定　　义	约束/条件	最大出现次数	数据类型	域
9	标识	dataIdentification	Ident	描述数据集的基本信息	M	N	类	
10	名称	Title	title	数据集名称	M	1	字符串	自由文本
11	数据集代码	identifier	dsID	标识数据集的唯一代码	M	1	字符串	自由文本

（续表）

行号	中文名称	英文名称	短　句	定　　义	约束/条件	最大出现次数	数据类型	域
12	摘要	Abstract	idabs	数据集的简要说明	M	1	字符串	自由文本
13	质量	dataQuslity	DataQual	提供对数据集质量的总体评价	M	1	类	
14	类型	topicCategory	tpCat	数据集的主题类别	M	N	类	参见 F2.2
15	数据集语种	Language	dataLang	数据集采用的语种	O	1	字符串	见 GB/T4880.2
16	数据集字符集	characterSet	dataChar	数据集使用的字符编码标准全名	O	1	类	参见 F2.1
17	维护和更新频率	maintenanceAndupdateFrequency	maineFreq	在数据集初次完成后，对其进行修改和补充的频率	M	1	字符串	自由文本
18	关键词	descriptiveKeyworda	DescKey	描述数据集的关键字等信息	M	N	类	
19	空间分辨率	spatialResolution	dataScal	用比例因子、地面距离或有效范围内的采样数表示的资源详细分布程度	M	1	字符串	自由文本
20	时间标识	ReferenteDate	ReRefDate	数据集时间标识	M	N	类	参见 F1.6
21	地理覆盖范围	GeographlcExtamp	GeoEla	数据集覆盖的地理区域	M	N	类	参见 F1.7
22	垂向覆盖范围	VerticalElement	VecEla	数据集的垂直域	O	N	类	参见 F1.8
23	时间覆盖范围	TimeCoverage	TimeEla	数据集覆盖的时间段	M	N	类	参见 F1.9
24	限制	limit	Limit	使用数据集的限制	M	N	类	参表 F1.10
25	分发	distribute	distribute	数据分发和接收的信息	O	N	类	参见 F1.11
26	参考系	referenceSystem	refSystem	数据集使用的时间和空间参考系统	O	N	字符串	自由文本
27	数据集负责方	DataManager	id	与数据集有关的负责人和单位信息	M	N	类	参表 F1.8

F1.3 负责方信息

行号	中文名称	英文名称	短　句	定　　义	约束/条件	最大出现次数	数据类型	域
28	负责人名	individualName	rpIndName	对数据资源负责的人名	O	1	字符串	自由文本
29	负责单位名	organisationName	rpOrgName	对数据资源负责的单位名称	M	1	字符串	自由文本

（续表）

行号	中文名称	英文名称	短　句	定　义	约束/条件	最大出现次数	数据类型	域
30	职务	positionName	rpPosName	数据资源负责人的职务	O	1	字符串	自由文本
31	职责	Role	role	负责人的职责和角色	M	1	类	参见 F2.3
32	联系信息	ContactInformation	RpCotInfo	与负责单位或负责人联系方式	O	N	类	33—35 行
33	电话	voicephone	cntPhone	负责单位或负责人的联系电话	O	N	字符串	自由文本
34	传真	facsimile	faxPhone	负责单位或负责人的联系传真电话	O	N	字符串	自由文本
35	地址	Address	Address	负责单位或负责人的地址	O	1	类	36—40 行
36	详细地址	deliveryPoint	delPoint	负责单位或负责人的详细地址	O	N	字符串	自由文本
37	城市	city	city	负责单位或负责人所在的城市	O	1	字符串	自由文本
38	行政区	administrativeArea	adminArea	负责单位或负责人所在的省、直辖市、自治区	O	1	字符串	自由文本
39	邮政编码	postalCode	postCode	负责单位或负责人的邮政编码	O	1	字符串	自由文本
40	国家	country	country	负责单位或负责人所在国家	O	1	字符串	自由文本
41	e-mail	electronicMail-Address	eMailAdd	负责单位或负责人的e-mail 地址	O	1	字符串	自由文本
42	在线资源	onLineResource	cntOnlineRes	与负责单位或负责人联系的在线信息	O	1	字符串	自由文本

F1.4 数据质量信息

行号	中文名称	英文名称	短　句	定　义	约束/条件	最大出现次数	数据类型	域
43	描述	statement	statement	描述数据质量状况和已知的问题，包括说明数据质量的特定数据或参数、范围确定的数据的定量和定性质量问题	M	1	字符串	自由文本
44	处理过程	lineage	lineage	描述数据处理过程中发生的事件	O	1	字符串	自由文本
45	数据源	source	source	生产范围确定的数据所用的数据源信息	O	1	字符串	自由文本

F1.5 关键词信息

行号	中文名称	英文名称	短句	定义	约束/条件	最大出现次数	数据类型	域
46	关键词	keywords	keywords	用于描述主题的通用词、形式化词或短语	M	N	字符串	自由文本
47	类型	type	keyType	用来将相似关键词分组的主题内容	O	N	类	参见F2.4
48	参考辞典	tresaurusName	tresName	用于列出关键词的出处	O	N	字符串	自由文本

F1.6 时间标识信息

行号	中文名称	英文名称	短句	定义	约束/条件	最大出现次数	数据类型	域
49	时间	date	refDate	数据集生产、出版、修订的时间	M	1	字符串	YYYYMMDD
50	类型	dateType	refDateType	时间类型：生产、出版或修订	M	1	字符串	自由文本

F1.7 地理覆盖范围信息

行号	中文名称	英文名称	短句	定义	约束/条件	最大出现次数	数据类型	域
51	描述	geographicDescription	GeoDesc	有关地理范围的描述	M	1	字符串	自由文本
52	边界矩形	GoographicBoundingBox	GeoBndBox	地理范围之矩形框描述	M	N	类	53—56行
53	最西经度	westBoundLongitude	westBL	数据集覆盖范围最西边坐标，用十进制(东半球为正)	M	1	字符串	自由文本
54	最东经度	eastBoundLongitude	eastBL	数据集覆盖范围最东边坐标，用十进制(东半球为正)	M	1	字符串	自由文本
55	最南纬度	southBoundLongitude	southBL	数据集覆盖范围最南边坐标，用十进制(北半球为正)	M	1	字符串	自由文本
56	最北纬度	northBoundLongitude	northBL	数据集覆盖范围最北边坐标，用十进制(北半球为正)	M	1	字符串	自由文本

F1.8 垂向覆盖范围信息

行号	中文名称	英文名称	短句	定义	约束/条件	最大出现次数	数据类型	域
57	最大值	maximumValue	vertMaxVal	数据集包含的垂向范围最高值	O	1	字符串	自由文本
58	最小值	minimumValue	vertMinVal	数据集包含的垂向范围最低值	O	1	字符串	自由文本
59	度量单位	unitOfMeasure	vertUoM	用于垂向覆盖范围信息的度量单位，例如：米、英尺、厘米、百帕	O	1	字符串	自由文本
60	垂向基准名称代码	verticalDatumName	vertDatum	提供垂向最大值和最小值的原点信息。说明重力高与地球关系的参数集	O	1	字符串	见 ISO 19111

F1.9 时间覆盖范围信息

行号	中文名称	英文名称	短句	定义	约束/条件	最大出现次数	数据类型	域
61	起始时间	beginDateTime	begin	数据集原始数据生成或采集的起始时间	M	1	字符串	YYYYMMDD
62	终止时间	endDateTime	end	数据集原始数据生成或采集的终止时间	M	1	字符串	YYYYMMDD
63	观测频率	dataFrequency	obsFreq	数据集原始数据采集的观测频率	O	1	字符串	参见 F2.5

F1.10 限制信息

行号	中文名称	英文名称	短句	定义	约束/条件	最大出现次数	数据类型	域
64	使用限制	useLimitation	useLimit	影响数据集适用性的一般限制	O	N	字符串	自由文本
65	法律限制	LegalConstraints	LegConsts	访问和使用数据集的限制以及法律上的先决条件	O	N	类	66—67 行
66	访问限制	accessConstraints	accessConsts	用于确保隐私权或保护知识产权的访问限制，和获取数据时的任何特殊的约束或限制	O	N	字符串	自由文本

（续表）

行号	中文名称	英文名称	短　句	定　　义	约束/条件	最大出现次数	数据类型	域
67	法律使用限制	useConstraints	useConsts	用于确保隐私权或保护知识产权的访问限制，和获取数据时的任何特殊的约束、限制或声明	O	N	字符串	自由文本
68	安全限制	SecurityConatraints	SecConsts	未来国家安全或类似的安全考虑，对数据施加的处理限制	O	N	类	69—72行
69	用户注意事项	userNote	userNote	从国家安全或类似的安全考虑，使用者要遵守的条款	O	N	字符串	自由文本
70	安全限制分级	classification	class	对数据处理限制的名称	M	1	字符串	自由文本
71	分级系统	classificationSystem	classSys	所采用的分级规范和系统	O	1	字符串	自由文本
72	操作说明	handlingDescriptio	handDesc	分级系统的操作说明	O	1	字符串	自由文本

F1.11 分发信息

行号	中文名称	英文名称	短　句	定　　义	约束/条件	最大出现次数	数据类型	域
73	分发格式	DistributionFormat	Distrlh	分发数据的格式说明	O	N	类	74—77行
74	格式名称		distFormat	数据传送格式名称	O	1	字符串	自由文本
75	版本	name	distForVer	格式版本（日期、版本号）	O	1	字符串	自由文本
76	文件解压缩技术	version	fileDecmTech	能够用来对经过压缩的数据进行读取或解压的算法或处理说明	O	1	字符串	自由文本
77	格式说明	fileDecompression-Technique	formatDist	分发方提供的格式说明信息	O	1	字符串	自由文本
78	分发方	formatDistribution	Distorbutor	分发方的有关信息	O	N	类	79—80行
79	分发方名称	Distributor	distorCont	可以获取数据集的单位	O	1	字符串	自由文本
80	分发订购程序	distributorContact	distorOrdPrc	如何获取数据，以及相关说明和费用的信息	O	1	字符串	自由文本
81	传送	distributorOrder-Process	Delivery	从分发方获取数据的技术和信息	O	N	类	86—88行
82	分发单元	Delivery	unitsODist	可以使用数据的数据块、数据层、地理范围等	O	1	字符串	自由文本

（续表）

行号	中文名称	英文名称	短　句	定　　义	约束/条件	最大出现次数	数据类型	域
83	传送量	unitsOfDistribution	transSize	按确定的传送格式估算，一个分发单元的传送量	O	1	字符串	自由文本
84	在线	transferSize	OnLine	可以获取数据的在线资源	O	N	类	85—86 行
85	链接	OnLine	linkage	使用 URL 地址或类似地址模式进行在线访问的地址	O	N	字符串	自由文本
86	WMO 资源	linkage	WMORes	可以获取数据集、规范、共有的领域专用标准名称和扩展的元数据元素的 WMO 在线资源信息	O	N	字符串	自由文本
87	离线	WMOResource	OffLine	说明数据离线原因	O	N	类	88 行
88	介质	OffLine	medName	数据存储所采用的介质	O	1	类	参见 F2. 6

附录 2　元数据字符代码表

F2. 1　字符集代码

序号	名称(中文)	名称(英文)	域代码	定　　义
1	通用字符集 2	Ucs2	001	基于 ISO 10646 的 16 —位定长通用字符集
2	通用字符集 4	Ucs4	002	基子 ISO 10646 的 32 —位定长通用字符集
3	通用字符集转换格式 7	Utf7	003	基于 ISO 10646 的 7 —位变长通用字符集转换格式
4	通用字符集转换格式 8	Utf8	004	基于 ISO 10646 的 8 —位变长通用字符集转换格式
5	通用字符集转换格式 16	Utf16	005	基于 ISO 10646 的 16 —位变长通用字符集转换格式
6	繁体汉字	Big5	024	中国香港、台湾、澳门等地区使用的传统汉字代码集
7	简体汉字	Gb2312	025	简化汉字代码集
8	通用字符集 2	Ucs2	001	基于 ISO 10646 的 16 —位定长通用字符集

F2.2 数据集分类代码

序号	名称(中文)	名称(英文)	域代码	定义
1	地面气象资料	A	SURF	包括业务化运行的人工和自动地面观测台站、地面边界层观测站、闪电定位系统等获得的资料及其综合分析加工产品,不含单独用卫星、数值模式、科考等方式获得的地面资料
2	高空气象资料	B	UPAR	包括业务化运行的高空观测台站、飞机、火箭、GPS、风廓线仪等手段获得的高空气象探测资料及其加工产品,不含单独用卫星、数值模式、科考等方式获得的高空资料
3	海洋气象资料	C	OCEN	包括海洋船舶、浮标获得的海洋观测及其统计资料,不含单独用卫星、数值模式、科考等方式获得的海洋资料
4	气象辐射资料	D	RADI	包括常规地面辐射台站、大气本底站、南极站等台站地面观测取得的辐射资料,不含卫星、科考等方式获得的辐射资料
5	农业气象资料	E	AGME	包括农业气象台站取得的资料,不含科考等方式获得的农业气象资料
6	数值分析预报产品	F	NAFP	指通过数值分析预报模式获得的各种分析和预报产品
7	大气成分资料	G	CAWN	指大气本底观测站、酸雨观测站、大气臭氧观测站获取的有关反映大气环境状况的大气物理、大气化学、大气光学资料
8	历史气候代用资料	H	HPXY	指可反映历史气候条件的各种非器测资料
9	气象灾害资料	I	DISA	指记录各种天气气候灾害的气象实况及其影响的资料;围绕灾害主题(如台风、暴雨、沙尘暴、大雾)进行的观测或加工集成获得的各种资料集等。不含农业气象报告中的农作物灾害和灾情资料
10	气象雷达资料	J	RADA	通过各种气象雷达探测获得的资料和产品,不包括卫星或飞机搭载雷达观测的资料
11	气象卫星资料	K	SATE	通过各种卫星探测获得的气象资料和产品
12	科学试验和考察资料	L	SCEX	在科学试验和考察中获得的各种资料和产品
13	气象服务产品	M	SEVP	直接应用于决策服务、公众服务的各类产品

（续表）

序号	名称(中文)	名称(英文)	域代码	定　义
14	其他资料	Z	OTHE	指无法归并到上述资料内的气象资料和产品，如某些天气气候分析产品(如大气环流指数、ENSO 指数等)；与气象相关的水文、冰雪、海洋、生物、社会经济、地理信息等资料

F2.3 责任人职责代码

序号	名称(中文)	名称(英文)	域代码	定　义
1	数据资源提供者	Resourceprovider	001	提供该数据集的单位或个人
2	管理者	Custodian	002	承担数据经营和责任，并保障数据适当管理和维护的单位或个人
3	拥有者	Owner	003	拥有该数据资源的单位或个人
4	用户	User	004	使用该数据资源的单位或个人
5	分发者	Distributor	005	分发该数据资源的单位或个人
6	生产者	Originator	006	生产该数据资源的单位或个人
7	联系人	pointOfContact	007	为获取该数据资源或相关信息，可以联系的单位或个人
8	调查者	Stigator	008	负责收集信息和进行研究的主要负责单位或个人
9	处理者	Processor	009	用修改数据的方法处理该数据的单位或个人
10	出版者	publisher	010	出版该数据资源的单位或个人

F2.4 关键词类型代码

序号	名称(中文)	名称(英文)	域代码	定　义
1	学科	Discipline	001	学科的概念和术语
2	地理范围	Place	002	所在位置
3	层次	Stratum	003	数据所在层次
4	时间	Temporal	004	时间跨度
5	主题	Theme	005	表现某个主题

F2.5 时间频次代码

序号	名称(中文)	名称(英文)	域代码	定　义
1	连续	continual	001	间隔不超过 1 min
2	1 min	1 minute	002	
3	5 min	5 minute	003	
4	10 min	10 minute	004	
5	15 min	15 minute	005	
6	30 min	30 minute	006	
7	每小时	Hourly	007	
8	3 h	3hourly	008	
9	6 h	6hourly	009	
10	8 h	8hourly	010	
11	12 h	12hourly	011	
12	每天	Daily	012	
13	每周	Weekly	013	
14	每旬	10day	014	
15	每两周	Fortnightly	015	
16	每月	Monthly	016	
17	3 个月	3 monthly	017	
18	6 个月	6 monthly	018	
19	每年	Annual	019	
20	每 10 年	Decade	020	10 年及 10 年以上

F2.6 介质代码

序号	名称(中文)	名称(英文)	域代码	备　注
1	CD-ROM	cdRom	001	
2	DVD	dvd	002	
3	DVD-ROM	dvdRom	003	

（续表）

序号	名称(中文)	名称(英文)	域代码	备　注
4	3 寸软盘	3halflnchFloppy	004	
5	5 寸软盘	5quarterInchFloppy	005	
6	7 轨磁带	7trackTape	006	
7	9 轨磁带	9trackTape	007	
8	3480 磁带	3480Cartridge	008	
9	3490 磁带	3490Cartridge	009	
10	3580 磁带	3580Cartridge	010	
11	9940 磁带	9940Cartridge	011	
12	9940A 磁带	9940ACartridge	012	
13	9940B 磁带	9940BCartridge	013	
14	4 mm 磁带	4 mmCartridgeTape	014	
15	8 mm 磁带	8 mmCartridgeTape	015	
16	其他类型磁带	OtherCartridgeTape	016	
17	1/4 in 磁带	1quarterInchCartridgeTape	017	
18	1/2 in 磁带	digitalLinearTape	018	
19	在线	online	019	
20	卫星	satellite	020	
21	电话线	telephoneLink	021	
22	拷贝	hardcopy	022	
23	硬盘	harddisk	023	
24	其他	other	024	

参考文献

[1] 维克托・迈尔・舍恩伯格，肯尼思・库克耶. 大数据时代——生活、工作与思维的大变革[M]. 盛杨燕，周涛，译. 杭州：浙江人民出版社，2013.
[2] 李广建，化柏林. 我们的大数据时代[M]. 北京：中国人事出版社，2015.
[3] 国家气象信息中心. 气象资料分类与编码：QX/T 102—2009[S]. 北京：全国气象防灾减灾标准化技术委员会.
[4] 国家气象信息中心. 气象数据集核心元数据：GB/T 33674 — 2017[S]. 北京：中国国家标准化管理委员会.
[5] 中国气象局. 地面气象观测规范[M]. 北京：气象出版社，2003.
[6] 王强. 综合气象观测[M]. 北京：气象出版社，2012.
[7] Peter Bauer, Alan Thorpe, Gilbert Brunet. The quiet revolution of numerical weather prediction[J]. *Nature*, 2015, 525(7567): 47 - 55.
[8] 张旭，黄伟，陈葆德. 高分辨率数值预报模式的尺度自适应物理过程参数化研究[J]. 气象科技进展，2017(6).
[9] 杨礼敏，胡平，王亚东. 上海气象信息全流程可视化监控系统的设计与实现[J]. 气象科技进展，2018.
[10] 熊安元，赵芳，张小缨，等. 全国综合气象信息共享系统的设计与实现[J]. 应用气象学报，2015，26(4)：500 - 512.
[11] 赵芳，熊安元，张小缨，等. 全国综合气象信息共享平台架构设计技术特征[J]. 应用气象学报，2017(6)：750 - 758.
[12] 李文，马勇杰. 大数据时代的气象服务应用研究[J]. 河南科技，2014(18)：175.
[13] 陈静，刘芳. 基于云计算的气象大数据服务应用[J]. 科研：00011.
[14] 张洁，薛胜军. 云计算环境下气象大数据服务的应用研究[C]. 中国气象学会年会 s19 气象信息化，2015.
[15] 王思义，许颖，陈芳. 大数据背景下公共气象服务革新研究[J]. 改革与开放，2015(22)：74 - 75.
[16] 李集明，沈文海，王国复. 气象信息共享平台及其关键技术研究[J]. 应用气象学报，2006，17(5)：621 - 628.
[17] 沈文海. 从云计算看气象部门未来的信息化趋势[J]. 气象科技进展，2012(2)：49 - 56.
[18] 沈文海. 气象数据的“大数据应用”浅析——《大数据时代》思维变革的适用性探讨[J]. 中国信息化，2014(11)：20 - 31.
[19] 沈文海. 再析气象大数据及其应用[J]. 中国信息化，2016(1)：85 - 96.
[20] 杨润芝，沈文海，肖卫青，等. 基于 MapReduce 计算模型的气象资料处理调优试验[J]. 应用气象学报，2014，25(5)：618 - 628.
[21] 许小龙. 基于 Hadoop 的 MeteCloud 资源存储与数据处理的研究[D]. 南京：南京信息工程大学，2013.
[22] 张建. 基于 Hadoop 的云计算模型研究及气象应用[D]. 南京：南京信息工程大学，2012.
[23] 刘寅. Hadoop 下基于贝叶斯分类的气象数据挖掘研究[D]. 南京：南京信息工程大学，2012.

[24] 潘吴斌.基于云计算的并行 K - means 气象数据挖掘研究与应用[D].南京：南京信息工程大学,2013.
[25] 亓东霞,王馨,朱大铭,等.大数据在气象行业中的应用探讨[J].数字技术与应用,2017(10)：233 - 234.
[26] Manyika J, Chui M, Brown B, et al. Big data: The next frontier for innovation, competition, and productivity[J]. Analytics, 2011.
[27] 李国杰,程学旗.大数据研究：未来科技及经济社会发展的重大战略领域——大数据的研究现状与科学思考[J].中国科学院院刊,2012,27(6)：647 - 657.
[28] Chen M, Mao S, Liu Y. Big Data: A Survey[M]. New York: Springer - Verlag, 2014.
[29] Mell P M, Grance T. SP 800 - 145. The NIST Definition of Cloud Computing[M]. National Institute of Standards and Technology, 2011.
[30] 罗军舟,金嘉晖,宋爱波,等.云计算：体系架构与关键技术[J].通信学报,2011,32(7)：3 - 21.
[31] 刘智慧,张泉灵.大数据技术研究综述[J].浙江大学学报：工学版,2014,48(6)：957 - 972.
[32] 刘林.云计算背景下大数据技术研究综述[J].工程技术：全文版：00279.
[33] 郭成涛,张小倩,贾小林.云计算与大数据技术研究现状[J].科学技术创新,2017(7)：168.
[34] 唐伟,周勇,王喆,等.气象预报应用人工智能的现状分析和影响初探[J].中国信息化,2017(11)：69 - 72.
[35] 罗应琏,朱珊,何顺,等.天气驱动行业销售大数据[J]. Journal of Data Analysis, 2016, 11(3)：63 - 90.
[36] 张文修.粗糙集理论与方法[M].北京：科学出版社,2001.
[37] 蔡伟杰,张晓辉,朱建秋,等.关联规则挖掘综述[J].计算机工程,2001,27(5)：31 - 33.
[38] Mehmed Kantardzic,坎塔尔季奇,王晓海,等.数据挖掘：概念、模型、方法和算法[M].北京：清华大学出版社,2013.
[39] 吉根林.遗传算法研究综述[J].计算机应用与软件,2004,21(2)：69 - 73.
[40] 周志华,陈世福.神经网络集成[J].计算机学报,2002,25(1)：1 - 8.
[41] 程学旗,靳小龙,王元卓,等.大数据系统和分析技术综述[J].软件学报,2014(9)：1889 - 1908.
[42] 陈全,邓倩妮.云计算及其关键技术[J].计算机应用,2009,29(9)：2562 - 2567.
[43] White T, Cutting D. Hadoop: the definitive guide[J]. O'reilly Media Inc Gravenstein Highway North, 2012, 215(11)：1 - 4.
[44] Dean J, Ghemawat S. MapReduce: simplified data processing on large clusters[M]. ACM, 2008.
[45] 袁勇,王飞跃.区块链技术发展现状与展望[J].自动化学报,2016,42(4)：481 - 494.
[46] 肖云,钱惠平,夏梅娟,等.初探云计算对气象领域的影响[J].浙江气象,2011,32(4)：33 - 37.
[47] 窦以文,刘旭林,沈波,等.气象信息安全建设探讨[J].气象与环境学报,2011,27(2)：45 - 49.
[48] 沈文海.建设完整的气象信息安全管理体系[J].中国信息化,2016(5)：78 - 84.
[49] 罗毅.省级气象网络安全管理关键技术研究[D].上海：上海交通大学,2010.
[50] 史飞悦.漏洞挖掘及其在气象网络安全保障中的应用[D].南京：南京信息工程大学,2013.
[51] 王警洁,郑柏华.气象信息安全建设探讨[J].北京农业,2013(21)：174 - 175.
[52] 张胜智.浅谈气象网络安全隐患与防御措施[J].青海气象,2012(1)：78 - 79.
[53] 张浩,胡小康,杨冰,等.气象网络安全的隐患研究[J].科研,2015(51)：32 - 32.
[54] 冯登国,张敏,李昊.大数据安全与隐私保护[J].计算机学报,2014,37(1)：246 - 258.

[55] 高翔. 大数据安全与隐私保护的必要性及措施[J]. 电子技术与软件工程,2016(20): 208.
[56] 罗颖. 大数据安全与隐私保护研究[J]. 信息通信,2016(1): 162-163.
[57] 曹珍富,董晓蕾,周俊,等. 大数据安全与隐私保护研究进展[J]. 计算机研究与发展,2016,53(10): 2137-2151.
[58] 吕欣,韩晓露. 大数据安全和隐私保护技术架构研究[J]. 信息安全研究,2016,2(3): 244-250.
[59] Latanyasweeney. K-ANONYMITY: A MODEL FOR PROTECTING PRIVACY[J]. International Journal of Uncertainty Fuzziness and Knowledge-Based Systems, 2002, 10(05): 557-570.
[60] 孟小峰,慈祥. 大数据管理: 概念、技术与挑战[J]. 计算机研究与发展,2013,50(1): 146-169.
[61] 方巍,郑玉,徐江. 大数据: 概念、技术及应用研究综述[J]. 南京信息工程大学学报(自然科学版), 2014(5): 405-419.
[62] 赵亮,茅兵,谢立. 访问控制研究综述[J]. 计算机工程,2004,30(2): 1-2.
[63] 沈海波,洪帆. 访问控制模型研究综述[J]. 计算机应用研究,2005,22(6): 9-11.
[64] 吕欣,韩晓露. 健全大数据安全保障体系研究[J]. 信息安全研究,2015,1(3): 211-216.
[65] 李红兰. 大数据背景下数据库安全保障措施研究[J]. 信息与电脑: 理论版,2016(18): 207-208.
[66] 李树栋,贾焰,吴晓波,等. 从全生命周期管理角度看大数据安全技术研究[J]. 大数据,2017,3(5): 1-19.
[67] 杨曦,GUL Jabeen,罗平. 云时代下的大数据安全技术[J]. 中兴通讯技术,2016(1): 14-18.
[68] Tankard C. Big data security[J]. Network Security, 2012, 2012(7): 5-8.
[69] Xu L, Jiang C, Wang J, et al. Information security in big data: Privacy and data mining[J]. IEEE Access, 2014, 2(2): 1149-1176.
[70] 陈左宁,王广益,胡苏太,等. 大数据安全与自主可控[J]. 科学通报,2015(z1): 427-432.
[71] 王倩,朱宏峰,刘天华. 大数据安全的现状与发展[J]. 计算机与网络,2013,39(16): 66-69.
[72] 刘红亚,曹亮. 上海市电力负荷与气象因子关系及精细化预报[J]. 应用气象学报,2013,24(4): 455-463.
[73] 贺芳芳,徐家良,周伟东,等. 上海地区高温日气象条件对用电影响的评估[C]. 第六届长三角气象科技论坛论,2009.
[74] 胡毅,等. 应用气象学[M]. 北京: 气象出版社,2005.
[75] Hobbs J E, Gregory K J. Applied Climatology: A Study of Atmospheric Resources[M]. London: Butterworth & Co Publishers Ltd, 1980.
[76] 无锡烁日气象数据有限公司. 光伏电站产能预估报告[OL]. [2018-06-19]. http://www.solarmeteo.com.
[77] 徐家良. 台风影响上海时风速风向分布特征[J]. 气象,2005(8): 66-70.
[78] 徐家良,穆海振. 台风影响下上海近海风场特性的数值模拟分析[J]. 热带气象学报,2009(3): 281-286.
[79] 中国气象局. 全国风能资源详查和评价报告[M]. 北京: 气象出版社,2014.
[80] 国家气候中心. 中国四维风能资源大数据面世[OL]. [2018-06-19]. http://www.ncc-cma.net/Website/index.php? NewsID=10708.
[81] 陈振林. 上海气象影响预报和风险预警技术导则[M]. 北京: 气象出版社,2017.
[82] 李慧群. 2016. 浅析机场选址中的气象工作[J]. 中国工程咨询,184: 61-64.
[83] 吴风波,肖海平,成永勤. 浅析气象服务对民航运输业全过程决策的支持作用[J]. 广东气象,2015,

37(1): 47 - 51.

[84] 王思祺. 航空公司的气象需求分析[J]. 气象科技进展,2017,7(1): 213 - 225.

[85] 周斌斌,蒋乐,杜钧,等. 航空气象要素以及基于数值模式的低能见度和雾的预报[J]. 气象科技进展,2016,6(2): 29 - 41.

[86] 苏艳华. 民航气象服务的现状与展望. 气象科技进展,2017,7(1): 90 - 94.

[87] 李佰平、吴君婧、蒋瑜,等. 民机试飞气象服务的挑战与实践[J]. 气象科技进展,2017,7(6): 119 - 125.

[88] 迟竹萍. 飞机空中积冰的气象条件分析及数值预报试验[J]. 气象科技,2007,35(5): 714 - 718.

[89] 刘风林,孙立潭,李士君,等. 飞机积冰诊断预报方法研究[J]. 气象与环境科学,2011,34(4): 26 - 30.

[90] 刘旭光. 数值预报产品在航空气象预报中的应用[J]. 四川气象,2001,78(4): 18 - 22.

[91] 翟菁,周后福,申红喜,等. 航空气象要素预报算法和个例研究[J]. 气象研究与应用,2010,31(1): 31 - 34.

[92] 彭丽,许建明,耿福海,等. 上海健康气象预测研究与服务[J],气象科技进展,2017,7(6),157 - 161.

[93] 中国气象服务协会. 天气+创造新气象服务时代[M]. 北京: 气象出版社,2016.